Däumler/Grabe

Kostenrechnung 2
Deckungsbeitragsrechnung

Kostenrechnung 2
Deckungsbeitragsrechnung

Mit Fragen und Aufgaben
Antworten und Lösungen
Tests und Tabellen

Von Professor Klaus-Dieter Däumler
und Dipl.-Volkswirt Jürgen Grabe

5., überarbeitete und erweiterte Auflage

nwb
Verlag Neue Wirtschafts-Briefe
Herne/Berlin

Die Deutsche Bibliothek — CIP-Einheitsaufnahme

Däumler, Klaus-Dieter:
Kostenrechnung / Klaus-Dieter Däumler und Jürgen Grabe. - Herne;
Berlin: Verl. Neue Wirtschafts-Briefe.

NE: Grabe, Jürgen:

2. Deckungsbeitragsrechnung : mit Fragen und Aufgaben, Antworten
und Lösungen, Tests und Tabellen. - 5., überarb. und erw. Aufl. -1994
ISBN 3-482-70745-6

ISBN 3-482-**70745**-6 — 5., überarbeitete und erweiterte Auflage 1994

Druck: Druckerei Plump KG, Rheinbreitbach.

Vorwort zur fünften Auflage

Dieses Buch ist Teil einer fünfbändigen Darstellung der Kostenrechnung:

Band 1: Grundlagen,
Band 2: Deckungsbeitragsrechnung,
Band 3: Plankostenrechnung,
Band 4: Kalkulationsvorschriften bei öffentlichen Aufträgen,
Band 5: Kostenrechnungslexikon.

Die fünf Bände bauen begrifflich und systematisch aufeinander auf, sind jedoch auch unabhängig voneinander zu verwenden.

Beim Gang durch den Lehrtext unterstützt Sie das Buch durch zahlreiche Beispiele, Abbildungen und Übersichten sowie durch die praxisorientierte Stoffauswahl. Am Ende eines jeden Kapitels stehen Checklisten, die der Stoffwiederholung sowie Fragen und Aufgaben, die der Sicherung Ihres Lernerfolgs und der Festigung des Gelernten dienen. Zur Selbstkontrolle können Sie, liebe Leser, die Antworten und Lösungen dem Anhang entnehmen. Sie sollten das Buch mit dem Bleistift in der Hand durcharbeiten und alle angebotenen Übungsmöglichkeiten nutzen, denn das Fachgebiet Kostenrechnung läßt sich nicht durch bloßes Lesen, sondern nur durch selbständiges Üben durchdringen.

Wir haben das Buch so aufgebaut, daß Sie es nicht nur als Lehr- und Nachschlagewerk, sondern auch als Grundlage zum Selbststudium verwenden können. Betrachten Sie jedes Kapitel als eine Lektion. Gehen Sie erst dann zur Folgelektion über, wenn Sie die verbal zu beantwortenden Fragen und die rechnerisch zu lösenden Aufgaben bearbeitet haben. Nehmen Sie sich für ein Kapitel drei Stunden Zeit; für die ersten drei Kapitel eher weniger, für Kapitel 4 und 5 eher mehr. Insgesamt benötigen Sie 25 - 30 Stunden, dann haben Sie das Buch durchgearbeitet. Lösen Sie danach, das ist der krönende Abschluß, die Testklausur auf Seite 233. Sie schaffen das in weniger als 60 Minuten, weil die Klausur nach dem Multiple-choice-Verfahren aufgebaut ist. Erzielen Sie bei der Klausur mindestens 40 Punkte, haben Sie Ihre Zeit vorteilhaft investiert.

Das Buch wurde an der Fachhochschule Kiel und an der Wirtschaftsakademie Schleswig-Holstein erprobt und enthält Erfahrungen aus Weiterbildungsveranstaltungen für Führungskräfte der Wirtschaftspraxis, ist also für Studierende und Praktiker geschrieben. Es eignet sich für das Studium an Hochschulen ebenso wie für die Ausbildung an Berufs-, Wirtschafts- und Verwaltungsakademien. Es spricht neben dem Wirtschaftler auch betriebswirtschaftlich interessierte Vertreter ingenieurwissenschaftlicher Fachrichtungen an.

Die wirtschaftliche Entwicklung der letzten beiden Jahrzehnte hat in unserem Land den Durchbruch der Deckungsbeitragsrechnung bei den Großunternehmungen gebracht: Mehr als zwei Drittel aus dem Klub der Umsatzmilliardäre nutzen die Verfahren der Teilkostenrechnung. Bei mittleren und kleineren Unternehmungen dagegen ist die traditionelle Vollkostenrechnung auch heute noch weit verbreitet. Das Buch bietet Ihnen eine ausführliche Darstellung der betrieblichen Einsatzmöglichkeiten der Deckungsbeitragsrechnung, gegliedert in acht Kapitel:

- Notwendigkeit der Deckungsbeitragsrechnung,
- Programmoptimierung ohne Engpässe,
- Programmoptimierung bei einem Engpaß,
- Programmoptimierung bei mehreren Engpässen im Zwei-Güter-Fall,
- Programmoptimierung bei mehreren Engpässen im Mehrgüterfall,
- Stufenweise Fixkostendeckungsrechnung,
- Wahl des optimalen Produktionsverfahrens (Verfahrenswahl),
- Eigenfertigung oder Fremdbezug (EF-Entscheidungen).

Verfahrenswahl und EF-Entscheidungen können kurzfristig optimal mit Hilfe der Deckungsbeitragsrechnung getroffen werden. Bei Planungen für die lange Periode ist jedoch der Einsatz der Investitionsrechnung erforderlich. Der finanzmathematische Tabellenanhang enthält daher die für die Investitionsrechnungs-Beispiele notwendigen Werte. Im übrigen wurde der Lehrtext für die 5. Auflage insgesamt durchgesehen, aktualisiert, verbessert und erweitert.

Für Anregungen und konstruktive Kritik danken wir unseren Studenten und Herrn Prof. R. Andreßen, Herrn Dipl.-Betriebsw. H.-P. Berthold, Frau Dipl.-Ing. S. Hoffmann, Frau A. Kauke und Herrn Dipl.-Betriebsw. G. Ziegler.

Kiel, im August 1994

Klaus-Dieter Däumler
Jürgen Grabe

Inhaltsverzeichnis

Seite

Benutzerhinweis

Übersichten und Abbildungen, Gleichungen und Fragen sind kapitelweise durchnummeriert, wobei die erste Zahl das Kapitel, die zweite die laufende Nummer innerhalb des Kapitels angibt. Beispiele:

Übersicht 2.3 = zweites Kapitel, dritte Übersicht
Abbildung 2.4 = zweites Kapitel, vierte Abbildung
Gleichung (2.5) = zweites Kapitel, fünfte Gleichung
Frage 2.6 = zweites Kapitel, sechste Frage

1. Notwendigkeit der Deckungsbeitragsrechnung

1.1 Problematische Fixkosten

1.1.1 Preisfindung und Preisbeurteilung in traditioneller Sicht

Die traditionelle Vollkostenrechnung orientiert sich bei der Preisfindung und Preisbeurteilung an den Stückkosten k der Leistungseinheit. Dabei gilt:

(1.1)

$$k = \frac{K}{x} = \frac{K_v + K_f}{x} = k_v + k_f$$

Stückkosten = variable Kosten je Stück + anteilige Fixkosten je Stück

Symbole

k = Stückkosten einer Leistungseinheit (DM/Stück)
x = Anzahl der Leistungseinheiten (Stück/Periode)
K = Gesamtkosten der produzierten Leistungseinheiten (DM/Periode)
K_v = variable Gesamtkosten der produzierten Leistungseinheiten (DM/Periode)
K_f = Fixkosten des Betriebes (DM/Periode)
k_v = variable Kosten pro Stück (DM/Stück)
k_f = fixe Kosten pro Stück (DM/Stück)

Die Vollkostenrechnung verrechnet alle Kosten auf die Kostenträger. Die Teilkostenrechnung dagegen zerlegt die Gesamtkosten in fixe und variable oder in Einzel- und Gemeinkosten und rechnet den Kostenträgern (oder anderen möglichen Bezugsobjekten, z. B. Kostenstellen) nur abgegrenzte Teile der Gesamtkosten zu.

Die im Rahmen der traditionellen Vollkostenrechnung verwendete Entscheidungsregel ist einfach und einleuchtend und - wie zu zeigen sein wird - falsch: Man vergleicht den Preis einer Leistungseinheit mit den auf diese Einheit entfallenden Stückkosten. Sind die Stückkosten höher als der gegenwärtige Preis, so sollte der Preis erhöht oder - falls eine Preiserhöhung am Markt nicht durchzusetzen ist - auf die Produktion verzichtet werden. Man geht also davon aus, der Marktpreis p ergäbe sich aus der Summe von Stückkosten k und Gewinnaufschlag g, was durch die Gleichung $p = k + g$ beschrieben werden kann.

1.1.2 Verfehlte Preispolitik

Die Problematik dieser Entscheidungsregel liegt darin, daß die Verwirklichung einer sinnvollen Forderung (die Kostenträger sollen - jedenfalls langfristig - alle auf sie entfallenden variablen und fixen Kosten über den Verkaufspreis wieder hereinbringen) in der betrieblichen Praxis gelegentlich mit untauglichen Mitteln versucht wird. Zu welchen Konsequenzen die Anwendung einer starren Vollkostenrechnung führen kann, zeigt ein bekanntes Beispiel von G. Cassel[1]:

Beispiel (Selbstkosten im Reisebüro)

> "Ein Reisebüro hat für eine Reihe von Sonntagen Extrazüge bestellt und sich verpflichtet, für jeden Zug 250 Mark zu zahlen. Der Zug sollte 400 Plätze, alle zweiter Klasse, haben. Am ersten Sonntag hatte das Büro den Fahrpreis auf 2 Mark festgesetzt, und es kamen 125 Teilnehmer. Die Roheinnahmen betrugen also 250 Mark, ebensoviel wie die Ausgaben. Nun sagten sich die Direktoren des Büros: "Mit diesem Preis kommen wir ja nur auf unsere Selbstkosten; etwas müssen wir doch verdienen"; und so wurde der Preis auf 3 Mark erhöht. Nächsten Sonntag kamen 50 Teilnehmer. Das Ergebnis war eine Einnahme von 150 Mark, und ein reiner Verlust von 100 Mark. Daraufhin meinte man im Büro: "Die Durchschnittskosten betragen ja 5 Mark für die Person, und wir befördern die Reisenden für 3 Mark; so kann es nicht gehen." Der Preis wurde auf 6 Mark erhöht, mit dem Ergebnis, daß der Zug am nächsten Sonntag nur 6 Reisende beförderte. Der Verlust steigerte sich auf 214 Mark. Jetzt endlich traten die Direktoren zusammen und sagten sich: "Diese Geschichte mit den Selbstkosten muß doch ein Unsinn sein: die bringt ja nur Verluste." So wurde der Preis auf einmal auf 1 Mark herabgesetzt. Der Erfolg war glänzend: Die Zahl der Reisenden betrug am nächsten Sonntag 400; es entstand ein Überschuß von 150 Mark,

---

[1] G. Cassel, Grundsätze für die Bildung der Personentarife auf den Eisenbahnen. Archiv für Eisenbahnwesen, Berlin 1900, S. 125 ff.

und - das Merkwürdigste von allem - die Selbstkosten waren auf 62,5 Pf für die Person gesunken.

Zu wesentlich demselben Ergebnis würde man kommen, wollte man annehmen, daß das Büro außer der festen Abgabe auch ein kleines Entgelt für jede beförderte Person zu zahlen hätte.

Das Beispiel zeigt, daß der Begriff der durchschnittlichen Selbstkosten keine geeignete Grundlage für die Tarifbildung bietet. Man will einen neuen rationellen Preis aus den gegenwärtigen Kosten berechnen. Diese Kosten hängen aber von der Zahl der Reisenden ab, diese Zahl wieder vom gegenwärtigen Preise, den man eben ändern will. Man bewegt sich also im Kreis."

Sie ersehen aus diesen Bemerkungen, daß eine Preiskalkulation, bei der man seine Selbstkosten k errechnet und darauf einen bestimmten (absoluten oder prozentualen) Gewinn g aufschlägt, leicht in die Irre führen kann. Ein Unternehmer, der so plant, müßte

- in der Hochkonjunktur, d. h. bei hoher Produktion, wegen der damit verbundenen geringen anteiligen Fixkosten je Stück eher zu Preissenkungen neigen,

- in der Rezession dagegen, wo bei geringer Nachfrage und entsprechend kleiner Produktionsmenge die anteiligen Fixkosten je Stück entsprechend anwachsen, eher eine Preiserhöhung vornehmen.

Die Gefahr, sich dadurch "aus dem Markt zu kalkulieren"[1], liegt auf der Hand. Deshalb verhält sich die Praxis im Regelfall umgekehrt: Auch bei solchen Unternehmungen, die noch nach der Vollkostenrechnung vorgehen, stellt die Höhe des Gewinnaufschlages eine variable Größe dar, mit der sich der Kalkulator an den erzielbaren Marktpreis herantastet.

---

[1] L. Haberstock, Grundzüge der Kosten- und Erfolgsrechnung, 3., verb. Aufl., München 1982, S. 134.

konjunkturelle Situation	aus der Logik der Vollkostenrechnung resultierendes unternehmerisches Verhalten	tatsächliches unternehmerisches Verhalten
Hochkonjunktur	$\downarrow p = k \downarrow + g$ Preissenkung	$\uparrow p = k \downarrow + g \uparrow$ Preiserhöhung
Rezession	$\uparrow p = k \uparrow + g$ Preiserhöhung	$\downarrow p = k \uparrow + g \downarrow$ Preissenkung

Übersicht 1.1: Preisänderungen im Konjunkturverlauf

Die Variation des Gewinnaufschlages gleicht dann den möglichen Entscheidungsfehler aus, der bei einer an den Stückkosten orientierten Preisgestaltung droht. Tatsächlich hält sich die Praxis vernünftigerweise nicht an das Kalkulationsschema $p = k + g$, wenn es um Preisermittlung und -beurteilung geht. Wir leben in einer Marktwirtschaft und die meisten Preise bilden sich am Markt als Ergebnis des Zusammenspiels von Angebot und Nachfrage. Eine Ausnahme finden Sie im Bereich bestimmter öffentlicher Aufträge, bei denen die Leitsätze für die Preisermittlung aufgrund von Selbstkosten (LSP) angewandt werden: Da man hier tatsächlich Selbstkostenpreise[1] vereinbart, ist die Fortführung der Vollkostenrechnung aus betrieblicher Sicht sinnvoll.

---

[1] Eine Einführung in die Kalkulationsvorschriften bei öffentlichen Aufträgen und den Wortlaut der wichtigsten Bestimmungen finden Sie bei: K.-D. Däumler/J. Grabe, Kalkulationsvorschriften bei öffentlichen Aufträgen, Herne/Berlin 1984.

1.1.3 Falsche Produktplanung

Nicht immer lassen sich Fehlentscheidungen einfach durch Variation des Gewinnaufschlags vermeiden. Bei Betrieben, die auf eine Verrechnung der Fixkosten auf die einzelnen Kostenträger nicht verzichten wollen (obwohl in der kurzen Periode kein Zusammenhang zwischen den Kosten der Betriebsbereitschaft K_f und dem einzelnen hergestellten Erzeugnis nachzuweisen ist), wird in etwa das nachfolgend dargestellte Kalkulationsschema (Spalte: Vollkostenrechnung) benutzt.

Beispiel 1.1 (Zuschlagskalkulation für Porzellanvase)

Die Selbstkosten (SK) einer Porzellanvase sollen unter Berücksichtigung der üblichen, aus Erfahrungswerten abgeleiteten Zuschlagssätze kalkuliert werden. Der gegenwärtige Marktpreis beträgt 392 DM.

Lösung

Kostenarten	Vollkostenrechnung	Teilkostenrechnung	
(EK = Einzelkosten GK = Gemeinkosten)	gesamte Kosten (DM/Vase)	variable Kosten (DM/Vase)	fixe Kosten (DM/Vase)
Fertigungsmaterial	100	→ 100	
+ (MEK)	10	→ 3	→ 7
10 % (MGK)			
= Materialkosten (MK)	110		
Fertigungslöhne (FEK)	80	→ 80	
+ 300 % (FGK)	240	→ 100	→ 140
= Fertigungskosten (FK)	320		
Herstellkosten (HK)	430		
10 % (VwGK)	43	→ 3	→ 40
10 % (VtGK)	43	→ 6	→ 37
= Selbstkosten (SK)	516	292	224

Übersicht 1.2: Teilkostenrechnung ist Kostenaufteilung in variabel und fix

Ergebnis: Verfügt man nur über Vollkosteninformationen, dann weiß der Betriebsleiter, daß die Selbstkosten (516 DM) über dem Marktpreis (392 DM) liegen. Seine Schlußfolgerung könnte lauten: Produktionsverzicht. Erst die Aufteilung der Kosten in variable und fixe (= Teilkostenrechnung, besser Kostenaufteilungsrechnung) zeigt, daß der Produktionsverzicht bei gegebenem Produktionsapparat nichts bringt: Durch Nichtproduktion lassen sich pro Vase Kosten von 292 DM vermeiden; gleichzeitig entgeht uns ein Umsatz von 392 DM. Die Nichtproduktion ist also gewinnschädlich. Liegt der Marktpreis über den variablen Stückkosten, so sollte man produzieren. Der über 292 DM hinausgehende Mehrerlös dient zur Abdeckung der Fixkosten, er senkt den Verlust oder erhöht den Gewinn.

Die Vollkostenrechnung ist zur Preiskalkulation und -beurteilung ungeeignet. Sie versperrt den Blick auf die Zusammenhänge; man erkennt nicht, welche Kosten kurzfristig bei Produktionsverzicht vermeidbar sind und welche trotz Nichtproduktion weiter anfallen. Darauf hat Schmalenbach bereits vor mehr als achtzig Jahren hingewiesen. Die Mehrzahl der bundesdeutschen Großunternehmungen verfügt mittlerweile über eine vernünftig ausgebaute Kostenrechnung, bei der man zwischen fixen und variablen Kosten unterscheidet. Für die kleineren und mittleren Unternehmungen gilt das nicht, hier liegt noch ein weites Arbeitsfeld.

Bei der Festlegung der kostenorientierten Preisuntergrenze eines Produktes ist die Länge der Planungsperiode von entscheidender Bedeutung. Kurzfristig (bei gegebenem Produktionsapparat) bilden die variablen Stückkosten eines Erzeugnisses dessen Preisuntergrenze. Jeder Preis, der diese Grenze überschreitet, trägt dazu bei, die ohnehin anfallenden Fixkosten abzudecken. Langfristig darf der Preis nicht unter die gesamten Stückkosten sinken. Die langfristige Preisuntergrenze umfaßt also neben den variablen Stückkosten einer Leistungseinheit auch die der Einheit zurechenbaren Fixkosten. Das sind die fixen Kosten, die künftig bei Verzicht auf das betreffende Erzeugnis wegfallen (kalkulatorische Abschreibungen auf Spezialmaschinen, Miete für Lagerung des Erzeugnisses, Kosten für Lizenzen oder Schutzrechte). Je länger die Planungsperiode ist, desto mehr Fixkosten lassen sich einer Erzeugniseinheit zurechnen. Das heißt, die Preisuntergrenze steigt mit wachsendem Zeithorizont der Planung, denn langfristig sind alle Kosten variabel. Bei linearer Gesamtkostenfunktion gilt:

kurzfristige Preisuntergrenze = variable Stückkosten (k_v)
langfristige Preisuntergrenze = gesamte Stückkosten ($k_v + k_f$)

1.2 Problematische Gemeinkosten

1.2.1 Vergleich von Fixkosten und Gemeinkosten

Bei der Einproduktunternehmung, die immer nur ein einheitliches Erzeugnis, etwa Zement, Elektrizität oder eine Sorte Tafelwasser herstellt, gibt es kein Zurechnungsproblem: Alle anfallenden Kosten, beschäftigungsfixe und beschäftigungsvariable, können und müssen dem einen Erzeugnis zugerechnet werden. Anders verhält es sich bei der Mehrproduktunternehmung. Das Jahresgehalt eines Produktmanagers, der eine bestimmte Erzeugnislinie, z. B. Sauerkonserven, betreut, ist nicht mehr der einzelnen Konserve, wohl aber der Gesamtheit aller Sauerkonserven, die in dem betreffenden Jahr hergestellt und/oder verkauft wurden, zurechenbar. Bei diesem Jahresgehalt handelt es sich also um Gemeinkosten hinsichtlich der einzelnen Produkteinheit und um Einzelkosten in bezug auf die gesamte Produktgruppe.

Die Fixkosten, die unabhängig von der Produktionshöhe als Kosten der Betriebsbereitschaft anfallen, sind ihrer Natur nach häufig gleichzeitig Gemeinkosten, d. h. sie lassen sich im allgemeinen den einzelnen Kostenträgern nicht direkt zurechnen.

Von der Regel Fixkosten = Gemeinkosten gibt es beim praktisch bedeutsamen Fall der Mehrproduktunternehmung jedoch einige Ausnahmen.

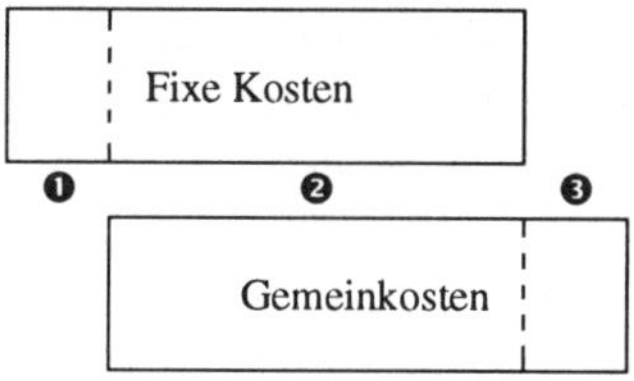

(1) Ausnahmefall: fixe Einzelkosten

Beispiel: Ein landwirtschaftlicher Betrieb produziert u. a. Eier. Diese werden nach Gewicht sortiert und in einem speziellen Kühlraum gelagert. Die Sortiermaschine sowie der Kühlraum verursachen fixe Kosten (für kalkulatorische Abschreibung, kalkulatorische Zinsen usw.), die direkt den Eiern zugerechnet werden können, weil sie ausschließlich im Zusammenhang mit der Eierproduktion anfallen. In der Praxis bezeichnet man diese Kosten auch als Sondereinzelkosten.

(2) Regelfall: fixe Gemeinkosten

Beispiel: Kosten für Reinigung, Beleuchtung, Pförtner, Kantine, Nachtwächter, die meisten kalkulatorischen Kosten (kalkulatorische Abschreibung, Zinsen, Unternehmerlohn, Miete, Pacht, Wagnis).

(3) Ausnahmefall: variable Gemeinkosten

Beispiel: Kosten für bestimmte Hilfs- und Betriebsstoffe (etwa Nägel, Klebstoffe, Kleinmaterial), die zur abrechnungstechnischen Vereinfachung wie Gemeinkosten behandelt werden (sogenannte unechte Gemeinkosten).
Daneben entstehen aber auch echte Gemeinkosten, wie etwa Personal- und Treibstoffkosten für den Fuhrpark, wenn auf den betrieblichen Fahrzeugen im Regelfall mehr als eine Produktart transportiert wird, was eine verursachungsgerechte Zurechnung der Transportkosten auf die einzelnen Produktarten unmöglich macht.

In der Praxis ist die Mehrproduktunternehmung die Regel und die Einproduktunternehmung die Ausnahme. Bei der praktisch bedeutsamen Mehrproduktunternehmung sind die meisten beschäftigungsfixen Kosten den Erzeugnissen nicht direkt zurechenbar (Fixkosten gleich Gemeinkosten). Umgekehrt sind die meisten Gemeinkosten gleichzeitig beschäftigungsfix (Gemeinkosten gleich Fixkosten). Für praktische Belange ist daher ein Streit um die Frage, ob man die Teilkostenrechnung eher auf der Basis der Unterscheidung Einzel- und Gemeinkosten (Kriterium: Zurechenbarkeit) oder auf der Trennung zwischen fixen und variablen Kosten

(Kriterium: Verhalten bei Beschäftigungsänderungen) durchführen soll, ohne Bedeutung.

1.2.2 Willkürliche Verteilung der Gemeinkosten

Die Kostenträgerrechnung (Kalkulation) verteilt die Gemeinkosten nach bestimmten Schlüsseln auf die Erzeugnisse. Ein einfaches Beispiel zeigt, daß das Ergebnis der Rechnung (die Selbstkosten einer Leistungseinheit) wesentlich vom gewählten Kalkulationsverfahren abhängt.

Beispiel 1.2 (Gemeinkostenschlüsselung)

Eine pharmazeutische Fabrik stellt ein appetitanregendes Mittel (Hau-rein) und einen Appetitzügler (Pfund-ab) her.

Artikel	Hau-rein	Pfund-ab
Produktionsmenge (Packungen/Jahr)	100.000	200.000
Materialkosten (DM/Jahr)	80.000	40.000
Lohnkosten (DM/Jahr)	120.000	180.000
Gemeinkosten (DM/Jahr)	480.000	

↑ sind keiner Produktlinie direkt zurechenbar

Der Kalkulator erhält den Auftrag, die Kosten einer Packung unter Berücksichtigung der tabellarisch zusammengefaßten Informationen nach den folgenden Verfahren zu ermitteln:

a) einstufige Zuschlagskalkulation als Lohnzuschlagskalkulation,

b) einstufige Zuschlagskalkulation als Materialzuschlagskalkulation,

c) einstufige Zuschlagskalkulation als Lohn- und Materialzuschlagskalkulation.

Lösung a) Lohnzuschlagskalkulation

$$\text{Gemeinkostenzuschlag} = \frac{\text{Gemeinkosten}}{\text{gesamte Lohnkosten}} = \frac{480.000}{300.000} = 1,60$$

Der Gemeinkostenzuschlag auf die Lohnkosten beträgt 160 %.

Artikel	Hau-rein	Pfund-ab	Summe
Materialkosten (DM/Jahr)	80.000	40.000	120.000
+ Lohnkosten (DM/Jahr)	120.000	180.000	300.000
+ Gemeinkosten (DM/Jahr)	192.000	288.000	480.000
= Gesamtkosten (DM/Jahr)	392.000	508.000	900.000
Selbstkosten (DM/Packung)	3,92	2,54	

Lösung b) Materialzuschlagskalkulation

$$\text{Gemeinkostenzuschlag} = \frac{\text{Gemeinkosten}}{\text{gesamte Materialkosten}} = \frac{480.000}{120.000} = 4,00$$

Der Gemeinkostenzuschlag auf die Materialkosten beträgt 400 %.

Artikel	Hau-rein	Pfund-ab	Summe
Materialkosten (DM/Jahr)	80.000	40.000	120.000
+ Lohnkosten (DM/Jahr)	120.000	180.000	300.000
+ Gemeinkosten (DM/Jahr)	320.000	160.000	480.000
= Gesamtkosten (DM/Jahr)	520.000	380.000	900.000
Selbstkosten (DM/Packung)	5,20	1,90	

Lösung c) Lohn- und Materialzuschlagskalkulation

$$\text{Gemeinkostenzuschlag} = \frac{\text{Gemeinkosten}}{\text{gesamte Lohn- und Materialkosten}} = \frac{480.000}{420.000} = 1{,}142857$$

Der Gemeinkostenzuschlag auf die Summe aus Lohn- und Materialkosten beträgt etwa 114,29 %.

Artikel	Hau-rein	Pfund-ab	Summe
Materialkosten (DM/Jahr)	80.000	40.000	120.000
+ Lohnkosten (DM/Jahr)	120.000	180.000	300.000
+ Gemeinkosten (DM/Jahr)	228.571	251.429	480.000
= Gesamtkosten (DM/Jahr)	428.571	471.429	900.000
Selbstkosten (DM/Packung)	4,29	2,36	

Ergebnis: Die errechneten Selbstkosten für Hau-rein schwanken zwischen 3,92 DM und 5,20 DM pro Packung. Pfund-ab kostet je nach Kalkulationsverfahren 1,90 DM, 2,36 DM oder 2,54 DM pro Packung.

1.2.3 Zusammenfassung

Daraus wird deutlich, daß es keine objektiv richtigen Werte für die Selbstkosten als Vollkosten einer Produkteinheit geben kann. Denn die Vollkosten einer Produkteinheit müssen anteilig die nach einem bestimmten Schlüssel umgelegten Gemeinkosten enthalten. Da jeder Umlageschlüssel willkürlich ist, ist auch das Ergebnis einer derartigen Umlagerechnung zufällig. Der Umlagefehler wächst mit zunehmendem Anteil der Gemeinkosten an den Gesamtkosten. Das wachsende Gewicht der Gemeinkosten ist aber kennzeichnend für moderne Produktionsverfahren. Daraus folgt, daß gerade bei modernen Produktionsverfahren eine Vollkostenrechnung gefährlich und eine Teilkostenrechnung unerläßlich ist.

Die Zuschlagskalkulation mag dort ihre Berechtigung behalten, wo die umzulegenden Gemeinkosten im Vergleich zu den Einzelkosten, die die Zuschlagsbasis darstellen, gering sind. Haben Sie beispielsweise lediglich 20 Prozent Gemeinkosten zu verteilen, dann können Sie, unabhängig vom gewählten Schlüssel, keinen allzu großen Fehler machen. Wird die Vollkostenrechnung, die früher, in Zeiten geringer Zuschlagssätze, sinnvoll gewesen sein mag, jedoch kritiklos weitergeführt, und zwar in einem Betrieb, der einer fortlaufenden Automatisierung unterliegt, dann können die Zuschlagssätze dreistellige, vierstellige und noch höhere Prozentwerte annehmen. Plaut[1] berichtet von einem praktischen Fall, bei dem Gemeinkostensätze von über 10.000 Prozent angetroffen wurden. Daß man mit solchen Sätzen nicht sinnvoll kalkulieren kann, daß in solchen Fällen das Rechenergebnis fast nur noch von der gewählten Rechenmethode (oder gewählten Zuschlagsbasis) abhängt, liegt auf der Hand.

Da die Vollkostenrechnung keine sinnvolle Lösung des Fixkostenproblems bietet und die Gemeinkosten willkürlich verteilt, ist sie für die Lösung vieler Praxisprobleme ungeeignet. Die Vollkostenrechnung führt zu Fehlentscheidungen in folgenden Unternehmensbereichen[2]:

(1) Vertriebsbereich
- a) Ermittlung der kurzfristigen Preisuntergrenze
  - zur Beurteilung von Zusatzaufträgen und
  - zur Herausnahme von Verlustartikeln,
- b) Zusammenstellung des gewinngünstigsten Programms,
- c) Steuerung der Außendienstmitarbeiter mit Hilfe der Deckungsbeitragsprovision.

(2) Produktionsbereich
- a) Wahl der richtigen Produktionsanlage (Verfahrenswahl),
- b) Wahl zwischen Eigenfertigung und Fremdbezug.

(3) Kurzfristige Erfolgsrechnung
- a) Erfolgsplanung,
- b) Erfolgskontrolle.

---

[1] Vgl. H.-G. Plaut, Grundfragen und Praxis der Grenzplankostenrechnung, in: H.-G. Plaut, H. Müller, W. Medicke, Grenzplankostenrechnung und Datenverarbeitung, 3. Aufl., München 1973, S. 28.

[2] Vgl. W. Kilger, Flexible Plankostenrechnung und Deckungsbeitragsrechnung, a. a. O., S. 61 f. - K.-D. Däumler/J. Grabe, Kostenrechnungslexikon, Herne/Berlin 1992, S. 330.

1.3 Begriff Deckungsbeitrag

1.3.1 Absoluter Stückdeckungsbeitrag

Will man die typischen Fehler der Vollkostenrechnung (willkürliche Proportionalisierung der Fixkosten und willkürliche Umlage der Gemeinkosten) vermeiden, so ist eine Teilkostenrechnung zu wählen. Die in der Praxis am häufigsten anzutreffende Ausgestaltung ist die Deckungsbeitragsrechnung.

Der Deckungsbeitrag einer Produkteinheit wird allgemein als Differenz zwischen Preis und zugerechneten Teilkosten definiert[1]:

Deckungsbeitrag einer Produkteinheit = Preis - zugerechnete Teilkosten

Bei den zugerechneten Teilkosten kann es sich handeln um
- Einzelkosten der Erzeugniseinheit (typisch im Handel),
- Grenzkosten oder variable Stückkosten der Erzeugniseinheit (typisch für Deckungsbeitragsrechnung in der Industrie).

Im folgenden stellen wir die in der Industrie gebräuchliche Form der Deckungsbeitragsrechnung dar. Dabei gehen wir grundsätzlich von einem linearen Kostenverlauf aus, so daß Grenzkosten (Mehrkosten je zusätzlicher Leistungseinheit) und variable Stückkosten einer Produkteinheit übereinstimmen. Für den Deckungsbeitrag d einer Produkteinheit gilt dann die Bestimmungsgleichung:

(1.2) $$d = p - K'$$ $$d = p - k_v$$ **Stückdeckungsbeitrag**

[1] Vgl. auch: K.-D. Däumler/J. Grabe, Kostenrechnungslexikon, a. a. O., S. 51 ff.

Symbole

d = Deckungsbeitrag einer Produkteinheit (DM/Stück)
p = Preis (DM/Stück)
K' = Grenzkosten (DM/Stück)
k_v = variable Stückkosten (DM/Stück)

Der absolute Stückdeckungsbeitrag einer Leistungseinheit ist die Differenz zwischen dem Verkaufspreis der betreffenden Leistungseinheit und den auf sie entfallenden variablen Stückkosten oder Grenzkosten. Er gibt den Teil des Verkaufserlöses an, der zur Deckung des Fixkostenblocks beziehungsweise zur Gewinnerzielung dient: Sind die fixen Kosten erwirtschaftet, so führt jeder zusätzliche Deckungsbeitrag unmittelbar zu einer Steigerung des Gewinns.

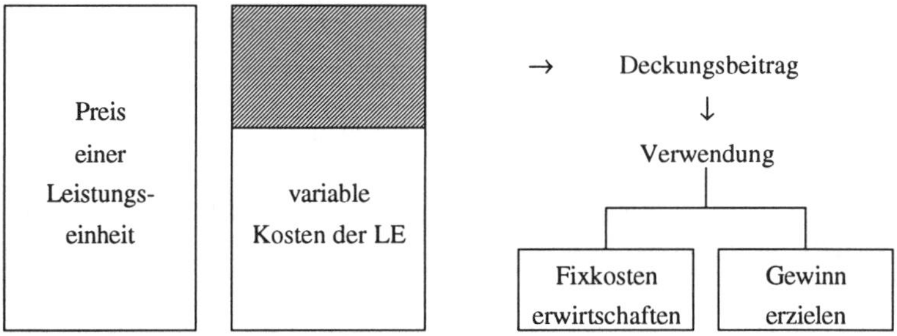

Unternehmung	Beispiele für Deckungsbeiträge
Gießerei	Deckungsbeitrag je 100 kg guter Guß
Brauerei	Deckungsbeitrag je Hektoliter Bier
Teppichindustrie	Deckungsbeitrag je Quadratmeter Teppich
Automobilwerk	Deckungsbeitrag je PKW
Raffinerie	Deckungsbeitrag je Tonne Heizöl
Gasversorgung	Deckungsbeitrag je Kubikmeter Erdgas
E-Werk	Deckungsbeitrag je Kilowattstunde
Kohlebergbau	Deckungsbeitrag je Tonne Kohle
Flugzeugbau	Deckungsbeitrag je Flugzeug
Touristik	Deckungsbeitrag je Reise
Walzstahlfabrik	Deckungsbeitrag je Tonne Walzstahl
Molkerei	Deckungsbeitrag je Liter Trinkmilch
Futtermittelindustrie	Deckungsbeitrag je 100 kg Mischfutter

Übersicht 1.3: Zusätzliche Deckungsbeiträge: Verlust sinkt, Gewinn steigt

Beträgt der Deckungsbeitrag einer Leistungseinheit beispielsweise 12 DM, dann ändert sich der Gewinn unter sonst gleichen Bedingungen um 12 DM, wenn eine Leistungseinheit hinzukommt oder wegfällt. Die Leistungseinheit, auf die sich der absolute Stückdeckungsbeitrag bezieht, kann von Betrieb zu Betrieb unterschiedlich sein.

Die so ermittelten Deckungsbeiträge der Waren oder Dienstleistungen eines Betriebes erlauben die Aufstellung einer Favoritenliste, d. h. einer Rangfolge, aus der deutlich wird, welche Waren oder Dienstleistungen am meisten zur Deckung des Fixkostenblocks und schließlich zur Gewinnerzielung beitragen.

1.3.2 Absoluter Deckungsbeitrag einer Produktart (Sorte)

Das Sortiment eines Anbieters können Sie nach Maßgabe der Warengruppen, Artikel und Sorten strukturieren. Sie erhalten dann eine Sortimentspyramide.

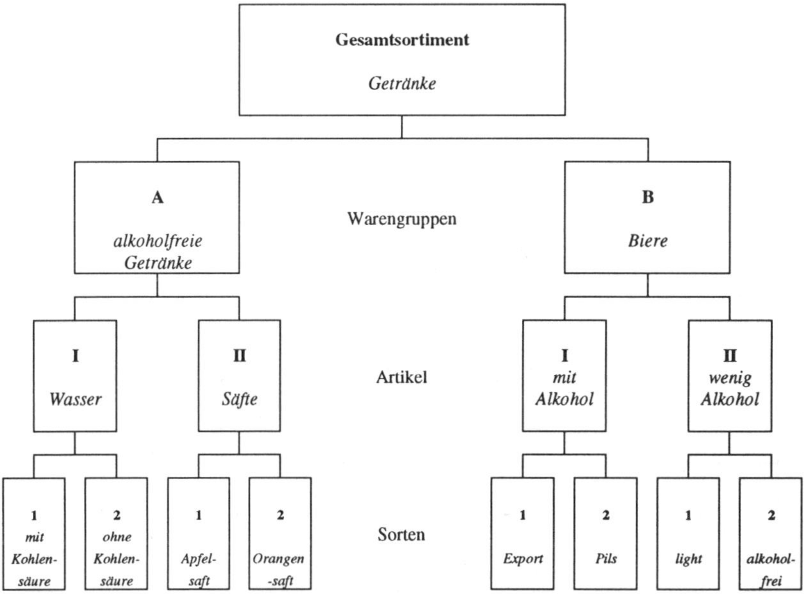

Übersicht 1.4: Sortimentspyramide eines Getränkeherstellers

Auf jeder Ebene der Sortimentspyramide lassen sich Deckungsbeiträge errechnen. Die Gemeinsamkeit dieser Deckungsbeiträge besteht darin, daß sie sich nicht nur auf eine einzelne Leistungseinheit, sondern auf mehrere Leistungseinheiten beziehen, beispielsweise auf alle Leistungseinheiten, die zu einer Sorte gehören.

Den Gesamtdeckungsbeitrag einer Produktart (Sorte), kurz auch Sortendeckungsbeitrag genannt, erhalten Sie, indem Sie vom Umsatz U der betreffenden Sorte die dieser Sorte zurechenbaren variablen Kosten K_V abziehen. Für die Sorte Nr. 1 gilt also:

(1.3)

$$D_1 = U_1 - K_{v1}$$

$$D_1 = d_1 \cdot x_1$$

Gesamtdeckungsbeitrag der Sorte 1

Das folgende Beispiel zeigt, weshalb für praktische Entscheidungen neben der Kenntnis des Stückdeckungsbeitrags auch die Kenntnis des Sortendeckungsbeitrags notwendig ist.

Beispiel 1.3 (Favoritenliste für die Funk AG)

Die Funk AG erstellt unter anderem Kofferradios vom Typ A, B und C. Diese Erzeugnisse sind nach Maßgabe ihres Beitrages zur Deckung des Blocks der fixen Kosten und zur Gewinnerzielung in einer Favoritenliste zu ordnen. Zur Entscheidungsfindung stehen Ihnen folgende Daten zur Verfügung:

Sorte	p I	k_v (DM/Stück) II	d III = I - II	x (Stück/Monat) IV	D = d · x (DM/Monat) V = III · IV
A	100	90	10	1.000	10.000
B	120	70	50	150	7.500
C	950	850	100	20	2.000

Symbole

p = Verkaufspreis einer einzelnen Produkteinheit (DM/Stück)
k_v = variable Stückkosten einer Produkteinheit (DM/Stück)
d = absoluter Deckungsbeitrag einer Produkteinheit (DM/Stück)
x = verkaufte Menge je Produktart (Stück/Monat)
D = Gesamtdeckungsbeitrag je Produktart (DM/Monat)

Lösung

Aus der Übersicht erkennen Sie, daß die Favoritenliste bei alleiniger Berücksichtigung der absoluten Deckungsbeiträge d einer Produkteinheit folgendermaßen aussieht:

1. Rang:	Produkt C mit d_c =	100 (DM/Stück)
2. Rang:	Produkt B mit d_b =	50 (DM/Stück)
3. Rang:	Produkt A mit d_a =	10 (DM/Stück)

Favoritenliste nach Stückdeckungsbeitrag

Nach dieser Favoritenliste gilt Produkt C als Favorit, d. h. bei diesem Produkt wäre der Verkauf besonders zu fördern, da sein Stückdeckungsbeitrag am höchsten ist. Das ist kein Zufall: Häufig erbringen die Produkte mit hohen Verkaufspreisen auch hohe Stückdeckungsbeiträge. So wird etwa der Stückdeckungsbeitrag des mit allen Schikanen ausgestatteten Hochpreismodells C höher sein als der des Billig-Kofferradios A. Ein hoher Stückdeckungsbeitrag allein besagt jedoch nicht viel. Es kommt auch auf die Verkaufszahlen an.

Deshalb ist eine einseitige Förderung besonders teurer Artikel betriebswirtschaftlich nicht vertretbar. In der Praxis muß beachtet werden, daß auch jene Artikel, deren Endverkaufspreise vergleichsweise niedrig sind, einen hohen Gesamtdeckungsbeitrag D erbringen können, falls die Verkaufszahlen entsprechend hoch liegen. Dieser Sachverhalt wird im Gesamtdeckungsbeitrag D pro Produkteinheit berücksichtigt; es gilt: $D = d \cdot x$.

Somit erhalten Sie unter Berücksichtigung der absoluten Deckungsbeiträge pro Artikelart folgende Favoritenliste:

1. Rang:	Produkt A mit d_a =	10.000 (DM/Monat)
2. Rang:	Produkt B mit d_b =	7.500 (DM/Monat)
3. Rang:	Produkt C mit d_c =	2.000 (DM/Monat)

Favoritenliste nach Sortendeckungsbeitrag

Daraus kann man folgern, daß die Produktart A trotz des vergleichsweise niedrigen Stückdeckungsbeitrags besonders zu fördern ist, denn sie liefert dank der hohen Verkaufszahlen den höchsten Beitrag zur Deckung des Fixkostenblocks und zur Gewinnerzielung.

1.3.3 Relativer Deckungsbeitrag

Drückt man den Deckungsbeitrag einer Einheit (einer Produktart) in Prozenten vom Preis (Umsatz der betreffenden Produktart) aus, so erhält man den relativen Deckungsbeitrag d_r (D_r); er wird gelegentlich auch Deckungsgrad oder Deckungsfaktor genannt.

$$d_r = \frac{d}{p} \qquad (1.4)$$

$$D_r = \frac{D}{U}$$

Relativer Deckungsbeitrag, Deckungsgrad

Symbole

d_r = relativer Stückdeckungsbeitrag (%)
d = absoluter Stückdeckungsbeitrag (DM/Stück)
p = Stückpreis (DM/Stück)
D_r = relativer Sortendeckungsbeitrag (%)
D = absoluter Sortendeckungsbeitrag (DM/Periode)
U = Sortenumsatz (DM/Periode)

Beispiel 1.4 (Relativer Deckungsbeitrag im Schmucksortiment)

Ein Schmuckgeschäft bietet unter anderem Ohrringe in den Varianten A bis E an. Die Kundin Quotilde Quargel-Quarkenbrück ist im Begriff, einen Frustkauf zu tätigen und möchte dafür so um die fünfhundert Mark ausgeben. Was sollte man ihr in Kenntnis der relativen Deckungsbeiträge anbieten?

Sorte	p	k_v (DM/Stück)	d	d_r (%)
	I	II	III = I - II	IV = III / I
A	500	450	50	10 %
B	250	210	40	16 %
C	150	120	30	20 %
D	80	60	20	25 %
E	20	14	6	30 %

Lösung

Aus Verkäufersicht ist es vergleichsweise wenig reizvoll, Quotilde eine Einheit A zu verkaufen. Besser wäre es, ihr zweimal B zu verkaufen, noch besser: dreimal C, die Krone: 25 Einheiten E (vorausgesetzt, die Ohren sind groß genug).

Zwar interessiert man sich in der Praxis recht häufig für den relativen Deckungsbeitrag. Es muß jedoch davor gewarnt werden, ihn in einseitiger Weise zur Bewältigung produktions- und absatzwirtschaftlicher Fragen heranzuziehen[1]. Es gibt nur einen Fall, bei dem der relative Deckungsbeitrag die zentrale Entscheidungshilfe darstellt: den Fall der wertmäßig begrenzten Nachfrage. Immer dann, wenn ein Kunde entschlosssen ist, nur einen bestimmten Geldbetrag - und nicht mehr - auszugeben, lohnt es sich, ihm zunächst jene Artikel anzubieten, deren relativer Deckungsbeitrag hoch ist.

---

[1] Vgl. hierzu P. Riebel, Einzelkosten- und Deckungsbeitragsrechnung, 6., wesentl. erw. Aufl., Wiesbaden 1990, S. 192.

Dem Kunden, der einen Festbetrag auszugeben plant ("Binden Sie mir einen Strauß für 20 Mark"), bietet man bevorzugt Artikel mit hohen relativen Deckungsbeiträgen an. Dieser Fall kommt in der Praxis nicht häufig vor, denn für gewöhnlich entscheiden die Nachfrager selbst, was sie kaufen wollen. Dennoch ist es für den Anbieter von Nutzen, auch dafür gerüstet zu sein, daß ein Kunde einen festumgrenzten Geldbetrag ausgeben möchte und sich nicht von vornherein auf bestimmte Produkte festgelegt hat.

1.3.4 Plandeckungsbeitrag und Deckungsbeitragsprovision

Die Angst des Unternehmers vor leichtfertigen Preiszugeständnissen der Mitarbeiter im Außendienst kann zu paradoxen Situationen führen: Da hat man für viel Geld eine moderne Deckungsbeitragsrechnung im Betrieb eingeführt. Nach Überwindung der unvermeidlichen Anlaufschwierigkeiten läuft die Rechnung, und es liegen Ergebnisse vor, die man nutzen könnte. Was macht man damit? Man hält sie geheim! Man hat Angst, die Außendienstler könnten in Kenntnis der variablen Stückkosten (die im Regelfall unter den Vollkosten je Einheit liegen) zu kompromißbereit sein. Und so werden die Außendienstmitarbeiter weiterhin mit alten Vollkosteninformationen abgespeist.

Das mag zwar menschlich verständlich sein, dennoch muß entschieden vor dieser Geheimnistuerei gewarnt werden. Denn hierbei besteht die Gefahr, daß Aufträge mit geringen oder negativen Stückgewinnen als unvorteilhaft abgelehnt werden. Die Folge ist eine Schmälerung des betrieblichen Gewinns oder eine Erhöhung des Verlustes, falls die abgelehnten Produkte positive Deckungsbeiträge erbracht hätten.

Zweckmäßiger ist es, der Verkaufsabteilung genaue Teilkosteninformationen zu übermitteln und diese Informationen durch einen Planpreis mit vorgegebenem Plandeckungsbeitrag (Solldeckungsbeitrag) zu ergänzen. Der Plan- oder Solldeckungsbeitrag gibt den Betrag an, den eine Leistungseinheit unter normalen Bedingungen zur Deckung des Fixkostenblocks oder zur Gewinnerzielung beitragen soll. Wird dieser Vorgabewert wesentlich unterschritten, so muß der verantwortliche Außendienstler eine Begründung für die Unterschreitung angeben. Ein praktikabler Wert, bei dessen Unterschreitung die Begründungspflicht einsetzt, könnte beispielsweise 50 % des Plandeckungsbeitrages sein.

Die Begründungspflicht stellt eine zweckmäßige institutionalisierte Widerstandslinie gegen willkürliche Preiszugeständnisse dar. Zusätzlich sollte man das persönliche Interesse der Außendienstler zur Erfüllung der betrieblichen Gewinnziele nutzen. Ein hervorragender Weg dazu ist die Deckungsbeitragsprovision, der man eine weitere Verbreitung wünschen kann. Vor allem sollte die Deckungsbeitragsprovision die heute noch weit verbreitete Umsatzprovision ablösen. Denn die wirtschaftliche Zielsetzung der Unternehmung ist die Gewinnmaximierung (nicht Umsatzmaximierung) und das Ziel der Mitarbeiter ist die Einkommensmaximierung. Der Verkäufer erfüllt im Falle der Umsatzprovision sein eigenes Wirtschaftsziel, wenn er Umsatz macht. Da aber die Förderung von Umsatzbringern nicht automatisch mit hohen Gewinnen gekoppelt ist, stellt dies für die Unternehmung nicht die beste Verhaltensweise dar. Es ist für beide Teile vorteilhaft, wenn man durch eine Beteiligung der Verkäufer an den durch sie hereingeholten Deckungsbeiträgen dafür sorgt, daß das Gewinnziel des Betriebes und das Einkommensziel der Außendienstler miteinander harmonieren.

Die Harmonisierung von Betriebsziel und Einkommensziel der Verkäufer trägt auch zur Vermeidung jenes Grundsatzfehlers bei, von dem uns aus der Praxis berichtet wurde: "Es werden häufig die teureren außengekühlten Motoren verkauft, obwohl ein preisgünstigerer innengekühlter Motor die gleiche Leistung und einen höheren Deckungsbeitrag erbringen würde. Die Kunden erfahren manchmal erst durch die Konstruktionsabteilung, daß es auch innengekühlte Motoren gibt. Der Vertriebsmann erhält seine Provision aber nach dem Umsatz, nicht nach dem erzielten Deckungsbeitrag: Das erklärt, warum die innengekühlten Motoren so schlecht abgesetzt werden...".

Beispiel 1.5 (Kranbau-Gewinn steigt wegen Deckungsbeitragsprovision)

Die Kranbau GmbH stellt unter anderem Baukräne in den drei Ausführungen A, B und C her. Man geht davon aus, daß ein Verkäufer pro Jahr 12 Aufträge hereinholt, die sich bislang gleichmäßig auf die drei Typen A, B und C verteilten. Die Entlohnung der Außendienstler besteht in einem Fixum zuzüglich Spesen für Fahrten und auswärtige Unterbringung. An Stelle einer fälligen Erhöhung des Fixums soll nun eine leistungsorientierte Entlohnung eingeführt werden. Zu prüfen sind

- Umsatzprovision (neues Entgelt = Fixum + v. H. vom Umsatz) und

- Deckungsbeitragsprovision (neues Entgelt = Fixum + v. H. vom Deckungsbeitrag).

Die Verkaufszahlen bleiben mit insgesamt 12 Einheiten pro Verkäufer und Jahr konstant. Jedoch kann sich durch die Aktivität der Außendienstler die Auftragszusammensetzung ändern:

- bei besonderen Bemühungen zugunsten eines bestimmten Typs können an Stelle von vier Einheiten fünf Einheiten pro Jahr verkauft werden;
- ohne besondere Bemühungen geht der auf einen Verkäufer entfallende Absatz pro Typ und Jahr auf drei Einheiten zurück.

Untersuchen Sie die Auswirkungen beider Entlohnungsformen auf den Betriebsgewinn unter Berücksichtigung folgender Zahlen:

Ausgangsituation					
Baukran	derzeitige Absatzmenge je Verkäufer (Stück/Jahr)	p	k_v	d	$D = d \cdot x$
			(TDM/Stück)		(TDM/Jahr)
	I	II	III	IV = II - III	$V = I \cdot IV$
A	4	250	125	125	500
B	4	500	400	100	400
C	4	800	750	50	200
	12	Gesamtdeckungsbeitrag je Verkäufer:			1.100

Lösung

Einführung der Umsatzprovision: Die Verkäufer favorisieren gemäß ihrer Interessenlage jene Artikel, die hohe Umsätze erbringen, so daß Kran C gut abschneidet, während Kran A, der den niedrigsten Stückpreis aufweist, von jedem Verkäufer nur dreimal abgesetzt wird.

Baukran	x erwartete Absatzmenge je Verkäufer (Stück/Jahr) I	d (TDM/Stück) II	D = d · x (TDM/Jahr) III = I · II
A	3	125	375
B	4	100	400
C	5	50	250
	12	Gesamtdeckungsbeitrag je Verkäufer:	1.025

Einführung der Deckungsbeitragsprovision: Die Verkäufer favorisieren die Artikel mit hohen Deckungsbeiträgen, so daß von A fünf Einheiten verkauft werden, während der Verkauf von C in den Hintergrund tritt.

Baukran	x erwartete Absatzmenge je Verkäufer (Stück/Jahr) I	d (TDM/Stück) II	D = d · x (TDM/Jahr) III = I · II
A	5	125	625
B	4	100	400
C	3	50	150
	12	Gesamtdeckungsbeitrag je Verkäufer:	1.175

Ergebnis: Im betrachteten Fall könnte der Betriebsgewinn pro Verkäufer allein durch die richtige Form der Leistungsentlohnung (Deckungsbeitragsprovision) im Vergleich zur Ausgangssituation um 75.000 DM pro Jahr gesteigert werden. Die Einführung einer Umsatzprovision dagegen brächte eine Ergebnisverschlechterung um 75.000 DM pro Verkäufer und Jahr.

Das Unternehmensziel Gewinnmaximierung läßt sich mit dem Mitarbeiterziel Einkommensmaximierung auch in der Weise in Übereinstimmung bringen, daß man anstelle der Deckungsbeitragsprovision eine nach Deckungsbeiträgen differenzierte Umsatzprovision vergütet. Hierbei werden die umsatzbezogenen Provisionssätze unterschiedlich festgesetzt: A-Produkte mit hohen Deckungsbeiträgen bringen eine höhere Umsatzprovision als B-Produkte mit mittleren und diese wiederum eine höhere als C-Produkte mit niedrigen Deckungsbeiträgen.

Beispiel 1.6 (Verkäuferentlohnung im Kfz-Handel

Beim Neuwagenverkauf spielt neben dem Angebotspreis auch der Preis für die Inzahlungnahme eines Gebrauchtwagens eine Rolle. Gelegentlich zahlt der Kfz-Händler für das Gebrauchtfahrzeug einen überhöhten Preis, um so das Neugeschäft möglich zu machen. Die nachfolgende Übersicht verdeutlicht, daß die Umsatzprovision auf unterschiedliche Verkaufsbedingungen nicht reagiert, während die Deckungsbeitragsprovision sowohl Preisnachlässe für Neuwagen als auch Überzahlungen für Gebrauchtwagen voll erfaßt:

	Verkäufer A	Verkäufer B	Verkäufer C
Verkaufspreis	20.000 DM	20.000 DM	20.000 DM
- Skonto	0 DM	600 DM	0 DM
- Überzahlung Gebrauchtwagen	0 DM	0 DM	1.000 DM
- Einstandspreis	17.000 DM	17.000 DM	17.000 DM
= Bruttogewinn	3.000 DM	2.400 DM	2.000 DM
Umsatzprovision 3 %	600 DM	600 DM	600 DM
Bruttogewinnprovision 20 %	600 DM	480 DM	400 DM

Übersicht 1.5: Umsatzprovision und Deckungsbeitragsprovision im Kfz-Handel

Besonders gute Erfolge sind von einem Verbund von Plan- und Mindestdeckungsbeiträgen je Artikel und einer gestaffelten Deckungsbeitragsprovision zu erwarten, weil dies den Verkäufern völlige Aktionsfreiheit verleiht, gleichzeitig aber stets die finanziellen Konsequenzen des Handels und Verhandelns sichtbar macht. Ein derartiges gesprächsoffenes und zu besonderen Verkaufsanstrengungen herausforderndes System zeigt die nachfolgende Übersicht:

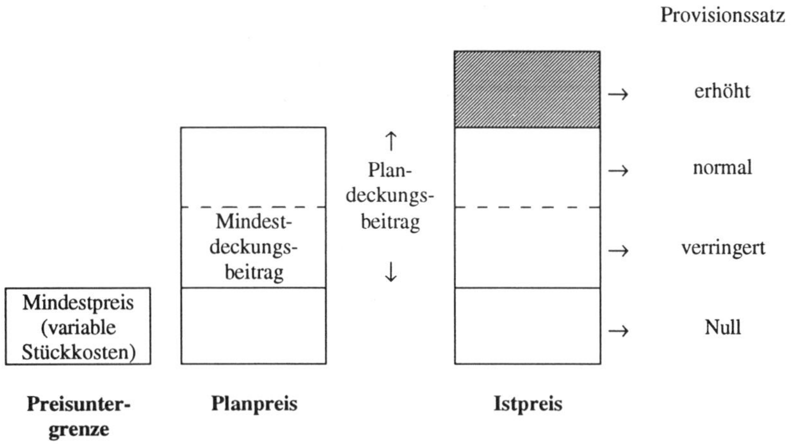

Übersicht 1.6: Plandeckungsbeitrag und Deckungsbeitragsprovision

Erzielt der Verkäufer den vollen Planpreis, so erhält er den normalen Provisionssatz (als v. H.-Satz des erwirtschafteten Deckungsbeitrages). Ist er gezwungen, Preiszugeständnisse hinzunehmen, so wird sein Provisionssatz abnehmen, falls der Planpreis so weit sinkt, daß nicht einmal mehr der Mindestdeckungsbeitrag hereinkommt. Verkauft er zum Mindestpreis mit einem Deckungsbeitrag von Null, so ist auch seine Provision gleich Null. Schafft er es dagegen, ein Produkt zu einem höheren als dem Planpreis abzusetzen, so ist auch sein Provisionssatz höher. Allerdings ist zu beachten, daß unterschiedliche Verkaufspreise leicht jene Kunden verärgern können, die teurer als andere eingekauft haben.

1.3.5 Gesamtdeckungsbeitrag des Betriebes

Bei der Einproduktunternehmung (E-Werk, Zementfabrik, Mineralbrunnen) erhält man den unternehmungsbezogenen Gesamtdeckungsbeitrag, indem man den Stückdeckungsbeitrag mit der Stückzahl multipliziert. Er wird als Bruttogewinn bezeichnet, weil die Fixkosten nicht abgezogen werden.

(1.5)

$$G_{br} = d \cdot x = (p - k_v) \cdot x$$

$$G_{ne} = d \cdot x - K_f$$

Brutto- und Nettogewinn bei Einproduktunternehmung

Bei der Mehrproduktunternehmung sind die Stückdeckungsbeiträge aller Produkte zu addieren, um den Gesamtdeckungsbeitrag zu erhalten:

(1.6)

$$G_{br} = \sum_{i=1}^{n} d_i \cdot x_i$$

$$G_{br} = \sum_{i=1}^{n} d_i \cdot x_i - K_f$$

Brutto- und Nettogewinn bei Mehrproduktunternehmung mit n Produkten

Symbole

G_{br} = Bruttogewinn (DM/Periode)
G_{ne} = Nettogewinn (DM/Periode)
d = Stückdeckungsbeitrag (DM/Stück)
x = Anzahl Leistungseinheiten (Stück/Periode)
K_f = Fixkosten (DM/Periode)
n = Anzahl Produkte

1.3.6 Sonstige Deckungsbeiträge

Die Deckungsbeitragsrechnung kann auch als Instrument der Absatzanalyse genutzt werden[1]. Absatz- und kundenbezogene Deckungsbeiträge bieten wertvolle Anhaltspunkte für eine erfolgreiche Steuerung des Vertretereinsatzes, der Werbung, der Preispolitik usw. So könnte man beispielsweise fragen:

- Wie hoch ist der Deckungsbeitrag pro Auftrag?
- Wie hoch ist der Deckungsbeitrag pro Kunde?
- Welche Höhe hat der Deckungsbeitrag pro Verkaufsregion?
- Welche Artikel des angebotenen Sortiments erbringen den Hauptanteil des betrieblichen Gesamtdeckungsbeitrages?
- Welche Kunden- und Abnehmergruppen erbringen den höchsten Deckungsbeitrag?
- Welchen Deckungsbeitrag erbringen einzelne Abteilungen bzw. Filialen?

Kennt man etwa den Deckungsbeitrag der Verkaufsregionen, so lassen sich diese nach ihrer Gewinnergiebigkeit ordnen. Kennt man den Deckungsbeitrag verschiedener Abnehmergruppen, dann läßt sich feststellen, ob Weiterverarbeiter, Großhändler, Behörden oder Einzelhändler für den Betrieb als Kunden besonders interessant sind. Ein Filialbetrieb mißt den Erfolg seiner Zweigniederlassungen am Filialdeckungsbeitrag.

Daneben lassen sich auch unter Berücksichtigung der spezifischen betrieblichen Gegebenheiten besondere Deckungsbeiträge ausweisen; Beispiele:

(1) Im Versandhandel interessiert man sich für den Deckungsbeitrag pro Katalogseite. Große Versender gehen von einem Mindestdeckungsbeitrag von 100.000 DM pro Katalogseite aus.

(2) Bei Tiefkühlkost, aber auch bei Getränken und Backwaren wird ein Teil der Produktion durch betriebseigene LKW ausgefahren und von den Fahrern direkt an den Endverbraucher verkauft. Hier ist der Tourendeckungsbeitrag eine sinnvolle betriebliche Kennziffer. Denn man interessiert sich nicht nur für den

[1] Vgl. P. Riebel, Einzelkosten- und Deckungsbeitragsrechnung, a. a. O., S. 188 ff. - F.-J. Witt, Deckungsbeitrags-Management, München 1991, S. 172 ff. - G. Seicht, Moderne Kosten- und Leistungsrechnung, 7., durchges. u. erw. Aufl., Wien 1993, S. 353 ff.

Deckungsbeitrag einer Packung Toastbrot oder Eis, sondern für den Deckungsbeitrag aller bei einer Verkaufstour abgesetzten Waren.

(3) In modernen landwirtschaftlichen Betrieben ermittelt man unter anderem den
- Deckungsbeitrag je Hektar Ackerfläche,
- Deckungsbeitrag je Arbeitskraft,
- Deckungsbeitrag je Nutztier usw.

Deckungsbeiträge können auch bei der Entlohnung von Führungskräften eine Rolle spielen. Der Abteilungsleiter kann am Deckungsbeitrag seiner Abteilung, der Filialleiter am Bruttogewinn der Filiale, der Gebietsleiter am Bruttoerfolg seiner Verkaufsregion beteiligt werden. Sofern Führungskräfte auch über Durchführung oder Unterlassung von Investitionen entscheiden, beeinflussen sie langfristig die Fixkosten des Unternehmens. In diesem Fall sollten sie am Restdeckungsbeitrag ihrer Produktgruppe oder ihres Bereichs beteiligt werden. Beim Restdeckungsbeitrag sind die der Produktgruppe oder dem Bereich zurechenbaren Fixkosten abgezogen worden (vgl. Kapitel 6: Stufenweise Fixkostendeckungsrechnung, S. 153 ff.).

1.3.7 Deckungsbeiträge nach Riebel

Die umfassendste Definition des Begriffes Deckungsbeitrag stammt von Riebel, der darunter ganz allgemein jeden Überfluß des Erlöses (Preises) über bestimmte Teilkosten versteht. Er weitet die Deckungsbeitragsrechnung zu einer generellen Bruttogewinnrechnung aus, bei der die Deckungsbeiträge von einzelnen Leistungseinheiten, Aufträgen, Leistungsarten, Leistungsgruppen oder andere Leistungsgesamtheiten ermittelt werden. Dabei entsteht ein System stufenförmig aufeinanderfolgender Deckungsbeiträge[1].

[1] Sie finden die zahlreichen Aufsätze, die Riebel zu diesem Thema geschrieben hat, systematisiert und gesammelt in: P. Riebel, Einzelkosten- und Deckungsbeitragsrechnung, a. a. O., vgl. dort insbesondere S. 35 ff. und S. 158 ff.

1. Rechengang				
	Erzeugnisse			
	A	B	C	Σ
Umsatz zu Listenpreisen - Rabatte				
= Netto-Umsatz - Preisabhängige direkte Kosten a) Verkaufsprovision b) Umsatzsteuer c) Lizenzen d) Skonti				
= Reduzierter Nettoerlös I - Fracht (und Verpackung)				
= Reduzierter Nettoerlös II - Direkte, variable Stoffkosten				
= Veredelungsbeitrag - Variable Arbeitskosten				
= Deckungsbeitrag über direkte, variable Kosten der Erzeugnisse				
und 2. Rechengang				
	Abteilungen			
	A	B	C	Σ
Übertrag aus 1. Rechengang: Σ Deckungsbeitrag über direkte, variable Kosten der Erzeugnisse - Direkte, variable, ausgabenwirksame *) Kosten der innerbetrieblichen Leistungen				
= Deckungsbeiträge über direkte, variable, ausgabenwirksame Kosten der Abteilungen - Direkte, fixe, ausgabenwirksame Kosten der Abteilungen				
= Deckungsbeiträge der Abteilungen über ihre direkten, ausgabenwirksamen Kosten - Fixe, ausgabenwirksame Kosten der innerbetrieblichen Leistung Ausgabenwirksame, indirekte Kosten der Abteilungen (einschl. Verwaltung- und Vertriebsgemeinkosten)				
= Liquiditätswirksamer Beitrag (verfügbarer Beitrag) - Abschreibungen und sonstige nicht ausgabenwirksame Kosten				
= Netto-Erfolg				

*) ausgabenwirksam = mit kurzperiodischen Ausgaben verbunden

Quelle: M. Radke, Die große betriebswirtschaftliche Formelsammlung, 8. Aufl., Landsberg 1991, S. 729.

Übersicht 1.7: Periodendeckungsbeitragsrechnung nach Riebel

So bestechend dieses System auch sein mag, sein praktischer Einsatz stößt auf Schwierigkeiten. Einmal weicht Riebel von der üblichen Terminologie ab, wenn er die Begriffe fix und variabel als zu grob und unbestimmt ablehnt und den Begriffen Einzel- und Gemeinkosten andere Inhalte gibt. Vor allem aber weitet er den Aufgabenkatalog der Kostenrechnung in unzweckmäßiger Weise aus, wenn diese auch noch für finanzplanerische und investitionsrechnerische Fragen herangezogen werden soll. Der Versuch, die Kostenrechnung durch eine Differenzierung der Kosten in ausgabenwirksame und nichtausgabenwirksame Beträge zu einem Universalinstrument zu machen, ist wegen der unterschiedlichen Rechnungszwecke, die unterschiedliche Rechnungselemente bedingen, zum Scheitern verurteilt. Und so stellt Kilger[1] nach einer ausführlichen Analyse und Kritik des Riebelschen Ansatzes lapidar fest, "... daß die von P. Riebel vorgeschlagene Einzelkosten- und Deckungsbeitragsrechnung die wissenschaftliche Diskussion über die Grenzkosten- und Deckungsbeitragsrechnung zwar bereichert hat, im übrigen aber für die praktische Anwendung nicht in Frage kommt".

1.4 Zusammenfassung und Checkliste

Die Vollkostenrechnung

stellt in der Marktwirtschaft kein Instrument zur Preisfindung dar, bietet keine zuverlässige Eleminierung von Verlustartikeln und versagt bei der gewinnoptimalen Steuerung des Produktionsprogramms. Das Gemeinkostenproblem, die verursachungsgerechte Zurechnung unzurechenbarer Kosten, ist seiner Natur nach unlösbar. Der Umlagefehler wächst mit wachsendem Anteil der Gemeinkosten an den Gesamtkosten.

Der Deckungsbeitrag

ist das Kernstück der Deckungsbeitragsrechnung. Je nach Rechnungszweck und betrieblichen Gegebenheiten kann er für unterschiedliche Bezugsgrößen ermittelt werden: die einzelne Leistungseinheit, mehrere Leistungseinheiten, Produktgruppen, Abteilungen, Filialen, Gesamtbetrieb usw.

---

[1] W. Kilger, Flexible Plankostenrechnung und Deckungsbeitragsrechnung, 9., verb. Aufl., Wiesbaden 1988, S. 98.

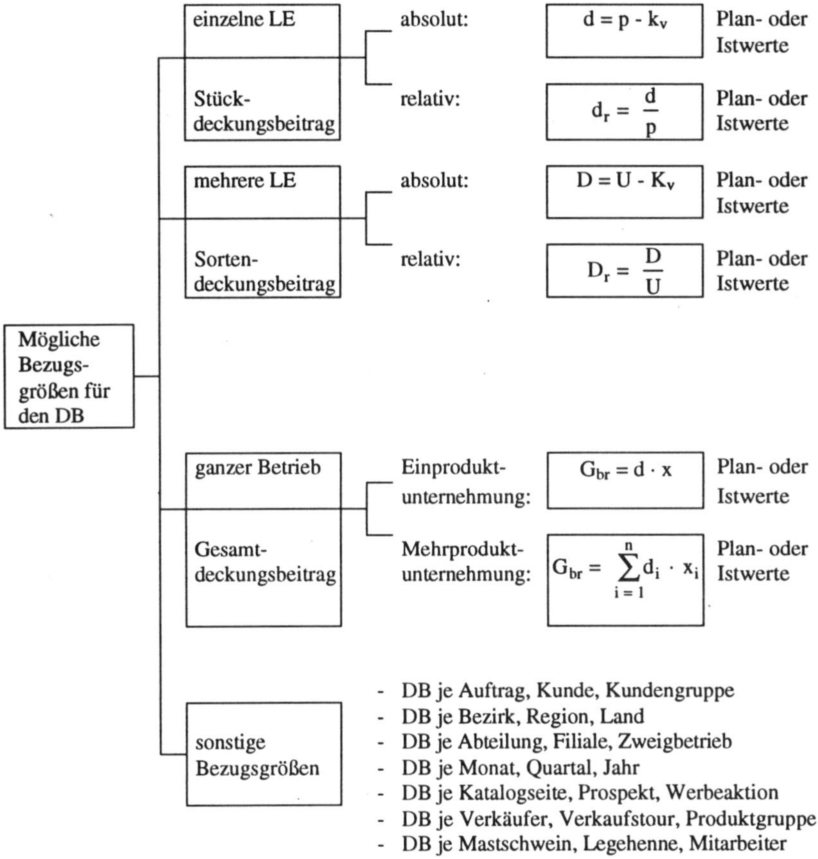

Symbole

d = Stückdeckungsbeitrag (DM/Stück)
p = Stückpreis (DM/Stück)
k_v = variable Stückkosten (DM/Stück)
d_r = relativer Stückdeckungsbeitag (%)
D = Deckungsbeitrag einer Produktart oder Sorte (DM/Periode)
D_r = relativer Deckungsbeitrag einer Produktart oder Sorte (%)
U = Umsatz einer Produktart oder Sorte (DM/Periode)
K_v = variable Kosten einer Produktart oder Sorte (DM/Periode)
G_{br} = Bruttogewinn des Betriebes (DM/Periode)
n = Anzahl Produkte einer Mehrproduktunternehmung (Stück)

Die Deckungsbeitragsrechnung

vermeidet die Fehler der Vollkostenrechnung. Man zieht von den Umsätzen eines Beurteilungsobjektes dessen variable Kosten ab und vergleicht den so erhaltenen Bruttogewinn mit den dem Beurteilungsobjekt zurechenbaren Fixkosten. Das sind die fixen Kosten, die sich langfristig bei Verzicht auf das betreffende Objekt vermeiden lassen.

Die Deckungsbeitragsprovision

bringt das Gewinnziel des Betriebes mit dem Einkommensziel der Außendienstler in Übereinstimmung und trägt so zu einer Steigerung des Gewinns bei.

Preisuntergrenze

Kurzfristig kann auch ein Preis akzeptiert werden, der unter den vollen, aber nicht unter den variablen Stückkosten liegt. Langfristig muß der Preis über den variablen Stückkosten liegen, und die Summe aller Stückdeckungsbeiträge muß mindestens die Höhe des Fixkostenblocks erreichen.

Fragen und Aufgaben

1.1 Worin sehen Sie den Fehler bei der Verrechnung von Fixkosten auf die einzelnen Erzeugnisse?

1.2 Sind Fixkosten stets gleichzeitig Gemeinkosten? Begründen Sie Ihre Antwort!

1.3 Können die Kostenträgergemeinkosten verursachungsgerecht auf die Kostenträger verteilt werden? Begründen Sie Ihre Antwort!

1.4 Wie entwickeln sich die Gemeinkostenzuschläge in einem Betrieb, der fortschreitender Automatisierung unterliegt?

1.5 a) Definieren Sie den absoluten Stückdeckungsbeitrag einer Produkteinheit.

b) Erklären Sie anhand einer Graphik, weshalb Grenzkosten und variable Stückkosten bei linearem Verlauf der Gesamtkosten übereinstimmen.

1.6 Was gibt der Wert dieses Deckungsbeitrages genau an? Welche Konsequenzen sind in der betrieblichen Praxis zu ziehen, wenn dieser Wert positiv (negativ) ist?

1.7 Wie kommt man vom absoluten Stückdeckungsbeitrag zum Deckungsbeitrag einer Produktart?

1.8 Was versteht man unter dem relativen Deckungsbeitrag eines Erzeugnisses (einer Produktart)?
Für welche Fragestellung kann die Kenntnis dieses Wertes nützlich sein?

1.9 Erläutern Sie kurz die praktische Bedeutung von Plandeckungsbeiträgen und Mindestdeckungsbeiträgen sowie von Deckungsbeitragsprovisionen.

1.10 Ein Betriebsleiter erklärt: "Wir kalkulieren zunächst unsere Selbstkosten und bieten unser Produkt dann mit einem Aufschlag von 5 % auf die Selbstkosten am Markt an."

a) Präzisieren Sie diese Methode der Preissetzung mit Hilfe einer Gleichung.

b) Gehen Sie davon aus, der betrachtete Betrieb sei durch die Kostenfunktion

$$K = 100 + 2x$$

gekennzeichnet. Welcher Preis wäre dann zu setzen, wenn Produktion und Absatz in der Boomphase (in der Rezession) den Wert 250 (100) Einheiten pro Periode aufweisen? Ist diese Methode der Preissetzung realistisch?

1.11 In einer Elektrofabrik werden Staubsauger verschiedener Preisklassen hergestellt (A, B und C). Die verfügbaren Informationen sind in der folgenden Tabelle zusammengetragen:

Staubsauger	p (DM/Stück)	k_v (DM/Stück)	x (Stück/Periode)
A	790	690	3.000
B	510	460	11.000
C	230	200	90.000

a) Ermitteln Sie die absoluten und relativen Stückdeckungsbeiträge sowie die Gesamtdeckungsbeiträge je Produktart.

b) Stellen Sie alternative Favoritenlisten auf. Vergleichen Sie die verschiedenen Rangfolgen der Förderungswürdigkeit der Produkte

1.12 Der Verwaltungsleiter eines Krankenhauses erklärte bei einer Tagung: "Im Krankenhauswesen ist eine Teilkostenrechnung schon deshalb nicht sinnvoll, weil hier die Gemeinkosten über 50 Prozent der Gesamtkosten ausmachen". Hat er recht?

2. Programmoptimierung ohne Engpässe

2.1 Rahmenbedingungen der Programmoptimierung

2.1.1 Denken in Sortimenten bei Mehrproduktunternehmung

Die ökonomische Theorie geht häufig von der Einproduktunternehmung aus. Die betriebliche Praxis hingegen muß sich mit der Mehrproduktunternehmung befassen, da dies der vorherrschende Betriebstyp ist. Sie sollten sich deshalb von einem Denken in einzelnen Artikeln lösen und statt dessen zu einem Denken in Artikelgruppen, in Sortimenten oder in Angebotsprogrammen kommen. Es ist zu fragen, wie sich Änderungen in der Zusammensetzung des Produktprogramms auf den Gewinn auswirken, um so zu einem gewinnoptimalen Sortiment zu gelangen. Gerade in der Praxis aber sind Sie bei der Festlegung der zu produzierenden und zu verkaufenden Mengen der einzelnen Artikel nicht frei. Vielmehr sind in aller Regel viele einschränkende Rahmenbedingungen (Restriktionen) zu beachten, auf die wir vorab kurz eingehen wollen.

2.1.2 Höchstmengen

Jedes Produkt mit einem positiven Deckungsbeitrag ist förderungswürdig, da eine zusätzlich verkaufte Einheit zu einer Gewinnerhöhung oder Verlustverminderung in Höhe des Stückdeckungsbeitrages führt. Die Empfehlung, Produkte mit positivem Deckungsbeitrag vermehrt zu produzieren und zu verkaufen, reicht allerdings für eine praxisorientierte Optimierungsrechnung nicht aus, da eine Mehrproduktion zu unerwünschten Konsequenzen führen kann, falls eine bestimmte Grenze überschritten wird. Mit steigendem Mehrangebot wächst die Gefahr, daß die produzierte Menge nur zu geringeren Preisen abgesetzt werden kann. Auf diese Weise kann ein gewinnbringendes Produkt leicht zu einem Verlustartikel werden. Es ist daher sinnvoll und notwendig, für jedes Produkt eine Höchstgrenze anzugeben, bei der gewährleistet ist, daß die Produktion auch tatsächlich zu dem angenommenen Preis abgesetzt werden kann.

2.1.3 Mindestmengen

Ähnliche Überlegungen gelten auch in umgekehrter Richtung, d. h. in bezug auf Mindestmengen. Ergibt die Kostenrechnung, daß der absolute Stückdeckungsbeitrag eines Artikels negativ ist, so müßte man eigentlich auf die Erstellung des betreffenden Gutes vollständig verzichten, um so einen Verlust zu vermeiden. In der Praxis können einer derartigen Entscheidung jedoch auch Gründe entgegenstehen, von denen nachfolgend einige angeführt werden.

(1) Inkaufnahme von Anfangsverlusten: Gerade bei Neuentwicklungen, die für Wachstum und Fortbestand eines Betriebes oft unerläßlich sind, werden im Anfangsstadium oft nur geringe oder sogar negative Deckungsbeiträge erzielt: Sie sind im Produktlebenszyklus[1] charakteristisch für die Markteinführungsphase. Niemand schließt daraus, man solle auf die Entwicklung neuer Produkte verzichten. Vielmehr nimmt man die neuen Güter mit einer bestimmten Mindestmenge in das Sortiment auf, weil man im Hinblick auf die mittel- und langfristige Entwicklung erwartet, daß deren Deckungsbeiträge nach der Einführungsphase positiv werden und bis zu einem bestimmten Höchstwert ansteigen.

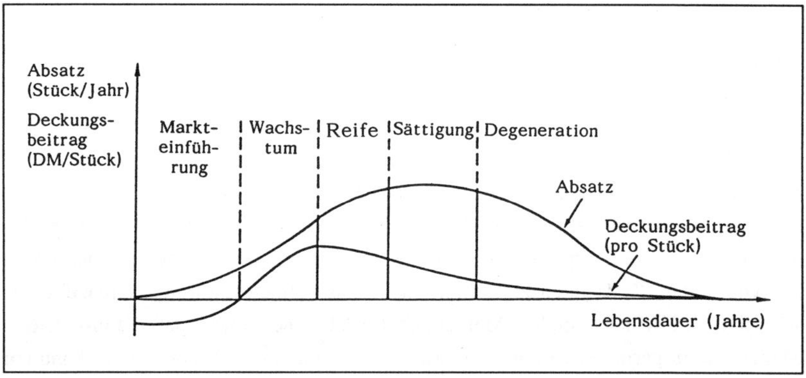

Abbildung 2.1: Deckungsbeitrag im Produktlebenszyklus: anfangs negativ

[1] Vgl. K. Lorch, Produktlebenszyklus, in: Vahlens Großes Wirtschaftslexikon, Band 2, hrsg. v. E. Dichtl u. O. Issing, München 1987, S. 392 f. - H. Chr. Weis, Marketing, 8., überarb. u. erw. Aufl., Ludwigshafen 1993, S. 159 ff.

(2) Erfüllung bestehender Lieferverpflichtungen: Ein Artikel mit negativem Deckungsbeitrag kann auch deswegen mit einer Mindestmenge im Sortiment bleiben, weil die Unternehmung vertraglich verpflichtet ist, eine bestimmte Leistung zu erbringen. Neben der vertraglichen Pflicht mag es auch den Fall der freiwilligen Inkaufnahme eines negativen Stückdeckungsbeitrages zum Zweck der mittel- und langfristigen Pflege bestehender Geschäftsbeziehungen geben.

(3) Kuppelproduktion: Es kann sein, daß im Rahmen einer Kuppelproduktion[1] bei der Erstellung eines bestimmten Produktes mit technischer Notwendigkeit ein weiteres Produkt (mehrere weitere Produkte) anfällt (anfallen). So läßt sich etwa Benzin nur in Kombination mit weiteren Produkten, etwa mittlerem und schwerem Heizöl, Bitumen, bestimmten Gasen usw., herstellen. Wenn die Vermarktung von Bitumen nur unter Inkaufnahme negativer Deckungsbeiträge möglich ist, so kann die Benzinproduktion dennoch vorteilhaft sein. Für den Anbieter ist nicht der Einzeldeckungsbeitrag entscheidungsrelevant, sondern der Gesamtdeckungsbeitrag eines angebotenen Paketes von Raffinerieprodukten. Im gegebenen Fall bestimmt die Menge der gewinnbringend abzusetzenden Produkteinheiten gleichzeitig die Mindestmenge der Produkteinheiten, die unter Inkaufnahme negativer Deckungsbeiträge verkauft oder gegebenenfalls auf die Müllkippe gebracht ("entsorgt") wird.

(4) Verbundene Nachfrage: Eine in der Praxis sehr häufig vorkommender Fall ist in der verbundenen Nachfrage zu sehen. Man spricht von verbundener Nachfrage stets dann, wenn sich technisch verschiedene Güter im Absatz gegenseitig fördern.

Komplementäre Güter...

Tabak und Pfeife
Klavier und Noten
Auto und Benzin
Briefpapier und Umschläge
...werden in der Regel gemeinsam verwendet.

Die verbundene Nachfrage kommt im praktischen Fall in verschiedenen Abstufungen vor. Sie kann außerordentlich eng sein, etwa bei komplementären Gütern, die sich verbrauchstechnisch derart ergänzen, daß sie am besten gemeinsam (als Paket) eingesetzt werden. So könnte etwa ein Hersteller von Polaroidkameras, die nur in

[1] Vgl. hierzu auch: K.-D. Däumler/J. Grabe, Kostenrechnungslexikon, a. a. O., S. 210 ff.

Verbindung mit bestimmten Filmen zu benutzten sind, die Kamera unter Inkaufnahme eines negativen Deckungsbeitrag absetzen, um entsprechend mehr durch das Folgegeschäft, den Filmeverkauf, zu verdienen. Die verkaufsmäßig verbundenen Güter sind also rechnerisch zu einem einzigen Gut zusammenzufassen. Die Entscheidung über Förderung oder Produkteinstellung ist an Hand des Gesamtdeckungsbeitrages des Güterpakets zu fällen. Erst dann, wenn der Gesamtdeckungsbeitrag negativ ist, empfiehlt es sich, Produktion und Verkauf des Paketes einzuschränken oder einzustellen. Solange der Gesamtdeckungsbeitrag dagegen positiv ist, ist es für den Hersteller vorteilhaft, gerade auch für den "Verlustbringer" zu werben. Daß das Folgegeschäft den Erstabsatz eines Produktes subventioniert und damit oft erst möglich macht, kommt in der Praxis häufig vor.

Produkt (Erstabsatz)	Folgegeschäft
Loseblattsammlung	periodische Ergänzungslieferungen
Patronenfüller	Tintenpatronen
Verpackungsmaschine	Verpackungsmaterial
Getränkeautomat	Getränke

Auch bei weniger engen Arten verbundener Nachfrage ist es betriebswirtschaftlich sinnvoll, von einem Denken in Sortimenten und den damit zusammenhängenden Gesamtdeckungsbeiträgen auszugehen, die sich aus der Summe der Einzeldeckungsbeiträge von verbundenen Artikeln ergeben. In diesem Zusammenhang sind etwa die sogenannten Lockvogel-Angebote mancher Warenhäuser zu nennen. Hierbei werden einzelne Artikel (Lockvögel) groß herausgestellt und unter Umständen mit einem Verlust, also einem negativen Stückdeckungsbeitrag, verkauft. Natürlich will das Warenhaus damit keinen Verlust erzielen, sondern einen Gewinn. Und der Gewinn wird häufig auch erreicht, denn die Kunden werden neben dem Lockvogel-Artikel, der sie zum Geschäftsbesuch animierte, im Regelfall auch noch andere Waren im Rahmen von Impulskäufen erwerben. Für den Verkäufer hat sich das Lockvogel-Angebot stets dann gelohnt, wenn der Durchschnittskunde bei seinem Einkauf so viele andere Waren mit positivem Stückdeckungsbeitrag erwirbt, daß per Saldo ein positiver Gesamtdeckungsbeitrag, bezogen auf den eingekauften Gesamtwarenkorb, verbleibt.

Beispiel 2.1 (Coffico: Lachse locken Leute)

Das Kaffee-Filialunternehmen Coffico will im zweiten Quartal neben seinen drei Kaffeesorten A, B, C folienverschweißten Räucherlachs L zum Tiefpreis anbieten. Der Artikel soll zusätzliche Kunden in die Filialen locken; man hofft, daß der Gewinn pro Filiale dadurch steigt. Kommentieren Sie das in der Tabelle dargestellte Ergebnis.

Periode	1. Quartal			2. Quartal			
Artikel	A	B	C	A	B	C	L
Preis (DM/Stück)	12,98	9,98	7,98	12,98	9,98	7,98	4,98
variable Stückkosten (DM/Stück)	9,98	7,48	6,98	9,98	7,48	6,98	5,98
Stückdeckungsbeitrag (DM/Stück)	3,00	2,50	1,00	3,00	2,50	1,00	- 1,00
Stückzahl (Stück/Quartal)	3.000	5.000	6.000	4.000	5.500	6.100	2.000
Sortendeckungsbeitrag (DM/Quartal)	9.000	12.500	6.000	12.000	13.750	6.100	
					31.850		- 2.000
Gesamtdeckungsbeitrag (DM/Quartal)		27.500				29.850	

Lösung

Der Lachs als Lockvogel (loss leader) kann für die Coffico beides bedeuten: Gewinn oder Verlust. Es kommt darauf an, ob die durch das Lockvogelangebot gewonnene Zusatznachfrage einen zusätzlichen Deckungsbeitrag im Stammsortiment erbringt, der ausreicht, um den negativen Lachsdeckungsbeitrag zu kompensieren. Im Coffico-Beispiel ist das der Fall: Die betrachtete Filiale erwirtschaftet mit 29.850 DM einen im Vergleich zum 1. Quartal um 2.350 DM gestiegenen Gesamtdeckungsbeitrag.

Von der verbundenen Nachfrage im Rahmen von Impulskäufen profitieren insbesondere Warenhäuser mit einem breiten und tiefen Sortiment. Von daher sind auch die Bestrebungen zu verstehen, möglichst viele Güter "unter einem Dach" anzubieten oder alle denkbaren Produkte für einen bestimmten Verwendungszweck zusammenzufassen ("alles für das Kind", "alles für den Sportler"). Häufig hat der Kunde auch eine bestimmte Sortimentserwartung, die der Anbieter erfüllen muß, will er nicht Nachteile im Gesamtverkauf hinnehmen. So kann etwa das Streben nach einem abgerundeten und den Vorstellungen der Kundschaft entgegenkommenden Sortiment bei einem Anbieter von Gartenartikeln dazu führen, daß Rasenmäher mit einer bestimmten Mindestmenge im Angebot bleiben, obwohl ihr Stückdeckungsbeitrag negativ ist.

(5) Langfristiger Risikoausgleich: Schließlich ist noch das Streben nach einem langfristigen Risikoausgleich zu nennen, das einer zu weitgehenden Spezialisierung, d. h. Straffung des Sortimentes entgegensteht: Ein breites und tiefes Sortiment verspricht auf Dauer höhere Sicherheit, da Gewinnrückgänge und Verluste in bestimmten betrieblichen Teilbereichen durch mögliche positive Entwicklungen in anderen Teilbereichen ausgeglichen werden können. Vielleicht verzichten Sie nicht nur auf die Straffung Ihres Sortiments, sonderen weiten Ihr Programm bewußt aus, schaffen Ihrem Unternehmen ein zweites oder drittes Bein und nutzen die Diversifikation (= Aufnahme neuer und andersartiger Produkte in das Programm) als Mittel der Risikopolitik.

Zusammenfassung: Somit bleibt festzustellen, daß es in der betrieblichen Praxis sinnvoll ist, für jede Produktart vor der Optimierungsrechnung eine
- Höchstmenge und eine
- Mindestmenge festzulegen.

Sie haben nicht die Freiheit, im Rahmen der Optimierungsrechnung die Menge der zu produzierenden und abzusetzenden Güter beliebig zu variieren, sondern müssen die durch die Mengenrestriktionen gesteckten Grenzen beachten. Die Festlegung der Mengenrestriktionen verlangt von Ihnen im praktischen Fall viel Fingerspitzengefühl und Marktkenntnis. Wie bei allen zukunftsbezogenen Rechnungen müssen Sie den Mut zu Schätzungen aufbringen, und niemand weiß dann besser als Sie, daß diese Schätzungen weder sicher noch objektiv sind. Unternehmungen werden überwiegend mit geschätzten, subjektiven und unsicheren Zahlen geführt. Sichere Zahlen, das sind die Vergangenheitswerte, die Sie in der Grabesruhe der Abteilungen Registratur/Betriebsstatistik finden. Für die Gestaltung der Zukunft helfen Ihnen die sicheren Vergangenheitswerte nicht viel. Sie sind allenfalls tauglich als Basis für Ihre Prognose.

2.1.4 Betriebliche Beschäftigungssituation und Planungsfrist

Zu den bei der Programmplanung zu beachtenden Rahmenbedingungen gehört auch die betriebliche Beschäftigungssituation[1]. Man kann drei verschiedene Beschäftigungssituationen unterscheiden, die jeweils eine besondere Methode der Ermittlung des gewinnmaximalen Programmes verlangen, nämlich:

(1) **Null Engpässe:** Wenn in einem Betrieb kein einziger Produktionsfaktor knapp ist, so sind bei der Entscheidungsfindung im praktischen Fall lediglich Absatzrestriktionen (Mindest- und Höchstmengen) zu beachten. Man verfügt über ausreichende maschinelle Kapazitäten, hat genügend Mitarbeiter und kann genügend Roh-, Hilfs- und Betriebsstoffe beschaffen. Die Begrenzung erfolgt durch den Absatzbereich.

(2) **Ein einziger Engpaß:** Ist nur ein einziger Produktionsfaktor knapp, etwa die Maschinenzeit, so sind neben den Absatzrestriktionen auch die konkurrierenden Verwendungsmöglichkeiten der (knappen) Maschinenzeit zu berücksichtigen. Dabei kommt es nicht nur auf die Stückdeckungsbeiträge der gefertigten Güter an, sondern auch auf die jeweils benötigten Stückzeiten.

(3) **Mehrere Engpässe:** Wenn mehrere Produktionsfaktoren knapp sind, so finden Sie die Lösung mit Hilfe einer Simultanrechnung, die alle Entscheidungsmöglichkeiten und Nebenbedingungen gleichzeitig erfaßt (lineare Programmierung, lineare Optimierung).

Die Zusammenstellung des gewinngünstigsten Sortiments bei den drei genannten Beschäftigungs- oder Engpaßsituationen erfolgt ausschließlich für die kurze Periode. Kurze Periode ist der Zeitraum, innerhalb dessen der betriebliche Produktions-

---

[1] Vgl. hierzu u. a. L. Haberstock, Grundzüge der Kosten- und Erfolgsrechnung, a. a. O., S. 170 ff.

apparat unverändert bleibt. Wegen der Konstanz des Produktionsapparates sind auch die beschäftigungsfixen Kosten in der kurzen Periode konstant. Sie gehören kurzfristig nicht zu den entscheidungsrelevanten Kosten[1]. Langfristig hingegen kann der Produktionsapparat durch Investitionen oder Desinvestitionen verändert werden. In der langen Periode hängen die beschäftigungsfixen Kosten von den Dispositionen des Unternehmens ab[2]. Wir befassen uns zunächst mit der Entscheidungsfindung für Fall (1), einem Betrieb mit freien betrieblichen Kapazitäten in allen Teilbereichen.

2.2 Durchführung der Programmoptimierung ohne Engpässe

Programmoptimierung ist die Zusammenstellung des gewinnmaximierenden Produktionsprogramms. Zur Gestaltung des gewinngünstigsten Programmes gibt es zwei mögliche Entscheidungsregeln:

(1) Entscheidungsregel Deckungsbeitragsrechnung (Bruttostückgewinn)
- Absoluter Stückdeckungsbeitrag positiv: Produktion steigern bis Höchstmenge.
- Absoluter Stückdeckungsbeitrag negativ: Produktion reduzieren auf Mindestmenge oder Null.

(2) Entscheidungsregel Vollkostenrechnung (Nettostückgewinn)
- Nettostückgewinn positiv: Produktion steigern bis Höchstmenge.
- Nettostückgewinn negativ: Produktion reduzieren auf Mindestmenge oder Null.

Es ist zu fragen, welche Entscheidungsregel für die Praxis besser ist. Zur Beantwortung dieser Frage untersuchen wir an Hand eines Beispiels, wie hoch der Gesamtgewinn eines Betriebes bei Befolgung der verschiedenen Entscheidungsregeln wird, um dann in pragmatischer Weise jene Entscheidungsregel als für die Praxis geeignet festzuhalten, bei der der Unternehmer seinen Betriebsgewinn maximiert.

---

1 Zu den relevanten Kosten vgl. W. Kilger, Flexible Plankostenrechnung und Deckungsbeitragsrechnung, a. a. O., S. 187 ff.

2 Zur Dispositionsbestimmtheit der Fixkosten vgl. E. Schneider, Industrielles Rechnungswesen, Grundlagen und Grundfragen, 5. Aufl., Tübingen 1969, S. 203.

Beispiel 2.2 (Plastik AG optimiert Wannensortiment)

Die Plastik AG stellt unter anderem Kunststoffwannen in verschiedenen Größen A, B und C her. In der Ausgangssituation fertigt sie von jeder Größe eine Menge von 10.000 Einheiten pro Monat. Im übrigen sind die aus der nachfolgenden Tabelle ersichtlichen Daten bekannt.

Wanne	x	x_{max}	x_{min}	p	k	k_v	K
	(Stück/Monat)			(DM/Stück)			(DM/Monat)
A	10.000	12.000	8.000	15	16	6	160.000
B	10.000	12.000	8.000	12	10	5	100.000
C	10.000	12.000	8.000	8	5	4	50.000

Symbole

x	=	Absatzmenge in Ausgangssituation (Stück/Monat)	
x_{max}	=	Absatzhöchstmenge (Stück/Monat)	
x_{min}	=	Absatzmindestmenge (Stück/Monat)	
p	=	Verkaufspreis je Stück (DM/Stück)	
k	=	gesamte Kosten je Stück (DM/Stück)	} Werte für Ausgangssituation
k_v	=	variable Kosten je Stück (DM/Stück)	} Werte für Ausgangssituation
K	=	Kosten je Sorte (DM/Monat)	} Werte für Ausgangssituation

Bei der Plastik AG soll das Wannenprogramm optimiert werden. Dabei sind die aus absatz- und sortimentspolitischen Gründen vorgegebnen Mindestmengen (x_{min} = 8.000 Stück/Monat) und Höchstmengen (x_{max} = 12.000 Stück/Monat) zu beachten, die einheitlich für alle drei Wannensorten gelten.

a) Wie hoch ist der Gewinn G_1 in der Ausgangssituation?

b) Welches neue Programm ergibt sich bei Anwendung der Entscheidungsregel der Vollkostenrechnung (Nettostückgewinne)? Wie hoch ist der zugehörige Gewinn G_2, wenn die Kosten je Sorte beim neuen Programm 148.000 DM, 110.000 DM und 58.000 DM betragen?

c) Welches neue Programm ergibt sich bei Anwendung der Entscheidungsregel der Deckungsbeitragsrechnung (Bruttostückgewinne)? Wie hoch ist der zugehörige Gewinn G_3, wenn die Kosten je Sorte beim neuen Programm 172.000 DM, 110.000 DM und 58.000 DM betragen?

Lösung a) Gewinn in Ausgangssituation (G_1)

Wanne	x (Stück/Monat)	p - k (DM/Stück)	G (DM/Sorte)
A	10.000	- 1	- 10.000
B	10.000	2	20.000
C	10.000	3	30.000
G_1 (DM/Monat)			40.000

Lösung b) Gewinn bei Entscheidungsregel Vollkostenrechnung (G_2)

Nettostückgewinn
↓

Wanne	p (DM/Stück)	k (DM/Stück)	p - k (DM/Stück)	x_{neu} (Stück/Monat)
A	15	16	- 1	8.000
B	12	10	2	12.000
C	8	5	3	12.000

Wanne	U = p · x	K (DM/Monat)	G = U - K
A	120.000	148.000	- 28.000
B	144.000	110.000	34.000
C	96.000	58.000	38.000
G_2 (DM/Monat)			44.000

Der Gewinn G_2 läßt sich auch mit Hilfe der Bruttostückgewinne (= Deckungsbeiträge je Stück) errechnen, sofern man den gesamten Fixkostenblock K_f von der Summe aller Deckungsbeiträge abzieht:

$$G_2 = (p_a - k_{va}) \cdot x_a + (p_b - k_{vb}) \cdot x_b + (p_c - k_{vc}) \cdot x_c - K_f$$

$$G_2 = 9 \cdot 8.000 + 7 \cdot 12.000 + 4 \cdot 12.000 - 160.000$$

$$G_2 = 44.000 \text{ (DM / Monat)}$$

Hinweis: Die Verwendung von Bruttostückgewinnen anstelle von Nettostückgewinnen ist deshalb sinnvoll, weil die Bruttostückgewinne auch bei geänderten Programmen konstant bleiben, während sich die Nettostückgewinne bei geänderter Stückzahl je Sorte ändern. Grund: andere Werte für die Fixkosten je Einheit. Der Fixkostenanteil je Sorte ergibt sich, indem man bei jeder Sorte $x \cdot (k - k_v)$ ermittelt.

Lösung c) Gewinn bei Entscheidungsregel Deckungsbeitragsrechnung (G_3)

Bruttostückgewinn ↓

Wanne	p	k_v	$p - k_v$	x_{neu}
		(DM/Stück)		(Stück/Monat)
A	15	6	9	12.000
B	12	5	7	12.000
C	8	4	4	12.000

Wanne	$U = p \cdot x$	K (DM/Monat)	$G = U - K$
A	180.000	172.000	8.000
B	144.000	110.000	34.000
C	96.000	58.000	38.000
G_3 (DM/Monat)			80.000

G_3 läßt sich auch auf der Basis der Deckungsbeiträge pro Stück ausrechnen:

$$G_3 = (p_a - k_{va}) \cdot x_a - (p_b - k_{vb}) \cdot x_b - (p_c - k_{vc}) \cdot x_c - K_f$$

$$G_3 = (9 + 7 + 4) \cdot 12.000 - 160.000 = 80.000 \text{ (DM / Monat)}$$

Ergebnis: Wir haben also drei Programme und die dazugehörigen drei Gewinne G_1, G_2 und G_3 zu vergleichen.

Produkt (Wanne)	Programm in der Ausgangssituation	Programm nach Vollkostenrechnung	Programm nach Teilkostenrechnung
A	10.000	8.000	12.000
B	10.000	12.000	12.000
C	10.000	12.000	12.000
Gewinne	$G_1 = 40.000$	$G_2 = 44.000$	$G_3 = 80.000$

Die Plastik AG erzielt den maximalen Gewinn wird nur dann, wenn sie ihr Programm nach der Entscheidungsregel der Deckungsbeitragsrechnung zusammenstellt. Aus den Nettostückgewinnen läßt sich keine sinnvolle Aussage über die Förderungswürdigkeit der einzelnen Produkte ableiten. Nur die Bruttostückgewinne (Stückdeckungsbeiträge) kommen zur Erstellung der Favoritenliste in Frage.

Der Kardinalfehler der Vollkostenrechnung liegt in der künstlichen Proportionalisierung der Fixkosten. Nach der Vollkostenrechnung müßte man von Wanne A wegen des negativen Nettostückgewinnes weniger produzieren - eine betriebliche Maßnahme, die deshalb unsinnig ist, weil man bei einer Minderproduktion von A nur variable, nicht aber fixe Kosten einsparen kann.

Hinweis: Bei der Gewinnermittlung wurden in jedem Fall alle Kosten - auch die fixen - abgezogen. Ein Standardargument, das von praktischer Seite gelegentlich gegen die Teilkostenrechnung vorgebracht wird, zielt darauf ab, man berücksichtige bei der Teilkostenrechnung nur Teile der Kosten (wie der Name Teilkostenrechnung suggeriert) und achte nicht auf die Deckung der Fixkosten. Dieser Vorwurf ist gegenstandslos. Sie haben am Beispiel der Plastik AG gesehen, daß der wesentliche Unterschied zwischen Voll- und Teilkostenrechnung in der Entscheidungsregel zur Zusammenstellung des Programms liegt und nicht in der Art und Weise der Gewinnermittlung: Die Teilkostenrechnung favorisiert Produkte mit positivem Stückdeckungsbeitrag, die Vollkostenrechnung solche mit positivem Nettostückgewinn.

2.3 Zusammenfassung und Checkliste

Vor der Programmoptimierung

sind die absatz- und sortimentspolitisch bedingten Höchst- und Mindestmengen festzulegen.

Höchstmenge

ist die Menge, die der Markt aufnimmt, ohne daß der vorgesehene Preis gesenkt werden muß.

Mindestmenge

ist die Menge, die aufgrund rechtlicher, technischer oder absatz- und sortimentspolitischer Gegebenheiten angeboten werden muß. Mindestmengen können aus vielerlei Gründen notwendig sein: Erfüllung vertraglicher Lieferverpflichtungen, Inkaufnahme von Anfangsverlusten, Kuppelproduktion, verbundene Nachfrage, langfristiger Risikoausgleich.

Programmoptimierung ohne Engpässe

liegt vor, wenn in allen betrieblichen Teilbereichen Kapazitäten frei sind. Die gewinnmaximale Zusammenstellung des Programms geschieht dann in der Weise, daß man Produkte mit positivem Stückdeckungsbeitrag forciert (Höchstmenge wird produziert), während man Produkte mit negativem Stückdeckungsbeitrag zurücknimmt (Mindestmenge wird produziert).

Gewinnermittlung

Der Gewinn kann als Brutto- oder Nettogewinn ermittelt werden. Der Unterschied zwischen Voll- und Teilkostenrechnung liegt nicht in der Art der Gewinnermittlung, sondern in der Entscheidungsregel, nach der die Hitliste der Produkte (Brutto- oder Nettostückgewinn) aufgestellt wird.

Fragen und Aufgaben

2.1 Geben Sie eine betriebswirtschaftliche Begründung für die Notwendigkeit von Höchstmengen im Rahmen der optimalen Programmplanung.

2.2 Weshalb werden unter Umständen auch Produkte mit negativem Stückdeckungsbeitrag im Sortiment einer Mehrproduktunternehmung geführt?

2.3 Skizzieren Sie Beschäftigungssituationen und zugehörige Vorgehensweisen zur Programmoptimierung.

2.4 Diskutieren Sie den Satz: "Der Unterschied zwischen Teil- und Vollkostenrechnung besteht darin, daß bei der Teilkostenrechnung keine Verrechnung der Fixkosten erfolgt."

2.5 Die Goldstund AG stellt Wecker in verschiedenen Preisklassen her. Im laufenden Jahr sind die betrieblichen Kapazitäten nicht vollständig ausgelastet, d. h. es existiert kein innerbetrieblicher Engpaß. Für die vier Weckertypen A, B, C und D gelten die folgenden Daten:

Wecker	x (Stück/Monat)	p	k (DM/Stück)	k_v
A	20.000	50	46	35
B	20.000	40	45	20
C	20.000	30	25	20
D	20.000	20	10	8

x = produzierte und abgesetzte Menge in Ausgangssituation
x_{min} = Absatzmindestmenge (Stück/Monat)
x_{max} = Absatzhöchstmenge (Stück/Monat)

a) Wie hoch sind die Fixkosten und der Gewinn in der Ausgangssituation?

b) Ermitteln Sie Programm und Gewinn bei Anwendung der Entscheidungsregel der Vollkostenrechnung, wenn von jedem Weckertyp allenfalls 5.000 Einheiten mehr oder weniger monatlich angeboten werden dürfen.

c) Ermitteln Sie Programm und Gewinn bei Anwendung der Entscheidungsregel der Deckungsbeitragsrechnung. Es gilt: x_{min} = 15.000 (Stück/Monat), x_{max} = 25.000 (Stück/Monat).

2.6 Die Gewinne in den Beispielen wurden unter anderem mit Hilfe der Bestimmungsgleichung

$$G = (p_1 - k_{v1})\, x_1 + (p_2 - k_{v2})\, x_2 + (p_3 - k_{v3})\, x_3 - K_f$$

ermittelt. Warum dürfen Sie, falls das Programm im Vergleich zur Ausgangssituation geändert wird, nicht die alten Nettostückgewinne verwenden (bei denen die anteiligen Fixkosten pro Stück schon berücksichtigt sind) und damit auf den Abzug des Fixkostenblocks zum Schluß verzichten?

2.7 Vervollständigen Sie die Tabelle durch die Angabe d > 0 oder d < 0.

Produktionslebenszyklus	absoluter Stückdeckungsbeitrag d (DM/Stück)
Einführung	d
Wachstum	d
Reife	d
Sättigung	d
Rückgang (Degeneration)	d

3. Programmoptimierung bei einem Engpass

3.1 Mögliche Engpässe

Im Rahmen unserer bisherigen Betrachtungen gingen wir davon aus, der Betrieb verfüge in allen Teilbereichen über freie Kapazitäten. Dieser Fall kommt zwar gelegentlich vor. Häufiger indessen finden sich in der Praxis Betriebe, bei denen an irgendeiner Stelle ein Engpaß ("Flaschenhals") auftritt. Mögliche innerbetriebliche Engpässe sind:

- Maschineller Engpaß

Die Produktion wird durch die knappen Maschinenzeiten auf einer bestimmten Fertigungsstufe begrenzt. Die Programmzusammenstellung muß so erfolgen, daß die knappen Maschinenstunden bestmöglich gewinnbringend genutzt werden.

- Materialengpaß

Steht ein bestimmter Roh-, Hilfs- oder Betriebsstoff nur in beschränkter Menge zur Verfügung, so wird man das Programm unter besonders sorgfältiger Materialnutzung zusammenstellen.

- Personalengpaß

Der produktionsbeschränkende Faktor kann in der Knappheit bestimmter Arbeitskräfte bestehen; sie sind möglichst effektiv einzusetzen.

- Raumengpaß

Die Produktion wird durch knappe Lagerkapazitäten begrenzt; über die Lagerfläche ist sorgfältig zu disponieren.

Allgemein läßt sich sagen, daß jeder beliebige Produktionsfaktor und jeder beliebige betriebliche Sektor zum Engpaßfaktor bzw. -sektor werden kann.

3.2 Problemstellung

Beispiel 3.1 (Waagenfabrik mit Flaschenhals)

Wir betrachten einen feinmechanischen Betrieb, der unter anderem Waagen für den Einzelhandel in den Ausführungen A, B, C herstellt. Im Bereich der Vorproduktion werden die Waagen auf drei Maschinen bearbeitet: M_1, M_2 und M_3. Kapazitätsprobleme existieren in diesem Bereich nicht.

Die Endmontage erfolgt auf Maschine 4, und zwar für alle Waagen gemeinsam. Maschine 4 stellt den Engpaß dar. Alle Produkte konkurrieren um die knappe Maschinenzeit im Engpaßsektor.

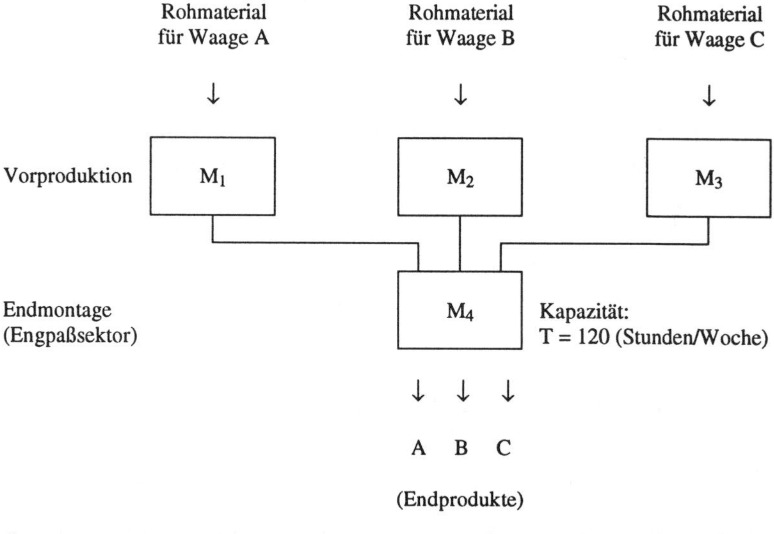

Übersicht 3.1: Produktionsschema der Waagenfabrik

Die Programmoptimierung unter Berücksichtigung eines betrieblichen Engpasses erfordert bestimmte technische Informationen über den Engpaßsektor, wie:

- verfügbare Engpaßzeit T; sie beträgt bei 5 Tagen à 3 Schichten 120 (Stunden/Woche);

- Stückzeiten t_a, t_b und t_c, die angeben, wieviel Zeiteinheiten für die Montage einer Einheit A, B und C auf dem Engpaßaggregat erforderlich sind; sie betragen $t_a = 1$; $t_b = 2$; $t_c = 3$ (Stunden/Stück).

Die verfügbaren ökonomischen und technischen Informationen sind in der folgenden Tabelle zusammengefaßt.

Ökonomische Information					Technische Information	
Waage	x (St/Wo) I	p II	k_v (DM/Stück) III	d IV=II-III	t Engpaß-belastung je Einheit (Std/Stück) V	T Engpaßzeit je Produktart (Std/Woche) VI = I · V
A	20	14.000	13.000	1.000	1	20
B	20	12.000	9.000	3.000	2	40
C	20	10.000	6.000	4.000	3	60
Fixkosten K_f = 100.000 (DM/Woche)					Gesamtverbrauch Engpaßzeit (Std/Woche): 120	

Übersicht 3.2: Ökonomisch-technische Ausgangssituation

Wie hoch ist der Gewinn in der Ausgangssituation?

Lösung

$$G_1 = (d_a \cdot x_a + d_b \cdot x_b + d_c \cdot x_c) - K_f$$

$$G_1 = 20\ (1.000 + 3.000 + 4.000) - 100.000$$

$$G_1 = 60.000 \text{ DM / Woche}$$

3.3 Spezifischer Deckungsbeitrag

Beispiel 3.2 (Programmumschichtung in der Waagenfabrik)

Der Betrieb in Beispiel 3.1 fertigt wöchentlich 20 Stück von jedem Waagentyp und nutzt die verfügbare Engpaßzeit von Maschine 4 voll aus. Dabei erzielt er einen Gewinn von 60.000 DM/Woche. Es ist zu fragen, ob sich dieser Gewinn erhöhen läßt, wenn wir das angebotene Sortiment anders zusammenstellen. Dabei sind die folgenden Absatzrestriktionen zu beachten:

Produkt	A	B	C
Mindestmenge (Stück/Woche)	4	5	6
Höchstmenge (Stück/Woche)	25	30	25

Lösung

Dem deckungsbeitragsorientierten Vertriebsmenschen erscheint Waage C wegen ihres hohen Stückdeckungsbeitrages von 4.000 DM/Stück besonders förderungswürdig. Wir wollen deshalb probeweise ohne Beachtung der Mindest- und Höchstmengen die Konsequenzen einer massiven Förderung von C überprüfen:

Gewinn bei alleiniger Produktion von C	
Verfügbare Engpaßzeit	$T = 120$ (Stunden / Woche)
Bearbeitungsdauer für eine Einheit C	$t_c = 3$ (Stunden / Stück)
Höchstmögliche Produktion von C	$x_c = \frac{T}{t_c} = \frac{120}{3} = 40$ (Stück / Woche)
Gewinn	$G_c = x_c \cdot d_c - K_f$
	$G_c = 40 \cdot 4.000 - 100.000$
	$G_c = 60.000$ (DM / Woche)

Sie sehen, daß selbst eine massive Förderung des Produktes mit dem höchsten Stückdeckungsbeitrag keine Gewinnverbesserung bringt. Der Grund dafür ist die lange Bearbeitungszeit der Waagen C: Sie erbringen zwar einen hohen Deckungsbeitrag, belasten aber gleichzeitig den Flaschenhals Endmontage zeitlich so stark, daß in der vorgegebenen Zeit von 120 Stunden lediglich 40 Einheiten von C gefertigt werden können.

Der stückzeitorientierte Techniker könnte vorschlagen, Waage A zu favorisieren: Damit werde der Engpaß am besten genutzt, weil A die geringste Stückzeit habe. Wir überprüfen die finanziellen Konsequenzen einer massiven Förderung von A, und zwar wieder ohne Beachtung der Mindest- und Höchstmengen.

Gewinn bei alleiniger Produktion von A	
Verfügbare Engpaßzeit	$T = 120$ (Stunden / Woche)
Bearbeitungsdauer für eine Einheit A	$t_a = 1$ (Stunde / Stück)
Höchstmögliche Produktion von A	$x_a = \frac{T}{t_a} = \frac{120}{1} = 120$ (Stück / Woche)
Gewinn	$G_a = x_a \cdot d_a - K_f$
	$G_a = 120 \cdot 1.000 - 100.000$
	$G_a = 20.000$ (DM / Woche)

Sie erkennen, daß sich auch die einseitige Förderung von A nicht auszahlt. Der Gewinn nimmt im Vergleich zur Ausgangssituation sogar erheblich ab.

Zwischenergebnis: Die isolierte Betrachtung von Stückdeckungsbeiträgen oder Stückzeiten führt nicht zum gewinnmaximalen Programm. Der Weg zum bestmöglichen Programm setzt vielmehr eine gleichzeitige und gleichgewichtige Berücksichtigung von Stückdeckungsbeiträgen und Stückzeiten voraus. In der betrieblichen Praxis erhalten Sie das Optimum nur in der Weise, daß Sie sowohl Techniker als auch Wirtschaftler an einen Tisch bringen, weil technische und wirtschaftliche

Informationen miteinander kombiniert werden müssen. Das gilt für die Situation mit einem Engpaß und (stärker noch) für jene mit mehreren Engpässen.

Engpaßstunden sind knapp - darum sollten Sie jenen Waagentyp favorisieren, der pro Engpaßstunde den höchsten Deckungsbeitrag abwirft. Sie errechnen den Engpaßstundendeckungsbeitrag für die drei möglichen Formen der Engpaßnutzung, nämlich die Produktion der Waagen A, B oder C. Dieser Deckungsbeitrag heißt spezifischer Deckungsbeitrag. Er ist das Maß für die Ergiebigkeit, mit der der Engpaß durch das jeweils betrachtete Produkt genutzt wird. Der spezifische Deckungsbeitrag wird in der Literatur auch bezeichnet als[1]:

- relativer Deckungsbeitrag,
- Plannutzen-Kennziffer,
- Leistungserfolgssatz,
- Bruttogewinn pro Einheit der Engpaßbelastung.

In Anlehnung an die vom Bundesverband der Deutschen Industrie (BDI) benutzte Terminologie gebrauchen wir den Ausdruck spezifischer Deckungsbeitrag[2].

Allgemein erhalten Sie den spezifischen Deckungsbeitrag d_s eines bestimmten Gutes, dessen Engpaßbelastung mit e Engpaßkapazitätseinheiten (z. B. Stückzeit, Lagerfläche pro Stück, Rohstoffverbrauch pro Stück) anzusetzen ist, nach der Gleichung:

(3.1) $$d_s = \frac{d}{e} = \frac{p - k_v}{e}$$ **Spezifischer Deckungsbeitrag**

Symbole

d_s = spezifischer Deckungsbeitrag (DM/Einheit Engpaßbelastung)
d = absoluter Stückdeckungsbeitrag (DM/Stück)
e = für eine Leistungseinheit benötigte Engpaßkapazität (Engpaßkapazitätseinheiten/Stück)

---

[1] Vgl. W. Kilger, Flexible Plankostenrechnung und Deckungsbeitragsrechnung, a. a. O., S. 707.

[2] Bundesverband der deutschen Industrie (Hrsg.), Empfehlungen zur Kosten- und Leistungsrechnung, Band 3, 3., durchges. Aufl., Köln 1991, S. 43.

Der spezifische Deckungsbeitrag gibt den Bruttogewinn pro Engpaßkapazitätseinheit an, der eingefahren wird, wenn ein bestimmtes Produkt den Engpaß durchläuft. Sie errechnen ihn, indem Sie den Stückdeckungsbeitrag durch die Engpaßbelastung des betreffenden Produkts dividieren.
Der spezifische Deckungsbeitrag hat als Bruttogewinn pro Engpaßeinheit unterschiedliche Dimensionen, je nach Art des Engpasses. Beispiele:

$$\frac{\text{DM}}{\text{Stück}} : \frac{\text{Min}}{\text{Stück}} = \frac{\text{DM}}{\text{Min}} \quad \text{(Maschineller Engpaß)}$$

$$\frac{\text{DM}}{\text{Stück}} : \frac{\text{kWh}}{\text{Stück}} = \frac{\text{DM}}{\text{kWh}} \quad \text{(Energieengpaß)}$$

$$\frac{\text{DM}}{\text{Stück}} : \frac{\text{m}^2}{\text{Stück}} = \frac{\text{DM}}{\text{m}^2} \quad \text{(Räumlicher Engpaß)}$$

$$\frac{\text{DM}}{\text{Stück}} : \frac{\text{kg}}{\text{Stück}} = \frac{\text{DM}}{\text{kg}} \quad \text{(Rohstoffengpaß)}$$

3.4 Problemlösung mit Drei-Schritte-Schema

Beispiel 3.3 (Programmoptimierung in der Waagenfabrik)

Für die Waagenfabrik in Beispiel 3.1 ist das gewinnoptimale Produktionsprogramm zu bestimmen. Wie hoch ist dann der Gewinn?

Lösung

Unter Benutzung der Gleichung zur Ermittlung des spezifischen Deckungsbeitrages können Sie für die Waagenfabrik die folgende Favoritenliste aufstellen:

Waage	d (DM/Stück) I	t (Std/Stück) II	$d_s = d : t$ (DM/Std) III = I / II	Rang IV
A	1.000	1	1.000 : 1 = 1.000	3.
B	3.000	2	3.000 : 2 = 1.500	1.
C	4.000	3	4.000 : 3 = 1.333	2.

Die Favoritenliste zeigt, daß es sich vor allem lohnt, die Produktion von B auszudehnen, und zwar nach Möglichkeit bis zur Höchstgrenze. Danach sollten Sie C produzieren, wenn möglich wieder die Höchstmenge. Dann noch freie Maschinenstunden setzen Sie für A ein.

Die Problemlösung kann im praktischen Fall nach dem im folgenden angegebenen Drei-Schritte-Schema zuverlässig ermittelt werden. Dieses Schema können Sie generell zur Programmoptimierung bei einem Engpaß einsetzen - gleichgültig, welcher Art der Engpaß auch sein mag (personell, räumlich, zeitlich).

1. Schritt: Ermittlung der Engpaßbelastung für die Mindestmengenproduktion

Waage	Mindestmenge (Stück/Monat) I	Engpaßbelastung (Std/Stück) II	Zeit je Maschinentyp III = I · II
A	4	1	4
B	5	2	10
C	6	3	18
	Zeitbedarf für Erstellung der Mindestmengen:		32

2. Schritt: Ermittlung der noch frei verfügbaren Engpaßkapazität

Gesamtkapazität	-	Engpaßbelastung durch Mindestmengen	=	frei verfügbare Restkapazität
120	-	32	=	88 (Std/Woche)

3. Schritt: Belegung der frei verfügbaren Engpaßkapazität nach spezifischen Deckungsbeiträgen unter Beachtung der Absatzhöchstmengen

Favoritenliste	Zusätzlich zu den Mindestmengen produziert man:	Dafür benötigt man an Engpaßzeit:	Noch freie Engpaßzeit:
1. Rang: B	25 Stück/Woche	50 Std/Woche	38 Std/Woche
1. Rang: C	12 Stück/Woche	36 Std/Woche	2 Std/Woche
1. Rang: A	2 Stück/Woche	2 Std/Woche	0 Std/Woche

Waage	x_{neu} (Stück/Woche)	d (DM/Stück)	$D = d \cdot x_{neu}$ (DM/Woche)
A	6	1.000	6.000
B	30	3.000	90.000
C	18	4.000	72.000
	Bruttogewinn (DM/Woche)		168.000
	- Fixkosten (DM/Woche)		100.000
	= Nettogewinn (DM/Woche)		68.000

Ergebnis

Durch eine Umschichtung des Programms können Sie den Gewinn von 60.000 DM/Woche auf 68.000 DM/Woche steigern, falls Sie über die knappe Engpaßzeit unter Berücksichtigung spezifischer Deckungsbeiträge disponieren.

Daraus ersehen Sie, daß Programmentscheidungen auf der Basis spezifischer Deckungsbeiträge für die betriebliche Praxis reizvoll sein können. Das folgende Beispiel zeigt das Arbeiten mit dem Drei-Schritte-Schema bei einem räumlichen Engpaß.

Beispiel 3.4 (Lagerknappheit bei der Maschinenbau GmbH)

Bei der Maschinenbau GmbH entsteht infolge von Umbauarbeiten im Fertigwarenlager ein räumlicher Engpaß. Vor den Umbauarbeiten galten für den Betrieb die folgenden Informationen sowie die daraus abgeleitete Favoritenliste:

Ausgangssituation

Maschine	x (St/Mon)	p	k_v (DM/Stück)	$d = p - k_v$	$D = d \cdot x$ (DM/Monat)	Rang nach d
A	10	300.000	150.000	150.000	1.500.000	1.
B	10	250.000	130.000	120.000	1.200.000	2.
C	10	350.000	274.000	76.000	760.000	3.
D	10	270.000	220.000	50.000	500.000	4.
E	10	190.000	150.000	40.000	400.000	5.
Bruttogewinn (DM/Monat)					4.360.000	
- Fixkosten (DM/Monat)					2.000.000	
= Nettogewinn (DM/Monat)					2.360.000	

In der Ausgangssituation produzierte und verkaufte die Maschinenbau GmbH von jedem Maschinentyp 10 Einheiten pro Monat. Die zur Verfügung stehende Lagerfläche von 380 m^2 reichte zur Zwischenlagerung der Monatsproduktion gerade aus. In den Folgemonaten stehen bis zum Abschluß der Umbauarbeiten, die der Lagererweiterung dienen sollen, nur noch 190 m^2 Lagerfläche zur Verfügung.

In dieser Situation schlägt die Lagerverwaltung vor, vorübergehend einfach nur noch die halbe Menge von 5 Einheiten je Produktart zu erstellen. Dann käme man mit der verfügbaren Lagerfläche doch genau aus. Die Verkaufsabteilung dagegen möchte die auf den ersten Rängen stehenden Produkte wegen ihrer hohen Deckungsbeiträge bevorzugt produzieren lassen.

Vergleichen Sie den Nettogewinn aufgrund
a) Ihres Vorschlages mit
b) jenem der Lagerverwaltung und
c) dem der Verkaufsabteilung
unter Zugrundelegung folgender Zusatzinformationen:

Maschine	e Lagerbeanspruchung (m^2/Maschine)	x_{min} Mindestmengen (Stück/Monat)	x_{max} Höchstmengen (Stück/Monat)
A	15	3	10
B	15	3	10
C	4	3	10
D	2	3	10
E	2	3	10

Lösung a) Ihr Vorschlag: Drei-Schritte-Schema

Zunächst ermitteln Sie die spezifischen Deckungsbeiträge und die daraus abzuleitende Produkt-Hitliste für die Maschinenbau GmbH.

Maschine	d (DM/Stück) I	e Engpaßbelastung (m^2/Stück) II	$d_s = d : e$ (DM/m^2) III = I / II	Rang IV
A	150.000	15	10.000	4.
B	120.000	15	8.000	5.
C	76.000	4	19.000	3.
D	50.000	2	25.000	1.
E	40.000	2	20.000	2.

Jetzt besitzen Sie alle Informationen für das Drei-Schritte-Schema.

1. Schritt: Engpaßbelastung wegen Mindestmengen

Maschine	x_{min} Mindestmenge (Stück/Monat)	e Engpaßbelastung (m^2/Stück)	$F = x_{min} \cdot e$ Lagerfläche je Maschine
	I	II	III = I · II
A	3	15	45
B	3	15	45
C	3	4	12
D	3	2	6
E	3	2	6
Lagerfläche für Mindestmenge:			114 (m^2/Mon)

2. Schritt: Frei verfügbare Restfläche

Gesamtfläche	-	Fläche für Mindestmengen	= freie Restfläche
190	-	114	= 76 (m^2/Mon)

3. Schritt: Belegung der freien Restfläche nach spezifischen Deckungsbeiträgen unter Beachtung der Höchstmengen

Favoritenliste	zusätzlich zu den Mindestmengen zu produzieren (Stück/Monat)	dafür benötigte Lagerfläche (m^2/Monat)	noch freie Lagerfläche (m^2/Monat)
1. Rang: D	7	14	62
1. Rang: E	7	14	48
1. Rang: C	7	28	20
1. Rang: A	1	15	5
1. Rang: B	0	0	5

Das neue Programm x_{neu} besteht aus Mindestmengen plus Zusatzproduktion. Dazu gehört folgender Nettogewinn:

Maschine	x_{neu} (Stück/Monat)	d (DM/Stück)	$D = d \cdot x_{neu}$ (DM/Monat)
A	4	150.000	600.000
B	3	120.000	360.000
C	10	76.000	760.000
D	10	50.000	500.000
E	10	40.000	400.000
Bruttogewinn (DM/Monat)			2.620.000
- Fixkosten (DM/Monat)			2.000.000
= Nettogewinn (DM/Monat)			G_1 = 620.000

Lösung b) Vorschlag Lagerverwaltung: Halbieren

G_2 = 5 (150.000 + 120.000 + 76.000 + 50.000 + 40.000) - 2.000.000

G_2 = 2.180.000 - 2.000.000

G_2 = 180.000 (DM/Monat)

Lösung c) Vorschlag Verkaufsabteilung: Maschinen mit hohen Deckungsbeiträgen forcieren

Die freie Restfläche von 76 m2 wird bevorzugt mit A, dem Produkt mit dem höchsten Deckungsbeitrag, belegt. Es lassen sich dann 76 : 15 = 5 Einheiten mit A zusätzlich lagern, so daß sich folgendes Programm und folgender Gewinn ergeben:

Maschine	x_{neu} (Stück/Monat)	d (DM/Stück)	$D = d \cdot x_{neu}$ (DM/Monat)
A	8	150.000	1.200.000
B	3	120.000	360.000
C	3	76.000	228.000
D	3	50.000	150.000
E	3	40.000	120.000
Bruttogewinn (DM/Monat)			2.058.000
- Fixkosten (DM/Monat)			2.000.000
= Nettogewinn (DM/Monat)			G_3 = 58.000

Ergebnis

Am besten kommt die Maschinenbau GmbH mit dem baubedingten Lagerengpaß zurecht, wenn sie die spezifischen Deckungsbeiträge bei der notwendigen Programmreduzierung nutzt. Der Nettogewinn liegt dann mit 620.000 DM deutlich über dem Betrag, den die Lagerverwaltung (180.000 DM) oder die Verkaufsabteilung (58.000 DM) erzielt hätte.

Wenn, anders als bei dem Maschinenbau GmbH-Beispiel, ein Engpaß längere Zeit besteht, wird man bei "schlechten" Produkten, die geringe spezifische Deckungsbeiträge aufweisen, gezielte Preiserhöhungen vornehmen. Einmal könnte sich dadurch deren spezifischer Deckungsbeitrag erhöhen. Zum anderen nimmt man die geringere Nachfrage nach schlechten Produkten billigend in Kauf, weil sich dadurch die Produktionsmöglichkeiten bei den Artikeln mit hohen spezifischen Deckungsbeiträgen verbessern. Gelegentlich scheut man aus Imagegründen die

Preiserhöhung; dann bietet es sich an, längere Lieferzeiten festzulegen. Im übrigen ist stets auch die Frage des Fremdbezuges zu prüfen. Möglicherweise bietet der Fremdbezug die Möglichkeit, Maschinen mit niedrigen spezifischen Deckungsbeiträgen, beispielsweise die Maschinen A und B, weiter mit Stückzahlen, die die Mindestmengen überschreiten, im Sortiment zu halten. Voraussetzung dafür ist ein entsprechend günstiger Fremdbezugspreis (vgl. Kapital 8: Eigenfertigung oder Fremdbezug). Des weiteren stellt sich bei langfristiger Betrachtung auch die Frage, ob der Engpaß durch Investitionen beseitigt werden kann und soll. Dazu ist eine auf Ein- und Auszahlungen basierende Investitionsrechnung durchzuführen[1].

Beispiel 3.5 (Zusatzauftrag bei der Uhren AG)

Die Uhren AG stellt die Armbanduhren SWITCH und SWOTCH her. Für den vergangenen Monat liegen folgende Daten vor:

Bezeichnung	SWITCH	SWOTCH
produzierte Uhren (Stück/Monat) abgesetzte Uhren (Stück/Monat	1.000 900	3.000 2.700
Fertigungszeit (Minuten/Stück) Fertigungsmaterial (DM/Stück Fertigungslohn (DM/Stück)	4 10 12	2 5 5
Verkaufsprovision (% vom Preis Verkaufspreis (DM/Stück)	2 50	2 40

[1] Vgl. u. a.: K.-D. Däumler, Grundlagen der Investitions- und Wirtschaftlichkeitsrechnung, 7., vollst. überarb. Aufl., Herne/Berlin 1992, S. 18 ff.

Die Gemeinkosten wurden folgendermaßen auf die Kostenstellen verteilt:

Kostenstelle	Gemeinkosten		Bezugsgröße
	fix	variabel	
Material Fertigung Verwaltung und Vertrieb	8.000 40.000 15.000	- 20.000 -	- Fertigungszeit -

a) Ermitteln Sie tabellarisch den Gesamtdeckungsbeitrag beider Produklinien, die Stückdeckungsbeiträge sowie den Betriebsgewinn brutto und netto, wobei Sie auf die Schlüsselung nicht verursachungsgerecht zurechenbarer Fixkosten verzichten.

b) Für den kommenden Monat rechnet man mit einer Nachfragesteigerung. Es ist vorgesehen, wieder 1.000 Einheiten SWITCH und 3.000 Einheiten SWOTCH zu fertigen. Man nimmt an, daß die Neuproduktion sowie die Lagerbestände im kommenden Monat komplett verkauft werden können.

   In dieser Situation erhält die Uhren AG das Angebot über einen Zusatzauftrag: Sie könnte im kommenden Monat 50 Einheiten eines poppig aufgemachten Uhrentyps SWUTCH absetzen. Für die Fertigung von SWUTCH ist der bestehende Produktionsapparat zwar technisch geeignet, problematisch ist es aber mit der Kapazität: Es stehen, genau wie im Vormonat, 10.000 Maschinenminuten zur Verfügung. Somit ist die Hereinnahme des Zusatzauftrages nur dann möglich, wenn entsprechende Produktioneinschränkungen bei einem anderen Uhrentyp vorgenommen werden. Für SWUTCH gilt:

Fertigungsmaterial (DM/Stück)	15,00
Fertigungslöhne (DM/Stück)	12,00
Fertigungszeit (Minuten/Stück)	10
Verkaufsprovision (% vom Preis)	2
Verkaufspreis (DM/Stück)	130,00

Wie hoch ist der Stückdeckungsbeitrag von SWUTCH? Unter welcher Voraussetzung ist die Hereinnahme des Zusatzauftrages sinnvoll? Ist diese Voraussetzung erfüllt?

c) Bei welchem Produkt ist gegebenenfalls die Fertigungsmenge einzuschränken? Um wieviel DM ändert sich bei Hereinnahme des Zusatzauftrages das Betriebsergebnis im Vergleich zum Verzicht auf diesen Auftrag?

Welches ist die kurzfristige Preisuntergrenze für die Hereinnahme des Zusatzauftrages? Hinweis: Sie finden die Lösung, indem Sie den spezifischen Deckungsbeitrag von SWUTCH mit jenem von SWITCH gleichsetzen und die Gleichung nach der gesuchten Größe auflösen.

Lösung a) Gesamtdeckungsbeiträge, Betriebsgewinn und Stückdeckungsbeiträge

Bezeichnung (alles in DM/Monat)	SWITCH	SWOTCH	Gesamt
Umsatz	45.000	108.000	153.000
Materialeinzelkosten	10.000	15.000	25.000
Fertigungseinzelkosten	12.000	15.000	27.000
variable Fertigungsgemeinkosten	8.000	12.000	20.000
variable Herstellkosten der Produktion	30.000	42.000	72.000
- Bestandsveränderungen	3.000	4.200	7.200
variable Herstellkosten des Umsatzes	27.000	37.800	64.800
Sondereinzelkosten des Vertriebs	900	2.160	3.060
variable Selbstkosten	27.900	39.960	67.860
Gesamtdeckungsbeitrag/Bruttogewinn	17.100	68.040	85.140
- fixe Kosten			63.000
Nettogewinn			22.140

SWITCH: D = 17 100 (DM/Monat); d = 19,00 (DM/Stück)

SWOTCH: D = 68 040 (DM/Monat); d = 25,20 (DM/Stück)

Lösung b) Neuer Stückdeckungsbeitrag, neues Programm, neuer Gewinn

Stückdeckungsbeitrag SWUTCH

allgemein: d = Preis - variable Stückkosten

speziell: d = 130 - (15 + 12 + 20 + 2,60) = 80,40 DM (DM/Stück)

↑ für Fertigungszeit ↑ für Provision

Hereinnahme des Zusatzauftrages:
Der Zusatzauftrag wäre sinnvoll, wenn sich dadurch das Betriebsergebnis verbessern ließe. Dabei ist zu beachten, daß die Produktion von SWUTCH andere Uhren verdrängt. Alle Uhren konkurrieren um die knappe Kapazität, gemessen in Maschinenstunden. Es ist wichtig, daß die Maschinenzeit optimal genutzt wird. Maßstab für die optimale Nutzung eines Engpasses ist der spezifische Deckungsbeitrag d_S. Er gibt an, wieviel DM eine Maschinenminute erbringt, wenn Sie SWITCH, SWOTCH oder SWUTCH produzieren.

Produkt	d (DM/Stück) I	t (Minute/Stück) II	$d_s = d : t$ (DM/Minute) III = I / II	Rang IV
SWITCH	19,00	4	4,75	3.
SWOTCH	25,20	2	12,60	1.
SWUTCH	80,40	10	8,04	2.

Symbole

d = Deckungsbeitrag je Einheit (DM/Stück)
t = Stückzeit (Minuten/Stück)
d_s = spezifischer Deckungsbeitrag (DM/Minute)

Die knappe Maschinenzeit wird am besten genutzt, wenn Sie SWOTCH produzieren. Sie erhalten dann 12,60 DM pro Maschinenminute. Die Fertigung von SWUTCH erbringt 8,04 DM pro Minute und liegt immer noch über dem Minutenerlös von SWITCH mit 4,75 DM. Somit lohnt es sich, den Zusatzauftrag hereinzunehmen und die Fertigung von SWITCH, dem Produkt mit dem niedrigsten spezifischen Deckungsbeitrag entsprechend einzuschränken.

Zusatzauftrag SWUTCH	50 Einheiten
Benötigte Fertigungszeit	500 Minuten
Produktionseinschränkung bei SWITCH	500 : 4 = 125 Einheiten

Gewinnänderung:

Mehrerlös pro Maschinenminute	8,04 - 4,75 = 3,29 (DM/Minute)
Mehrerlös gesamt	500 · 3,29 = 1.645 (DM/Monat)

Lösung c) Kurzfristige Preisuntergrenze für Zusatzauftrag SWUTCH

Die kurzfristige Preisuntergrenze liegt dort, wo der spezifische Deckungsbeitrag von SWUTCH jenem des verdrängten Artikels SWITCH gleicht.

$$\text{spezifischer Deckungsbeitrag SWUTCH} = \text{spezifischer Deckungsbeitrag SWITCH}$$

$$\frac{\text{Preis} - 47 - 0{,}02 \cdot \text{Preis}}{10} = 4{,}75$$

$$0{,}98 \cdot \text{Preis} - 47 = 4{,}75 \cdot 10$$

$$0{,}98 \cdot \text{Preis} = 94{,}5$$

$$\text{Preis} = \frac{94{,}5}{0{,}98} = 96{,}43 \text{ (DM / Stück)}$$

Die kurzfristige Preisuntergrenze liegt bei 96,43 (DM/Stück).

Probe: Wenn unsere Rechnung stimmt, dann müßte der spezifische Deckungsbeitrag von SWUTCH bei einem Stückpreis von 96,43 DM gerade 4,75 DM pro Minute betragen.

$$d_s \text{ (SWUTCH)} = \frac{p - k_v}{t}$$

$$d_s \text{ (SWUTCH)} = \frac{96{,}43 - 47 - 1{,}93}{10} = 4{,}75 \text{ (DM / Minute)}$$

3.5 Zusammenfassung und Checkliste

Engpaßarten

Jeder Produktionsfaktor kann zum Engpaß werden; es gibt so viele Engpaßarten wie Produkionsfaktoren (zeitliche, personelle, räumliche, rohstoffbedingte usw.).

Programmoptimierung in Engpaßsituationen

erfordert die gleichzeitige und gleichgewichtige Berücksichtigung wirtschaftlicher und technischer Informationen. In der Betriebspraxis müssen Wirtschaftler und Techniker an einen Tisch, um über Deckungsbeiträge und Engpaßbelastungen je Leistungseinheit zu sprechen.

Der spezifische Deckungsbeitrag d_S

ist das Kernstück der Programmoptimierung bei einem Engpaß. Er gibt den Bruttogewinn pro Engpaßkapazitätseinheit an. Er wird nach der Formel $d_S = d : e$ als Quotient von Stückdeckungsbeitrag und Engpaßbelastung je Leistungseinheit errechnet.

Das Drei-Schritte-Schema

bietet eine Problemlösung für den praktischen Fall, bei dem Höchst- und Mindestmengen zu berücksichtigen sind:

1. Ermittlung der Engpaßbelastung für Mindestmengenproduktion,
2. Ermittlung der frei verfügbaren Engpaßkapazität,
3. Belegung der Freikapazität nach spezifischen Deckungsbeiträgen unter Beachtung der Höchstmengen.

Fragen und Aufgaben

3.1 Beschreiben Sie kurz die betriebliche Situation, in der die Kenntnis des spezifischen Deckungsbeitrages sinnvoll ist.

3.2 Wie ermittelt man den spezifischen Deckungsbeitrag? Was gibt der spezifische Deckungsbeitrag an?

3.3 Kann man den spezifischen Deckungsbeitrag auch auf andere als maschinelle Engpässe beziehen? Begründen Sie Ihre Antwort?

3.4 Die Chemiewerke GmbH stellen unter anderem Kunststoffartikel auf Ölbasis her; dazu gehört auch die Produktgruppe Campingschüsseln. Die Campingschüsseln A, B und C benötigen unterschiedliche Ölmengen pro Stück, erbringen verschiedene Stückdeckungsbeiträge und weisen verschiedene absatz- und sortimentspolitisch bedingte Mindest- und Höchstmengen auf. In der Ausgangssituation gilt:

Produkt	d (DM/Stück)	e Ölverbrauch (l/Stück)	x_{min} (Stück/Mon)	x_{max} (Stück/Mon)	x (Stück/Mon)
A	0,90	1,5	200	2.000	1.000
B	0,50	1,0	400	5.000	2.000
C	0,30	0,3	800	9.000	4.000

Symbole

d = Stückdeckungsbeitrag
x_{min} = monatliche Mindestmenge
x_{max} = monatliche Höchstmenge
x = derzeitige Istmenge

In den nächsten Monaten ist die verfügbare Ölmenge, bedingt durch eine neuerliche Ölkrise, begrenzt. Zur Campingschüsselproduktion stehen bis auf weiteres nur noch 6.000 Liter pro Monat zur Verfügung.

a) Wie hoch waren in der Ausgangssituation Ölverbrauch und Gewinn bei monatlichen Fixkosten von 1.000 DM?

b) Welches Programm empfehlen Sie den Chemiewerken unter Beachtung des Engpasses, der Absatzrestriktionen sowie der Zielsetzung (Gewinnmaximierung)? Wie hoch ist der Nettogewinn?

3.5 Ein klassischer Fall, das Zinkbeispiel, geht auf Schmalenbach zurück. Ein Unternehmen kann Ganzzinkgefäße, feuerverzinkte Gefäße und galvanisch verzinkte Gefäße herstellen. Sie erbringen unterschiedliche Deckungsbeiträge je Stück, benötigen unterschiedliche Zinkmengen je Stück und haben verschiedene, voneinander unabhängige Absatzobergrenzen:

Produkt	Deckungs-beitrag (DM/Stück)	Zinkverbrauch (kg/Stück)	Maximale Absatzmenge (Stück/Monat)
Ganzzinkgefäße	0,40	2.0	1.000
feuerverzinkte Gefäße	0,30	0,4	2.500
galvanisch verzinkte Gefäße	0,20	0,2	10.000

Welche Mengen der verschiedenen Gefäße würden Sie herstellen und verkaufen, wenn Sie pro Monat maximal 2.800 kg Zink verbrauchen dürfen? Welchen Nettogewinn pro Monat erzielt man bei Fixkosten von 1.000 DM je Monat?

4. Programmoptimierung bei mehreren Engpässen im Zwei-Güter-Fall

4.1 Entscheidungssituation

In einem Betrieb können folgende Beschäftigungssituationen auftreten:
(1) freie Kapazitäten in allen betrieblichen Teilbereichen,
(2) es besteht in einem Teilbereich ein Engpaß,
(3) es liegen gleichzeitig mehrere Engpässe vor.

Mit den bisher erworbenen Kenntnissen sind Sie in der Lage, einen Betrieb mit ausschließlich freien Kapazitäten oder mit nur einem Engpaß zum Gewinnmaximum zu führen. Da die betriebliche Praxis aber nicht selten durch das Vorliegen mehrerer Engpässe gekennzeichnet ist, müssen wir uns auch für diesen Fall ein Instrumentarium erarbeiten, das eine gewinnoptimale Steuerung des Unternehmens ermöglicht. Die zur Problemlösung geeigneten Techniken lassen sich übersichtlich darstellen und leicht erlernen, wenn man sich zunächst auf den Zwei-Güter-Fall beschränkt, da man im Falle der Zwei-Produkt-Unternehmung die Möglichkeit der graphischen Veranschaulichung nutzen kann. Auf der Basis der graphischen Lösung läßt sich sodann ein rein arithmetischer Lösungsweg entwickeln, der dazu dient, den für die Praxis typischen Fall der Mehrproduktunternehmung zu bewältigen.

Zunächst ist es erforderlich, auf die verschiedenen Möglichkeiten der produktionsmäßigen Verknüpfung der Erzeugnisse einer Mehrproduktunternehmung einzugehen: unabhängige, gemeinsame und Kuppelproduktion[1].

4.2 Produktionsmäßige Verknüpfung von Erzeugnissen

4.2.1 Unabhängige Produktion

Unabhängige oder unverbundene Produktion ist eine Fertigungssituation, bei der die Ausbringungseinheiten nebeneinander in verschiedenen Fertigungsstellen (Maschinen) bearbeitet werden, wobei kein einziger dauerhafter Produktionsfaktor (Gebäude, Maschine, Werkzeug) gemeinsam genutzt wird. So stellen kommunale

[1] Vgl. E. Schneider, Einführung in die Wirtschaftstheorie, Teil 2, 13. Aufl.,Tübingen 1972, S. 109.

Versorgungsunternehmungen Trinkwasser und Elektrizität in vollständig getrennten Produktionsbereichen her, d. h. es liegt unabhängige Produktion vor. Typisch für die unabhängige oder unverbundene Produktion ist, daß Sie die Produktion des einen Gutes forcieren oder reduzieren können, ohne daß dadurch die Produktion des anderen berührt wird.

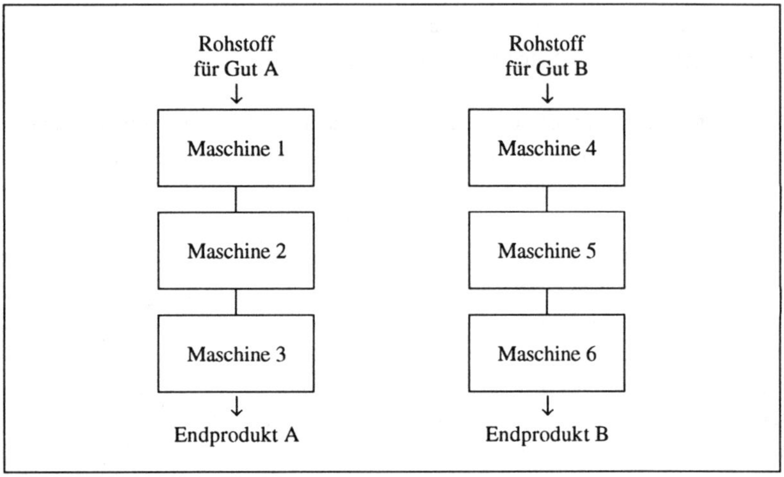

Übersicht 4.1: Produktionsschema bei unabhängiger Produktion

Die Gesamtheit der produktionstechnisch möglichen Mengenkombinationen x_a/x_b kann graphisch durch das Rechteck 0ABC in Abbildung 4.1 dargestellt werden. Dabei entspricht die Strecke 0C der maximal erstellbaren Menge x_a und die Strecke 0A der maximal erstellbaren Menge x_b. Der Linienzug 0ABC bildet die Grenzlinie des produktionstechnischen Möglichkeitsgebietes, d. h. Mengenkombinationen, die außerhalb dieses Bereiches liegen, sind produktionstechnisch nicht realisierbar. Der Punkt B entspricht der vollen Ausnutzung der Kapazitäten beider Produktionsgänge. Man nennt ihn deshalb Kapazitätspunkt.

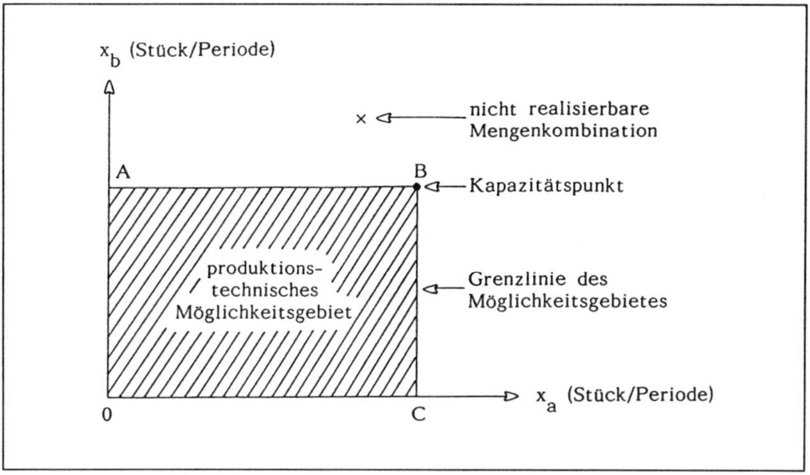

Abbildung 4.1: Möglichkeitsgebiet bei unabhängiger Produktion

4.2.2 Gemeinsame Produktion

Gemeinsame Produktion (Alternativproduktion) ist eine Fertigungssituation, bei der zwei oder mehr Güter gleichzeitig oder nacheinander in der Weise erstellt werden, daß mindestens ein dauerhafter Produktionsfaktor (Gebäude, Maschine, Werkzeug) von allen zu produzierenden Gütern genutzt wird. Bei Vollauslastung ist die Mehrproduktion eines Erzeugnisses nur unter Inkaufnahme einer entsprechenden Minderproduktion eines anderen Erzeugnisses möglich. Als Beispiel sei eine Spinnmaschine genannt, auf der sich zwei verschiedene Garnsorten A und B erzeugen lassen. Die Maschine kann entweder zur Erzeugung von A oder von B eingesetzt werden, d. h. die Produkte A und B konkurrieren um die Maschinenzeit. Anders ausgedrückt: Jede zusätzliche Maschinenstunde zur Erzeugung von A bedeutet eine Minusstunde für die B-Produktion. Strenggenommen ist der Ausdruck Alternativproduktion nur in der Vollbeschäftigungssituation korrekt, denn bei Unterbeschäftigung läßt sich die Produktion des einen Erzeugnisses ohne Zurückfahren des anderen ausdehnen.

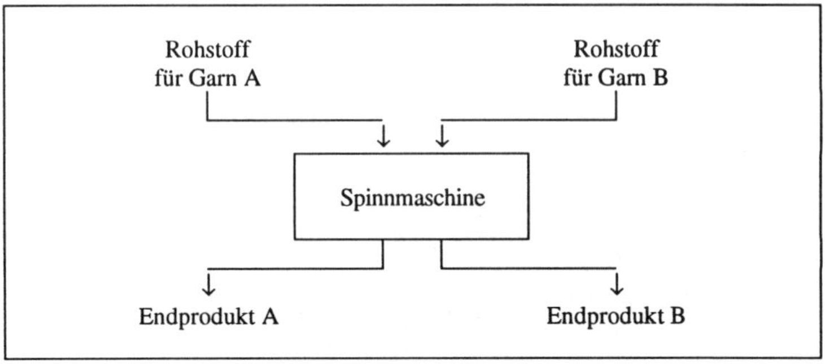

Übersicht 4.2: Produktionsschema bei gemeinsamer Produktion

Beispiel 4.1 (Kapazitätslinie einer Spinnmaschine)

In einer Textilfabrik steht eine Spinnmaschine, auf der die beiden Garnsorten A und B mit folgenden Stückzeiten produziert werden:
t_a = 8 Min/Stück,
t_b = 12 Min/Stück.

Welche Mengenkombinationen von A und B sind während einer Achtstundenschicht erstellbar?

Lösung

Wenn die Produktion einer Spule des Garnes A (B) eine Zeit von 8 (12) Minuten erfordert, dann kann man während einer achtstündigen Schicht:

1. bei alleiniger Produktion von A insgesamt 480 : 8 = 60 Einheiten A erstellen;

2. bei ausschließlicher Erzeugung von B insgesamt 480 : 12 = 40 Einheiten B fertigen.

Ergebnis

Falls während der Achtstundenschicht beide Garnsorten erzeugt werden sollen, können allenfalls jene Mengenkombinationen x_a/x_b erstellt werden, die folgender Bedingung genügen:

$$480 = 8\,x_a + 12\,x_b$$

Kapazitätslinie

Allgemein gilt für die Gleichung von Kapazitätslinien:

vorhandene Kapazität ↓ — durch Produktion beanspruchte Kapazität

$$\underset{\downarrow}{T} = \overbrace{t_a\,x_a + t_b\,x_b}$$

(4.1)

$$x_b = \frac{T}{t_b} - \frac{t_a}{t_b}\,x_a$$

Kapazitätslinie

Die Gerade AB in Abbildung 4.2 stellt die Kapazitätslinie dar. Sie repräsentiert alle x_a/x_b-Kombinationen, die in der Betrachtungsperiode maximal produziert werden können. Dabei haben wir zur Vereinfachung von Umrüstzeiten abgesehen. Das produktionstechnische Möglichkeitsgebiet wird durch das Dreieck 0AB wiedergegeben. Neben den durch die Gerade AB gegebenen Mengenkombinationen sind auch solche Kombinationen realisierbar, die unterhalb der Linie AB liegen. Die Kapazität der Maschine wird dann nur teilweise genutzt. Deshalb ist die Ungleichung $T \geq t_a\,x_a + t_b\,x_b$ die allgemeine Formulierung der produktionstechnischen Möglichkeiten. Danach darf die durch die Produktion in Anspruch genommene Kapazität ($t_a\,x_a + t_b\,x_b$) nicht größer sein als die vorhandene Kapazität (T).

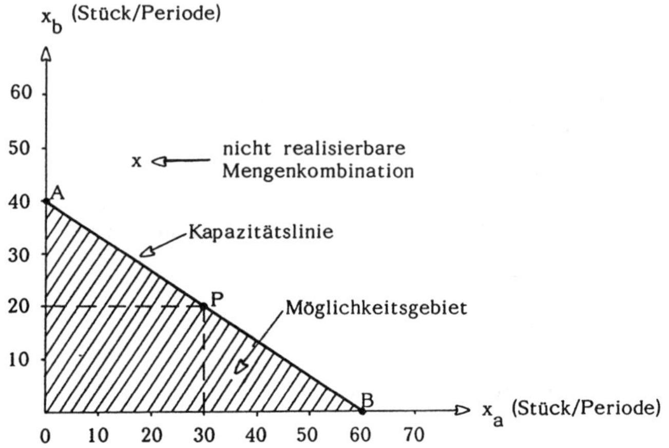

Abbildung 4.2: Möglichkeitsgebiet bei gemeinsamer Produktion

Daß die Kapazitätslinie geradlinig verläuft, können Sie sich leicht klarmachen, wenn Sie überlegen, wieviel Einheiten B gefertigt werden können, falls die zu produzierende Menge von A beispielsweise mit 30 Einheiten vorgegeben ist. Durch die vorgegebene Menge $x_a = 30$ werden $30 \cdot 8 = 240$ Maschinenminuten beansprucht. Noch frei sind mithin 480 - 240 = 240 Maschinenminuten. In dieser Zeit können Sie 240 : 12 = 20 Einheiten B erzeugen. Wie aus Abbildung 4.2 deutlich wird, liegt die Kombination $x_a = 30$ / $x_b = 20$ auf der Strecke AB (Punkt P).

4.2.3 Kuppelproduktion

Sind zwei oder mehr Güter produktionsmäßig in der Weise miteinander verknüpft, daß bei der Erzeugung des einen Gutes mit technischer Notwendigkeit mindestens ein weiteres Gut anfällt, so liegt Kuppelproduktion vor. Andere Bezeichnungen: Koppelproduktion, Verbundproduktion, Komplementärproduktion. Sie sollten bei der Kuppelproduktion zwei wichtige Unterfälle voneinander trennen:

(1) Kuppelproduktion mit festem Mengenverhältnis

Dafür gibt es in der chemischen Industrie viele Beispiele. Wird etwa Sauerstoff auf elektrolytischem Weg gewonnen, so fällt mit technischer Notwendigkeit auch Wasserstoff an.

Mengenverhältnis **| Wasserstoff : Sauerstoff = 2 : 1 |**

(2) Kuppelproduktion mit variablem Mengenverhältnis

Ein neuseeländischer Landwirt kann seine Schafherde vorwiegend zur Fleisch- oder zur Wollproduktion halten. Im ersten Fall ist das Durchschnittsalter der Herde kleiner als im zweiten.

Eine Systematik der Möglichkeiten der produktionsmäßigen Verknüpfung gibt Ihnen die folgende Übersicht[1].

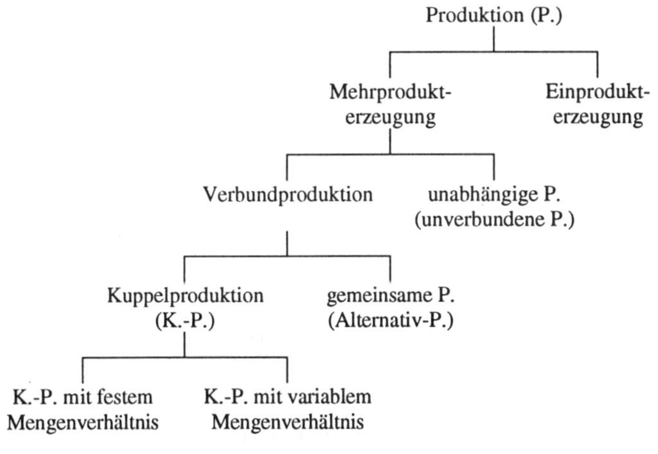

Übersicht 4.3: Produktionsmäßige Verknüpfung von Erzeugnissen

[1] Ähnlich bei: A. Woll (Hrsg.), Wirtschaftslexikon, 6., überarb. u. erw. Aufl., München/Wien 1992, S. 566.

Sie kennen jetzt die verschiedenen Varianten der produktionsmäßigen Verknüpfung von Erzeugnissen. Diese Kenntnisse sind hilfreich zur Erfassung praktischer Produktionsabläufe.

4.3 Kapazitätslinie eines Betriebes

Betrachten wir einmal den Produktionsablauf in einem Betrieb, der die beiden Güter A und B fertigt und über die vier Maschinen M_1, M_2, M_3 und M_4 verfügt.

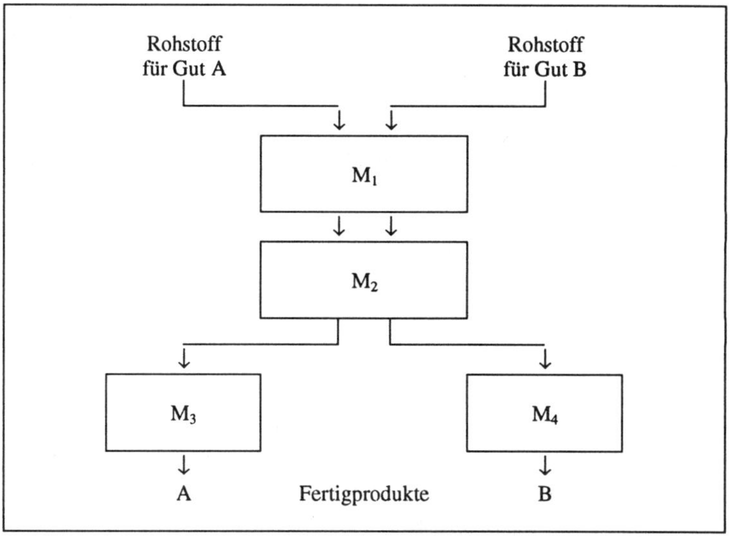

Übersicht 4.4: Produktionsschema eines Betriebes

Wenn man herausfinden will, welche verschiedenen Mengenkombinationen von A und B innerhalb des nächsten Monats maximal hergestellt werden können, benötigt man genaue technische Angaben.

Beispiel 4.2 (Kapazitätslinie für Rührfix A und B)

Ein Küchengerätehersteller fertigt auf 4 Maschinen die Geräte Rührfix A und Rührfix B.

Maschinen	T zur Verfügung Maschinenzeit (Stunden/Monat)	t_a Stückzeit für eine Einheit von A (Stunden/Stück)	t_b Stückzeit für eine Einheit von B (Stunden/Stück)
1	320	2	4
2	320	5	2
3	300	6	-
4	280	-	4

Zeichnen und beschreiben Sie die Kapazitätslinie des Betriebes.

Lösung

Zu den vier Maschinen gehören die folgenden Kapazitätslinien:

Maschine	T	t_a	t_b	Kapazitätslinie
1	320	2	4	$320 = 2\,x_a + 4\,x_b$
2	320	5	2	$320 = 5\,x_a + 2\,x_b$
3	300	6	-	$300 = 6\,x_a$
4	280	-	4	$280 = 4\,x_b$

1. Die Kapazitätslinie für die Anlage M_1 wird durch die Gleichung: $320 = 2\,x_a + 4\,x_b$ repräsentiert. es lassen sich mithin maximal 320 : 2 = 160 Einheiten A (bei ausschließlicher Produktion von A) oder 320 : 4 = 80 Einheiten B (bei alleiniger Produktion von B) erstellen. Dementsprechend zeichnen wir in das Koordinatenkreuz die Strecke M_1M_1 ein, die die x_a-Achse bei $x_a = 160$ und die x_b-Achse bei $x_b = 80$ schneidet.

2. Die Kapazitätslinie für M_2 lautet: $320 = 5\ x_a + 2\ x_b$. Sie wird im Koordinatensystem durch die Strecke M_2M_2 wiedergegeben, die die x_a-Achse bei $x_a = 64$ und die x_b-Achse bei $x_b = 160$ schneidet.

3. Die dritte Anlage begrenzt ausschließlich die Produktion von A. Ihre Gleichung lautet: $300 = 6\ x_a$. Es lassen sich somit maximal 50 Einheiten A produzieren, was im Koordinatensystem durch die Strecke M_3M_3angezeigt wird.

4. In entsprechender Weise erhalten wir aus der Gleichung $280 = 4\ x_b$ für die vierte Maschine eine Höchstmenge von $x_b = 70$, die zeichnerisch durch die Gerade M_4M_4 erfaßt wird.

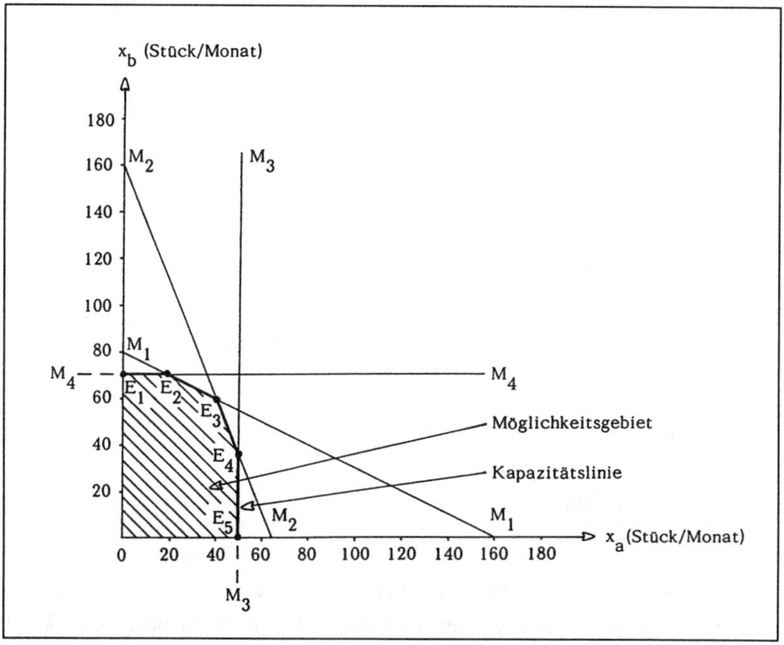

Abbildung 4.3: Möglichkeitsgebiet eines Betriebes

Ergebnis

Abbildung 4.3 zeigt, daß das Möglichkeitsgebiet durch die Koordinatenachse und den geknickten Linienzug E_1 bis E_5 begrenzt wird, weil wir die Kapazitätsbeschränkungen mehrerer Aggregate zu berücksichtigen haben. Im gegebenen Fall sind maximal die x_a/x_b-Kombinationen produzierbar, die auf dem Linienzug E_1 bis E_5 liegen. Er gibt die Höchstgrenze an. Technisch realisierbar sind auch solche Mengenkombinationen, die innerhalb der schraffierten Fläche liegen. Der das Möglichkeitsgebiet nach rechts begrenzende geknickte Linienzug E_1 bis E_5 ist die Kapazitätslinie für den Gesamtbetrieb.

Mit der Ermittlung der Kapazitätslinie für den Gesamtbetrieb haben Sie den ersten Schritt zur Programmoptimierung beim Vorliegen mehrerer Engpässe getan. Sie wissen jetzt, wie Sie das Möglichkeitsgebiet eines Betriebes darstellen können. Als zweiter Schritt bleibt noch die Beantwortung der Frage, welche der produktionstechnisch möglichen Mengenkombinationen die beste ist, bei welcher Kombination x_a/x_b der Gewinn maximiert wird. Diese Frage können Sie beantworten, wenn Sie sich kurz mit der Isogewinn- oder Isodeckungsbeitragslinie eines Betriebes beschäftigen.

4.4 Isogewinnlinie (Isodeckungsbeitragslinie) eines Betriebes

Isogewinnlinie (Isodeckungsbeitragslinie) ist die Gerade mit jenen x_a/x_b-Kombinationen, die zusammen, als Paket, den gleichen Nettogewinn (Bruttogewinn) abwerfen (iso, griech. = gleich).

Sie können einen bestimmten, beispielhaft vorgegebenen Gewinn dadurch erzielen, daß Sie
- ausschließlich Produkt A produzieren und verkaufen,
- ausschließlich Produkt B produzieren und verkaufen,
- ein Paket, bestehend aus A und B, produzieren und verkaufen.

Beispiel 4.3 (Isogewinnlinie für Rührfix A und B)

Ein Küchengerätehersteller fertigt unter anderem die Geräte Rührfix A und Rührfix B mit den Deckungsbeiträgen $d_a = 12$ und $d_b = 8$ DM/Stück.

Ermitteln Sie die Isodeckungsbeitragslinien für drei Bruttogewinnwerte:
$G_1^{br} = 480$; $G_2^{br} = 960$; $G_3^{br} = 1.440$ DM/Monat.
Wie wirkt sich eine Gewinnverdopplung (Gewinnverdreifachung) auf die Lage der Isogewinnlinien aus?

Lösung

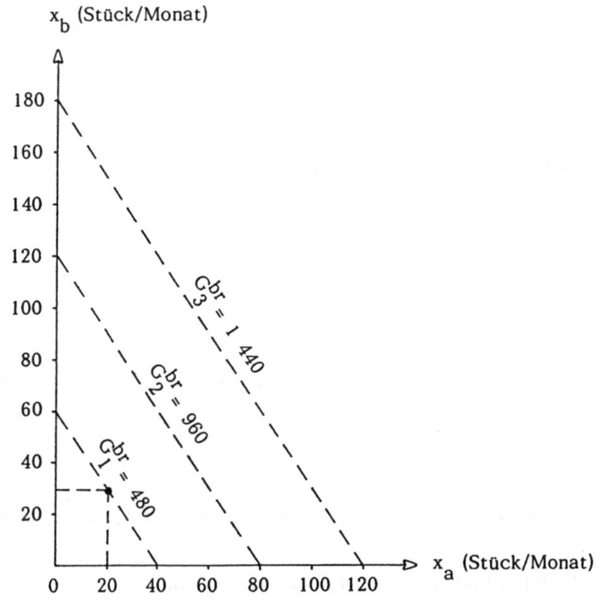

Abbildung 4.4: Isogewinnlinien (Isodeckungsbeitragslinien)

Hinweis: Isogewinnlinien werden stets gestrichelt gezeichnet.

Den Bruttogewinn G_l = 480 DM/Monat erhalten Sie, indem Sie
- 480: 12 = 40 Einheiten A oder
- 480: 8 = 60 Einheiten B oder
- bestimmte Kombinationen von A und B fertigen und absetzen.

Diese Kombinationen liegen alle auf der G^{br}-Linie. Greift man probehalber einen beliebigen Punkt heraus, z. B. $x_a = 20$ und $x_b = 30$, so erhält man erwartungsgemäß:

$$12 \cdot 20 + 8 \cdot 30 = 480 = G_l^{br}$$

Ergebnis

Bei einer Verdopplung (Verdreifachung) des angenommenen Gewinns auf 960 (1.440) erhalten Sie doppelt (dreifach) weiter vom Ursprung entfernt liegende Isogewinnlinien.

Wir sind jetzt in der Lage, die allgemein gültige Gleichung einer Isogewinnlinie aufzustellen. Die betrachtete Unternehmung erzeugt die Produkte A und B und erwirtschaftet die Deckungsbeiträge d_a und d_b. Hat der angenommene (Iso-)Gewinn brutto die Höhe G_l, so gilt:

$$G_l^{br} = d_a x_a + d_b x_b \qquad | - d_a x_a \rightarrow$$

$$d_b x_b = G_l^{br} - d_a x_a \qquad |: d_b \rightarrow$$

(4.2)

$$\boxed{x_b = \frac{G_l^{br}}{d_b} - \frac{d_a}{d_b} \cdot x_a}$$

↑ Ordinatenabschnitt ↑ Steigung

Somit lassen sich die folgenden Eigenschaften der Isogewinnlinien zusammenfassen:

1. Alle Isogewinnlinien eines Betriebes haben die gleiche Steigung, verlaufen also parallel. Die Steigung ergibt sich durch das negative Verhältnis der Deckungsbeiträge:

$$\text{Steigung Isogewinnlinien} = -\frac{d_a}{d_b}$$

2. Je weiter entfernt vom Ursprung eine Isogewinnlinie verläuft, desto höher ist der durch sie repräsentierte Gewinn. Bei einer Abstandsverdopplung, d. h. Verdopplung des Ordinatenabschnitts, ergibt sich eine Gewinnverdopplung.

3. Wegen der Parallelität der Isogewinnlinien genügt es, wenn Sie eine einzige Isogewinnlinie ins Diagramm einzeichnen. Die anderen erhalten Sie mittels Parallelverschiebung.

Hinweis zur Einzeichnung der Isogewinnlinien in das Diagramm:
Im praktischen Fall kann man eine Isogewinnlinienschar rasch und ohne Mühe in das Koordinatensystem einzeichnen, indem man den Deckungsbeitrag von B (oder ein geeignetes Vielfaches davon) auf der A-Achse und den Deckungsbeitrag von A (oder ein geeignetes Vielfaches davon) auf der B-Achse abträgt. Bei $d_a = 12$ und $d_b = 8$ ergibt sich demnach folgendes Bild:

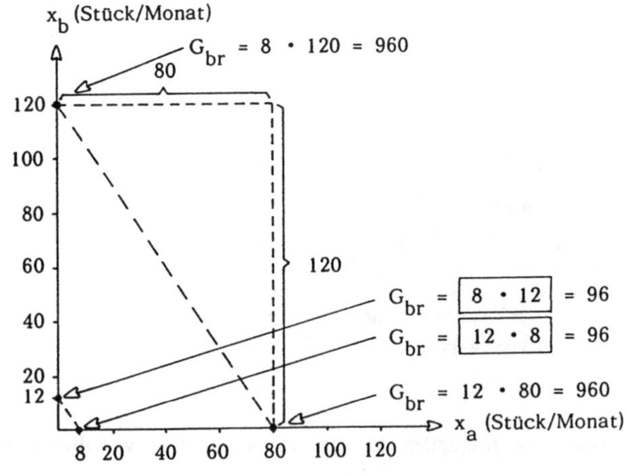

Abbildung 4.5: Isogewinnlinien und Steigungsdreieck

Ein Blick auf das Steigungsdreieck zeigt, daß die so gewonnene Isogewinnlinienschar die Steigung

$$-\frac{d_a}{d_b} = -\frac{12}{8} = -\frac{120}{80}$$

aufweist.

4.5 Durchführung der Programmoptimierung im Zwei-Güter-Fall

4.5.1 Bestimmung der gewinnoptimalen Mengenkombination (lineare Optimierung)

Die Kapazitätslinie eines Betriebes begrenzt das produktionstechnische Möglichkeitsgebiet und zeigt uns alle x_a/x_b-Kombinationen, die maximal erstellt werden können. Die Isogewinnlinienschar gibt Auskunft über die Gewinnergiebigkeit der verschiedenen x_a/x_b-Kombinationen.

Möglichkeitsgebiet:	Welche Kombinationen sind möglich?	} lineare
Isogewinnlinienschar:	Wie gewinnträchtig sind sie?	Optimierung

Beispiel 4.4 (Programmoptimierung für Rührfix A und B)

Wir betrachten wieder den aus den beiden letzten Beispielen bekannten Küchengerätehersteller mit seinen Rührfix-Geräten A und B, die er auf vier Maschinen herstellt.

Maschine	T (Std/Monat)	t_a (Std/Stück)	t_b (Std/Stück)	
1	320	2	4	d_a = 12 DM/Stück
2	320	5	2	d_b = 8 DM/Stück
3	300	6	-	K_f = 480 DM/Monat
4	280	-	4	

Symbole

T = Kapazität der Maschinen (Stunden/Monat)
t_a = Stückzeit für A (Stunden/Stück)
t_b = Stückzeit für B (Stunden/Stück)
d_a = Stückdeckungsbeitrag A (DM/Stück)
d_b = Stückdeckungsbeitrag B (DM/Stück)
K_f = Fixkosten (DM/Monat)

a) Ermitteln Sie auf graphischem Wege die gewinnmaximale x_a/x_b-Kombination.

b) Berechnen Sie die optimalen Mengen von A und B mit Hilfe zweier Gleichungen. Ermitteln Sie den zugehörigen Nettogewinn.

Lösung a) Graphische Bestimmung des optimalen Programms

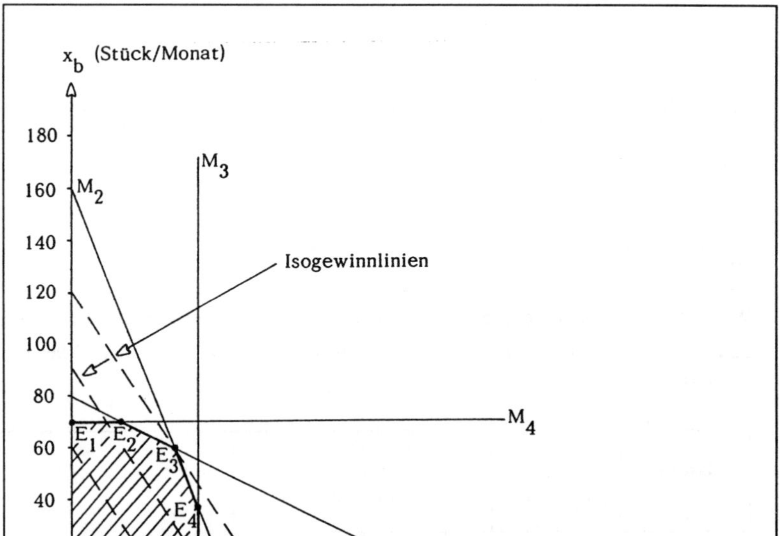

Abbildung 4.6: Möglichkeitsgebiet und Isogewinnlinien

Das Gewinnmaximum finden Sie bei dem Punkt der Kapazitätslinie, der auf der am weitesten vom Ursprung entfernten Isogewinnlinie liegt. Diese Stelle ist im gegebenen Fall die Ecke E_3. Wird also die durch E_3 bestimmte Mengenkombination produziert und verkauft, so haben Sie die Programmoptimierung praktisch realisiert.

Um dieses Ergebnis zu erhärten, betrachten wir die benachbarten Ecken E_2 und E_4. Die zu diesen Eckpunkten gehörenden Isogewinnlinien liegen näher beim Ursprung als die durch E_3 laufende Isogewinnlinie. Somit muß der bei E_2 oder bei E_4 erhältliche Gewinn vergleichsweise geringer sein als der bei E_3.

Lösung b) Rechnerische Bestimmung des optimalen Programms und des Nettogewinns

Die gewinnoptimale Mengenkombination läßt sich rechnerisch bestimmen, wenn man beachtet, daß sich E_3 als Schnittpunkt der zu den Maschinen 1 und 2 gehörenden Kapazitätslinien ergibt. Das heißt: Die Koordinaten von E_3 müssen beiden Kapazitätsgleichungen genügen.

$$\begin{cases} 320 = 2\,x_a + 4\,x_b & \text{(Kapazitätslinie von } M_1\text{)} \\ 320 = 5\,x_a + 2\,x_b & \text{(Kapazitätslinie von } M_2\text{)} \end{cases}$$

Zieht man von Gleichung M_2 die Hälfte der Gleichung M_1 ab, so ergibt sich:

$$\begin{array}{rl|l} & 320 = 5\,x_a + 2\,x_b & M_2 \\ - & (160 = x_a + 2\,x_b) & -\frac{1}{2}\,M_1 \\ \hline & 160 = 4\,x_a & \text{oder: } x_a = 40 \end{array}$$

Setzt man $x_a = 40$ in M_1 ein, dann erhält man:

$$320 = 2 \cdot 40 + 4\,x_b \quad \text{oder:} \quad x_b = 60$$

Ergebnis

Die gewinnoptimale Mengenkombination ist demnach durch $x_a = 40$ und $x_b = 60$ (Stück/Monat) gegeben. Der bei dieser Mengenkombination erzielbare Gewinn hat den Wert:

Bruttogewinn $G_{br} = 12 \cdot 40 + 8 \cdot 60 = 960$ DM/Monat,

Nettogewinn $G_{ne} = 960 - 480 = 480$ DM/Monat.

In der betrieblichen Praxis ist die Durchführung der Rechnung meist das kleinere Problem. Schwieriger und zeitaufwendiger kann es für Sie sein, die Daten für die Rechnung zu gewinnen: Sie liegen nicht in tabellarischer oder Gleichungsform vor, und Ihre Informanten geben die verlangten Daten (Stückzeiten, Stoffverbräuche, freie Kapazitäten) nicht immer freudig preis. Stets müssen Sie aufgrund verbaler Sachverhaltsbeschreibungen zu Ihrer eigenen mathematischen Problemdarstellung kommen. Einen Eindruck davon gibt das folgende Beispiel[1].

Beispiel 4.5 (Stolz-auf-Holz GmbH nutzt freie Teilkapazitäten)

Die Möbelfabrik Stolz-auf-Holz hat freie Teilkapazitäten, die gewinnbringend genutzt werden sollen. Die Fabrik stellt mehrere Erzeugnisse her. Aber nur bei zweien, nämlich bei Tischen und Sesseln, sind Produktion und Absatz kurzfristig steigerungsfähig.

Produkt A

Verkaufserlös eines Tisches:	295 DM
variable Kosten eines Tisches:	245 DM
Deckungsbeitrag:	50 DM

Produkt B

Verkaufserlös eines Sessels:	340 DM
variable Kosten eines Sessels:	280 DM
Deckungsbeitrag:	60 DM

[1] Vgl. J. Fay, Lineare Algebra und Optimierung. Mathematische Grundlagen und Beispiele zur linearen Programmierung, Wiesbaden 1968, S. 51 ff.

Da es sich um einen Zusatzauftrag handelt, können die Fixkosten vernachlässigt werden.

Drei Engpässe begrenzen die Produktionsausdehnung:

1. Eine Säge, die für beide Produkte gebraucht wird. Sie ist bislang nicht voll ausgenutzt und steht am Tag noch für 225 Minuten zur Verfügung. Jeder Tisch beansprucht die Säge für 5 Minuten, jeder Sessel für 9 Minuten.

2. Eine Polstermaschine für die Sessel. Pro Sessel wird diese Maschine für 20 Minuten in Anspruch genommen. Sie steht am Tag noch für 400 Minuten zur Verfügung.

3. Die Lagerkapazität. Noch verfügbar sind 300 Raumeinheiten. Der Raumbedarf je Tisch beläuft sich auf 10 Raumeinheiten, je Sessel sind 3 Raumeinheiten erforderlich.

Problem

Wie viele Tische und Sessel sind über die bisherige Produktion hinaus zu erstellen, wenn der zusätzliche Gewinn maximiert werden soll?

Lösung

Bezeichnet man die Anzahl der zusätzlich zu produzierenden Tische mit x_a und die der zusätzlich zu erstellenden Sessel mit x_b, dann kann man die Kapazitätslinien für die Engpaßaggregate in Gleichungsform wie folgt ausdrücken:

Säge	$225 = 5\,x_a + 9\,x_b$	Restriktionen (Nebenbedingungen)
Polstermaschine	$400 = 20\,x_b$	
Lager	$300 = 10\,x_a + 3\,x_b$	

Diese Informationen übertragen wir in ein Koordinatensystem und erhalten die Abbildung 4.7.

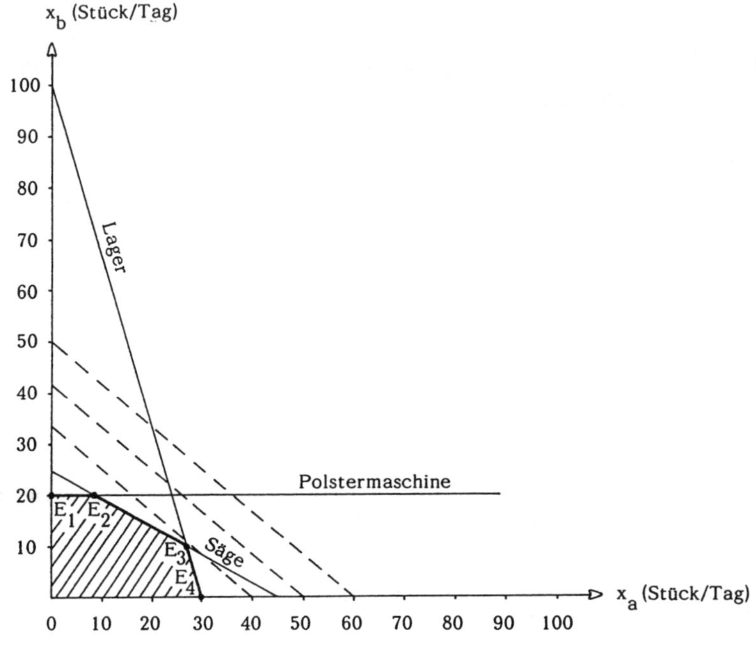

Abbildung 4.7: Möglichkeitsgebiet und Isogewinnlinienschar

In diesem Diagramm stellt der geknickte Linienzug E_1 bis E_4 die Kapazitätslinie des Betriebs dar.

Aus der Bruttogewinnfunktion $G = 50\ x_a + 60\ x_b$ erhalten wir, wenn wir nach x_b auflösen, die Gleichung:

$$x_b = \frac{G}{60} - \frac{50}{60} \cdot x_a$$

Daraus erkennt man, daß die Steigung aller Isogewinnlinien den Wert - 50/60 haben muß. Dies berücksichtigen wir, indem wir eine entsprechende Schar von Isogewinnlinien in das Koordinatensystem einzeichnen. Damit wird deutlich, daß die Stelle der Kapazitätslinie, die das höchste Gewinniveau verkörpert, durch E_3 gegeben ist.

Aus Abbildung 4.7 können Sie ablesen, daß die Koordinaten des Punktes E_3 etwa folgende Werte aufweisen: $x_a = 27$ und $x_b = 10$. Rechnerisch exakt erhalten wir die Koordinaten von E_3 durch die Lösung des Gleichungssystems

$$\begin{cases} (1) \quad 225 = 5\,x_a + 9\,x_b & \text{(Säge)} \\ (2) \quad 300 = 10\,x_a + 3\,x_b & \text{(Lager)} \end{cases}$$

Zieht man vom Doppelten der ersten Gleichung die zweite ab, so ergibt sich:

$$\begin{array}{rcll} 450 & = & 10\,x_a + 18\,x_b & |\,(1)\cdot 2 \\ -\,(300 & = & 10\,x_a + \;\;3\,x_b) & |\,-\,(2) \\ \hline 150 & = & 15\,x_b & \text{oder:} \quad x_b = 10 \end{array}$$

Setzt man $x_b = 10$ in die zweite Gleichung ein, so erhält man:

$$300 = 10\,x_a + 3 \cdot 10 \qquad \text{oder:} \quad x_a = 27$$

Ergebnis

Es sind täglich 27 Tische und 10 Sessel zusätzlich herzustellen. Dabei erzielt man einen zusätzlichen Gewinn G_{br} von

$G_{br} = 27 \cdot 50 + 10 \cdot 60 = 1.950$ DM/Tag.

4.5.2 Berücksichtigung einer Änderung der Deckungsbeiträge

Die Neigung der Isogewinnlinien wird durch das Verhältnis der Deckungsbeiträge der einzelnen Produkte angegeben ($- d_a/d_b$). Diesen Umstand können Sie nutzen und in einem konkreten Fall nicht nur das optimale Produktionsprogramm bestimmen, sondern auch angeben, wie weit sich das Verhältnis der Deckungsbeiträge als Folge sich ändernder Stückpreise oder variabler Stückkosten ändern darf, ohne daß eine andere Zusammensetzung des Produktionsprogramms optimal wird. Zur Erläuterung ein einfaches Beispiel.

Beispiel 4.6 (Stabilität der Lösung bei unterschiedlichen Verkaufspreisen)

Ein Betrieb fertigt die Kerzenständer A und B auf zwei Maschinen. Die entscheidungsrelevanten Daten sind nachfolgend zusammengestellt.

Ökonomische Daten			
Produkt	p	k_v (DM/Stück)	d
A	120	70	50
B	90	40	50

Technische Daten			
Maschine	T (Std/Wo)	t_a (Std/St)	t_b (Std/St)
1	120	4	2
2	120	2	6

a) Bestimmen Sie das gewinnoptimale Produktionsprogramm.

b) Zeigen Sie, wie weit sich die Verkaufspreise ändern dürfen, ohne daß dieses Programm revidiert werden muß.

Lösung a): Programmoptimierung

Zunächst leiten wir aus den gegebenen Informationen unser Gleichungssystem ab:

Maschine 1	$120 = 4\,x_a + 2\,x_b$	Restriktionen (Nebenbedingungen)
Maschine 2	$120 = 2\,x_a + 6\,x_b$	
Gewinnfunktion	$G_{br} = 50\,x_a + 50\,x_b$	

In Abbildung 4.8 ist dieses Gleichungssystem graphisch dargestellt. Das Möglichkeitsgebiet wird durch den Linienzug $E_1E_2E_3$ begrenzt.

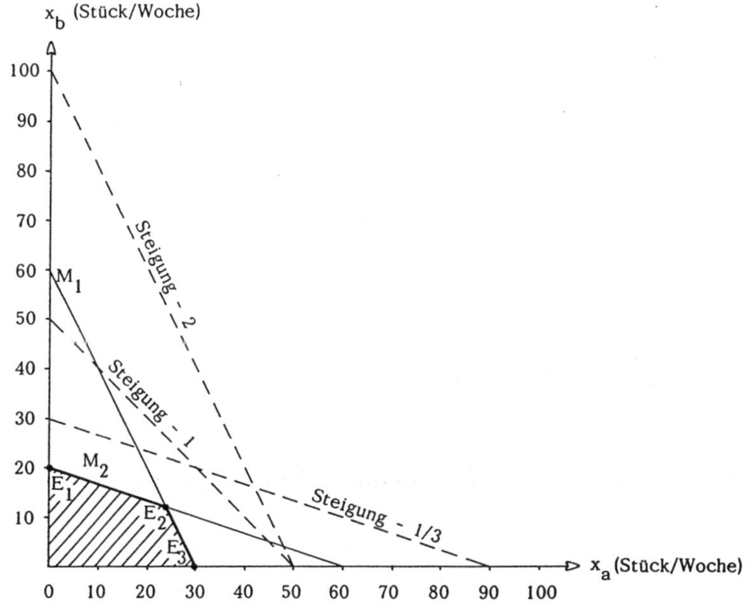

Abbildung 4.8: Auswirkung verschiedener Deckungsbeiträge

In der Ausgangssituation gilt für die Steigung der Isogewinnlinienschar: Steigung = $- d_a/d_b = - 50/50 = - 1$. Zur Isogewinnlinienschar mit der Steigung von $- 1$ gehört E_2 als optimale Ecke: Hier liegt die gewinnmaximale Mengenkombination.

Die genauen Werte für das optimale Produktionsprogramm erhalten wir, indem wir den Schnittpunkt beider Kapazitätslinien bestimmen.

$$\begin{cases} (1) \quad 120 = 4\,x_a + 2\,x_b & \text{(Maschine 1)} \\ (2) \quad 120 = 2\,x_a + 6\,x_b & \text{(Maschine 2)} \end{cases}$$

Zieht man vom Doppelten der zweiten Gleichung die erste ab, so ergibt sich:

$$\begin{array}{rcll} 240 &=& 4\,x_a + 12\,x_b & |\ (2) \cdot 2 \\ -\ (120 &=& 4\,x_a + 2\,x_b) & |\ -\ (1) \\ \hline 120 &=& 10\,x_b & \text{oder:} \quad x_b = 12 \end{array}$$

Dieser Wert wird in die zweite Gleichung eingesetzt, man erhält:

$$120 = 2\,x_a + 6 \cdot 12 \qquad \text{oder:} \quad x_a = 24$$

Ergebnis

Die gewinnmaximale Stückzahl von Kerzenständern beläuft sich auf 24 Einheiten von A und 12 Einheiten von B.

Lösung b): Ermittlung der maximal zulässigen Preisänderungen

Ein Blick auf Abbildung 4.8 zeigt, daß auch bei einer flacher verlaufenden Isogewinnlinie E_2 optimal bleibt, und zwar bis zu einer Steigung von $- 1/3$ (eine Isogewinnlinie mit dieser Steigung verläuft parallel zur Kapazitätslinie der Maschine 2).

E_2 bleibt aber auch dann optimal, wenn die Isogewinnlinie steiler verläuft. Im Grenzfall kann die Isogewinnlinie die Steigung - 2 haben (sie verläuft dann parallel zur Kapazitätslinie der Maschine 1). Dabei ist zu beachten, daß in den beiden Grenzfällen nicht allein der Punkt E_2 optimal ist, sondern

1. bei einer Steigung von - 1/3 alle auf der Strecke E_1E_2 liegenden Mengenkombinationen,

2. bei einer Steigung von - 2 alle auf der Strecke E_2E_3 liegenden Mengenkombinationen.

Damit sind Sie in der Lage, festzustellen, wie weit sich die Preise ändern dürfen, ohne daß das durch E_2 bestimmte Produktionsprogramm revidiert werden muß.

1. Unter sonst gleichen Umständen (bei konstanten variablen Stückkosten für A und B sowie konstanten B-Preisen) gilt für A:

Höchstpreis A

Steigung Isogewinnlinie = Steigung Kapazitätslinie

$$-\frac{d_a}{d_b} = -2 \mid \cdot (-1) \rightarrow$$

$$\frac{p_a - 70}{90 - 40} = 2 \quad \mid \cdot (90 - 40) \rightarrow$$

$$p_a - 70 = 100$$

$$p_a = 170 \text{ DM / Stück}$$

Steigt der A-Preis über 170 DM, so ist es vorteilhaft, nur noch A zu fertigen: E_3 wird optimal.

Mindestpreis A

Steigung Isogewinnlinie = Steigung Kapazitätslinie

$$-\frac{d_a}{d_b} = -\frac{1}{3} \quad \mid \cdot (-1) \rightarrow$$

$$\frac{p_a - 70}{90 - 40} = \frac{1}{3} \quad \mid \cdot (90 - 40) \rightarrow$$

$$p_a - 70 = \frac{50}{3}$$

$$p_a = 86{,}67 \text{ DM / Stück}$$

Sinkt der A-Preis unter 86,67 DM, so ist es vorteilhaft, nur noch B zu fertigen. E_1 wird optimal.

2. Unter sonst gleichen Umständen (bei konstanten variablen Stückkosten fur A und B sowie konstanten A-Preisen) gilt für B:

Höchstpreis B	Mindestpreis B
Steigung Isogewinnlinie = Steigung Kapazitätslinie	Steigung Isogewinnlinie = Steigung Kapazitätslinie
$-\frac{d_a}{d_b} = -\frac{1}{3} \quad \vert \cdot (-1) \rightarrow$	$-\frac{d_a}{d_b} = -2 \quad \vert \cdot (-1) \rightarrow$
$\frac{120 - 70}{p_b - 70} = \frac{1}{3} \quad \vert \cdot 3\,(p_b - 40) \rightarrow$	$\frac{120 - 70}{p_b - 40} = 2 \quad \vert \cdot (p_b - 40) \rightarrow$
$150 = p_b - 40$	$50 = 2\,p_b - 80$
$p_b = 190$ DM / Stück	$p_b = 65$ DM / Stück
Steigt der B-Preis über 190 DM, so ist es vorteilhaft, nur noch B zu fertigen: E_1 wird optimal.	Sinkt der B-Preis unter 65 DM, so ist es vorteilhaft, nur noch A zu fertigen. E_3 wird optimal.

4.5.3 Berücksichtigung weiterer Restriktionen

Die Stabilitätsüberlegungen im vorigen Beispiel führten zu dem Ergebnis, daß bei Über- oder Unterschreitung gewisser Preisschwellen E_1 oder E_3 optimal werden. Eine analoge Überlegung ließe sich für Änderungen der variablen Stückkosten anstellen. E_1 und E_3 haben gemeinsam, daß das "Produktionsprogramm" ausschließlich aus einem Produkt besteht.

Das ist unter Umständen betriebswirtschaftlich nicht vertretbar. Häufig werden Sie mit Blick auf die betriebliche Praxis aus absatz- und sortimentspolitischen Gründen für die Vorgabe von Mindest- und Höchstproduktionsmengen plädieren. Daneben ist zu beachten, daß Mengenbeschränkungen nicht allein infolge absatz- und sortimentspolitischer Erwägungen auftreten, sondern auch als Folge beliebiger anderer betrieblicher Gegebenheiten. Denken Sie etwa an mögliche Rohstoff- oder Arbeitskräfteengpässe. Im folgenden Beispiel wird gezeigt, wie Sie derartige Situationen, die in der Praxis recht häufig vorkommen, rechnerisch bewältigen.

Beispiel 4.7 (Abteilungsleiter-Konferenz zur Programmoptimierung)

Die Lakta KG stellt Kühltanks für die Frischmilchlagerung in den Ausführungen A (Aluminium) und B (V2A-Stahl) auf den beiden Maschinen 1 und 2 her. Folgende Informationen sind bekannt:

Ökonomische Daten			
Tank	p	k_v (TDM/Stück)	d
A	180	90	90
B	200	80	120

Technische Daten			
Maschine	T (Std/Mon)	t_a (Std/St)	t_b (Std/St)
1	420	3	6
2	360	4	3

Zur Bestimmung der gewinnoptimalen Mengen wird eine Abteilungsleiter-Konferenz einberufen. Dabei erklärt der Leiter der Verkaufsabteilung, daß aus absatz- und sortimentspolitischen Gründen von Tank A mindestens 20 und höchstens 80 Einheiten pro Monat hergestellt werden sollen. Die entsprechenden Werte für Tank B belaufen sich auf 10 (Mindestmenge) und 50 (Höchstmenge). Der Leiter der Einkaufsabteilung berichtet von einer Lieferstockung bei den für die Alu-Tanks benötigten Spezialventilen. Danach können im kommenden Monat lediglich 150 Ventile beschafft werden. Zur Erstellung eines Alu-Tanks sind 2 Ventile erforderlich. Die monatlichen Fixkosten belaufen sich auf 8.000 TDM.

a) Formulieren Sie das zu diesen Angaben gehörende System von Gleichungen und Ungleichungen. Geben Sie anhand dieses Systems eine allgemeingültige Definition des Begriffes lineare Optimierung.

b) Ermitteln Sie zeichnerisch und rechnerisch das optimale Programm, den Brutto- und den Nettogewinn.

Lösung a) (Un-)Gleichungssystem und LO-Definition

Zunächst fassen Sie alle vorliegenden Informationen wie folgt zusammen:

(Un-)Gleichung / lfd. Nr.		Restriktion / Nebenbedingung	
Maschine 1	(1)	$3\,x_a + 6\,x_b \leq 420$	maschinelle
Maschine 2	(2)	$4\,x_a + 3\,x_b \leq 360$	
Mindestmenge A	(3)	$x_a \geq 20$	absatzbedingte
Höchstmenge A	(4)	$x_a \leq 80$	
Mindestmenge B	(5)	$x_b \geq 10$	
Höchstmenge B	(6)	$x_b \leq 50$	
Rohstoffengpaß	(7)	$x_a \leq 75$	rohstoffbedingte

	Zielfunktion
Nettogewinn	(8) $G_{ne} = 90.000\,x_a + 120.000\,x_b - 8.000.000 = \max!$

Übersicht 4.5: Aus praktischen Angaben folgt ein (Un-)Gleichungssystem

Definition: Lineare Optimierung (lineare Programmierung, lineare Planungsrechnung) ist die Maximierung oder Minimierung einer Zielfunktion unter Beachtung von Nebenbedingungen (Restriktionen), wobei alle Funktionen, Nebenbedingungen wie auch Zielfunktion, Gleichungen erster Ordnung sein müssen.

Sie wollen für Ihren Betrieb das Bestmögliche, das Optimum. Die Realisierung des Optimums erfolgt, je nach den Umständen des Einzelfalls, durch eine Maximierungsrechnung oder eine Minimierungsrechnung. Allgemein: Wer optimiert, bestimmt die Extremwerte (Hoch- oder Tiefpunkte) einer Funktion. Entsprechend ist das Verfahren der linearen Optimierung keineswegs nur auf den wohlvertrauten Fall der Maximierung einer Zielfunktion (Gewinnfunktion) beschränkt.

Wer Stoffe zerschneidet, um Kleidung zu produzieren, wer aus Rinderleder Handtaschen fertigt, wer aus Stahlblechen Formstücke herausschweißt, stets hat er das Ziel, den anfallenden Abfall (Verschnitt) zu minimieren. Auch die Mischfutterhersteller, die Hund und Katze, Schwein und Rind, Huhn und Ente mit Fertigfutter versorgen, achten strikt darauf, daß jeder Futtersack zu minimalen Kosten erstellt wird, wobei (das sind die Restriktionen) jede Tierart ihre eigenen Nahrungsansprüche hat: x % Eiweiß, y % Kohlehydrate, z % Fett, Mineralien, Vitamine. Ihre persönliche Ration, die Tagesration für einen Menschen, ließe sich für weniger als eine Mark produzieren. Die Freude über den günstigen Preis könnte allerdings durch den Mangel an Wohlgeschmack getrübt werden, falls Sie zur Ernährung aus dem Futtersack übergehen sollten. Der Vertreter schließlich stellt seine Tour so zusammen, daß er die Reisekosten oder -zeiten minimiert, wenn er seine Versicherungen oder Maschinen verkauft.

Lösung b) Programmoptimierung, Brutto- und Nettogewinn

Die Übertragung des (Un-)Gleichungssystems in die Graphik sehen Sie in Abbildung 4.9. Die Abbildung verdeutlicht, daß von den beiden die Produktion von A betreffenden Höchstmengen-Restriktionen nur die Rohstoffbedingung als engere Nebenbedingung greift und das Möglichkeitsgebiet begrenzt. Das Möglichkeitsgebiet selbst ist jetzt wegen der Berücksichtigung von Mindest- und Höchstmengen ein Polygon (Vieleck) mit den Ecken E_1 bis E_6.

Betrachtet man die Isogewinnlinie mit der Steigung -90/120 dann erkennt man, daß die Ecke E_3 gewinnoptimal ist. Wir haben also die zu dieser Ecke gehörende Maschinenkombination zu errechnen. E_3 ist der Schnittpunkt der beiden maschinellen Kapazitätslinien.

$$\begin{cases} (1) \quad 420 = 3\,x_a + 6\,x_b & \text{(Maschine 1)} \\ (2) \quad 360 = 4\,x_a + 3\,x_b & \text{(Maschine 2)} \end{cases}$$

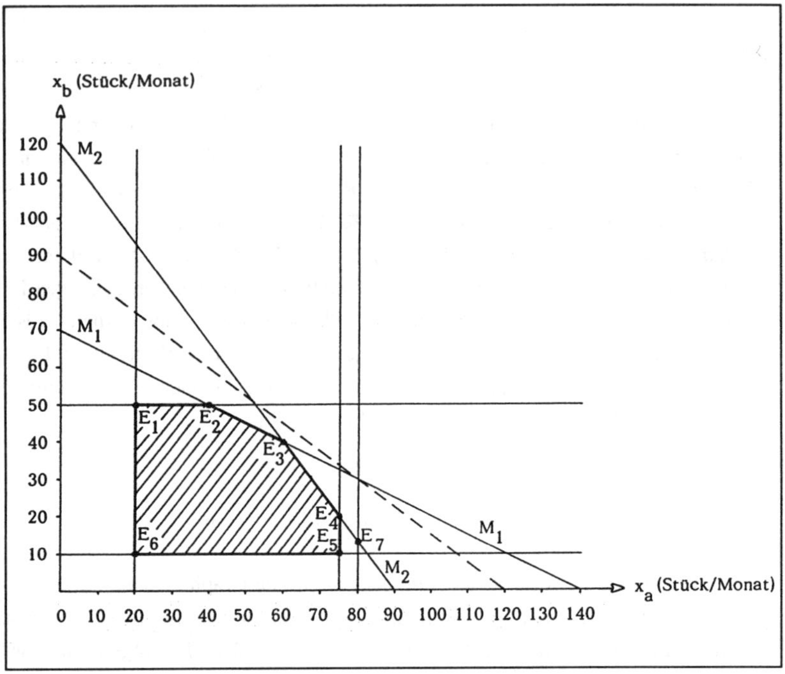

Abbildung 4.9: Möglichkeitsgebiet bei Höchst- und Mindestmengen

Zieht man vom Doppelten der zweiten Gleichung die erste ab, so ergibt sich:

$$720 = 8\,x_a + 6\,x_b \qquad |\,(2)\cdot 2$$

$$-\ (420 = 3\,x_a + 6\,x_b) \qquad |\,-\,(1)$$

$$300 = 5\,x_a \qquad \text{oder:} \quad x_a = 60$$

Setzt man $x_a = 60$ in die zweite Gleichung ein, so erhält man:

$$360 = 4 \cdot 60 + 3\,x_b \qquad \text{oder:} \quad x_b = 40$$

Ergebnis

Es sind im kommenden Monat 60 Alu-Tanks und 40 V2A-Tanks zu fertigen. Der Bruttogewinn beläuft sich dann auf

$$G_{br} = 60 \cdot 90.000 + 40 \cdot 120.000 = 10.200.000 \text{ DM/Monat.}$$

Der Nettogewinn hat die Höhe 10.200.000 - 8.000.000 = 2.200.000 DM/Monat.

4.6 Zusammenfassung und Checkliste

Die Programmoptimierung bei mehreren Engpässen

läßt sich im Zwei-Güter-Fall graphisch durchführen. Sie benötigen für jedes Gut eine Achse, im Fall von drei Gütern also drei, bei n Gütern n Achsen. Der Zwei-Güter-Fall hat den Vorteil, daß Sie die Lösung zeichnerisch entwickeln und dadurch leicht verstehen können. Wenn Sie die Lösung des Zwei-Güter-Falls begriffen haben, fällt Ihnen die Lösung des n-Güter-Falls leicht.

Das Produktionsprogramm der Mehrproduktunternehmung

ist durch unabhängige (unverbundene) Produktion, gemeinsame Produktion oder Kuppelproduktion gekennzeichnet. Bei unabhängiger Produktion wird kein einziger dauerhafter Produktionsfaktor gemeinsam genutzt. Bei gemeinsamer Produktion konkurrieren die Produkte um die Kapazität eines dauerhaften Produktionsfaktors, wobei die Mehrproduktion eines Gutes die Minderproduktion eines anderen erfordern kann. Bei Kuppelproduktion entsteht mit technischer Notwendigkeit ein Bündel von mindestens zwei Produkten, wobei bei Mehrproduktion des einen auch eine Mehrproduktion des anderen erfolgen muß.

Die graphische Ermittlung des optimalen Programms

erfolgt in drei Schritten:

(1) Die Restriktionen ergeben das Möglichkeitsgebiet.

(2) Die Isogewinnlinienschar zeigt, wie gewinnträchtig die realisierbaren Mengenkombinationen sind.

(3) Aus dem Möglichkeitsgebiet und der Isogewinnlinienschar erkennen Sie, welche Kombination die optimale (bestmögliche) ist.

Im Möglichkeitsgebiet

erfassen Sie sämtliche Restriktionen: maschinelle, räumliche, personelle, rohstoffbedingte Beschränkungen sowie absatz- und sortimentspolitisch begründete Höchst- und Mindestmengen.

Die Isogewinnlinien

geben die Mengenkombinationen an, die den gleichen Brutto- oder Nettogewinn erbringen. Die Steigung ist durch das negative Verhältnis der Stückdeckungsbeiträge gegeben. Sie stellen die Isogewinnlinienschar graphisch dar, indem Sie die Stückdeckungsbeiträge (oder ein Vielfaches) vertauscht auf den Achsen abtragen.

Lineare Optimierung

ist die Minimierung oder Maximierung einer Zielfunktion, wobei bestimmte Restriktionen zu beachten sind. Alle Funktionen müssen Gleichungen erster Ordnung sein.

Fragen und Aufgaben

4.1 Was versteht man unter unabhängiger Produktion, gemeinsamer Produktion, Kuppelproduktion? Erläutern Sie jeden Begriff an Hand eines selbstgewählten Beispiels.

4.2 Was versteht man unter einer Isogewinnlinie (Isodeckungsbeitragslinie)? Welches sind die wesentlichen Eigenschaften der Isogewinnlinien eines Betriebes?

4.3 Folgende Daten sind in einem Betrieb gegeben:

Maschine	t_a (Std/Stück)	t_b (Std/Stück)	T (Std/Monat)
1	3	4	240
2	6	3	300
3	-	5	250

a) Wie lauten die Kapazitätslinien der drei Maschinen?

b) Zeichnen Sie schematisch den Produktionsablauf.

c) Zeichnen Sie die Kapazitätslinie des Betriebes.

d) Ist die Kombination ($x_a = 60$ / $x_b = 10$) produktionstechnisch realisierbar?

4.4 Ein Betrieb erstellt die Produkte A und B mit den Deckungsbeiträgen $d_a = 60$ und $d_b = 50$ DM/Stück. Die monatlichen fixen Kosten belaufen sich auf $K_f = 1.000$ DM/Monat.

a) Ermitteln Sie die Isogewinnlinien für die Nettogewinne

$G_1 = 0$, $G_2 = 1.000$, $G_3 = 2.000$, $G_4 = 3.000$.

b) Zeigen Sie, wie sich eine Verdopplung des Bruttogewinns auf die Lage der Isogewinnlinie auswirkt.

4.5 Ein Betrieb erstellt die Produkte A und B auf vier Maschinen. Aus der folgenden Übersicht können Sie die Kapazität der einzelnen Anlagen, gemessen in Maschinenstunden, sowie die zur Bearbeitung einer Produkteinheit notwendige Maschinenzeit entnehmen.

Maschine	t_a (Std/Stück)	t_b (Std/Stück)	T (Std/Monat)
1	2	6	420
2	3	4	330
3	6	-	360
4	5	2	340

a) In welchem Umfang sollten die beiden Produkte A und B erstellt werden, wenn Produkt A einen Deckungsbeitrag von 12 DM und Produkt B einen solchen von 16 DM erbringt? Wie hoch ist der Bruttogewinn?

b) Wie wäre zu entscheiden, wenn der Deckungsbeitrag von A bei unverändertem Deckungsbeitrag von B
   1. auf 14 DM steigen,
   2. auf 10 DM sinken würde?

Wie hoch ist in beiden Fällen der Bruttogewinn?

4.6 Wir betrachten noch einmal das Beispiel 4.7 "Abteilungsleiter-Konferenz zur Programmoptimierung" von Seite 109:

Ökonomische Daten				Technische Daten			
Tank	p	k_v (TDM/Stück)	d	Maschine	T (Std/Mon)	t_a (Std/St)	t_b (Std/St)
A	180	90	90	1	420	3	6
B	200	80	120	2	360	4	3

Zur Bestimmung der gewinnoptimalen Menge wird eine Abteilungsleiter-Konferenz einberufen. Dabei erklärt der Leiter der Verkaufsabteilung, daß aus absatz- und sortimentspolitischen Gründen von Tank A mindestens 20 und höchstens 80 Einheiten pro Monat hergestellt werden sollen. Die entsprechenden Werte für Tank B belaufen sich auf 10 (Mindestmenge) und 50 (Höchstmenge). Der Leiter der Einkaufsabteilung berichtet von einer Lieferstockung bei den für die Alu-Tanks benötigten Spezialventilen. Danach können im kommenden Monat lediglich 150 Ventile beschafft werden. Zur Erstellung eines Alu-Tanks sind 2 Ventile erforderlich. Die monatlichen Fixkosten belaufen sich auf 8.000 TDM.

a) Kurz vor Abschluß der Abteilungsleiter-Konferenz trifft die Nachricht ein, daß der Preis für Alu-Tanks infolge eines Mehrangebotes der Konkurrenz gefallen ist, so daß nun nur noch ein Deckungsbeitrag von 50 TDM je Tank erzielt werden kann.
   Welches neue Produktionsprogramm würden Sie empfehlen, wenn alle übrigen Daten konstant bleiben? Welche Höhe hat der Bruttogewinn?

b) Nachdem Sie der Betriebsleitung das Produktionsprogramm mit $x_a = 40$ und $x_b = 50$ empfohlen haben, steigt d_a auf 170 TDM. Sie erhalten den Auftrag, nachzuprüfen, ob zusätzliche Mengen der für die Alu-Tanks benötigten Ventile, von denen bislang nur 150 Stück zur Verfügung standen, beschafft werden können. Es gelingt Ihnen, eine Unternehmung ausfindig zu machen, die in der Lage ist, beliebige Ventilmengen zu liefern. Welche Konsequenzen hat das in bezug auf das Produktionsprogramm und den Bruttogewinn?

4.7 Vervollständigen Sie die folgende Tabelle:

Betriebliche Engpaßsituation	kein Engpaß	ein Engpaß	mehrere Engpässe
Programmoptimierung erfolgt mit Hilfe (nur Begriff nennen)			
Abkürzung des Begriffs			

4.8

a) Sie verfügen über die in der Graphik enthaltenen Informationen:

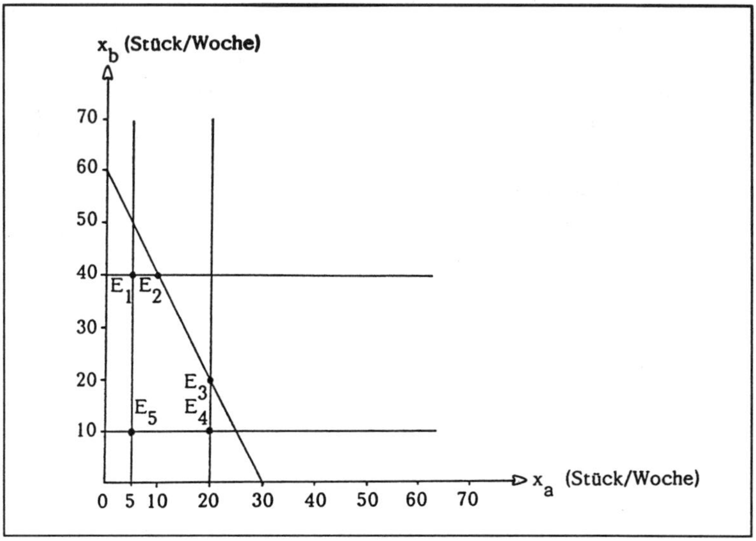

Im gegebenen Fall belaufen sich die Mindestmengen auf:
$x_a \geq$ ___ Stück/Woche; $x_b \geq$ ___ Stück/Woche.

Maschine 1 dient zur Produktion von A und B. Ihre Kapazität beträgt 120 Stunden/Woche. Also gilt für ihre Kapazitätslinie die Gleichung ______________________.

Maschine 2 dient ausschließlich der Fertigung von A. Ihre Kapazität beläuft sich auf 200 Wochenstunden. Die Stückzeit für eine Einheit A ist somit $t_a =$ ___ Stunden/Stück.

Maschine 3 dient ausschließlich der Produktion von B. Eine Einheit B benötigt 5 Stunden Fertigungszeit. Folglich hat die Maschine 3 eine Kapazität von T = ___ Stunden/Woche.

Folgende Informationen sind gegeben: (1) E_2 ist optimal; (2) der Deckungsbeitrag von A beträgt 40 DM/Stück. Dann muß der B-Deckungsbeitrag mindestens $d_b \geq$ ___ DM/Stück sein.

Folgende Informationen sind gegeben: (1) E_3 ist optimal; (2) der Deckungsbeitrag von B beträgt 40 DM/Stück. Dann muß der A-Deckungsbeitrag mindestens $d_a \geq$ ___ DM/Stück sein.

E_5 ist der optimale Punkt, wenn gilt: $d_a <$ ___ DM/Stück und $d_b <$ ___ DM/Stück.

Wenn E_2 und E_3 optimal sind, muß bei einem A-Deckungsbeitrag von 50 DM/Stück der B-Deckungsbeitrag den Wert $d_b =$ ___ DM/Stück aufweisen.

Sind E_3 und E_4 optimal, so muß der A-Deckungsbeitrag positiv sein und für B muß gelten: $d_b =$ ___ DM/Stück.

b) Sie haben die zu bestimmten Werten der Stückdeckungsbeiträge gehörende Isogewinnlinie ins Diagramm eingetragen und vermuten, daß die Isogewinnlinien und die Kapazitätslinie der Maschine 1 ________________ verlaufen.

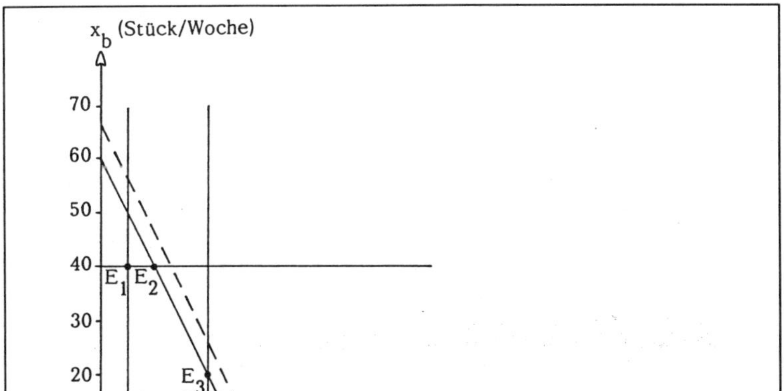

Geben Sie eine eindeutige Bestätigung oder Widerlegung Ihrer Vermutung mit Hilfe des

(1) Steigungsvergleichs (allgemeine Lösung und Anwendung auf den gegebenen Fall);

(2) Gewinnvergleichs (allgemeine Lösung und Anwendung auf den gegebenen Fall).

Es gilt: d_a = 66 DM/Stück und d_b = 33 DM/Stück.

5. Programmoptimierung bei mehreren Engpässen im Mehrgüterfall

5.1 Problemstellung

Bei graphischer Darstellung der Programmoptimierung werden auf den Koordinatenachsen die Mengen x_a und x_b der Güter A und B abgetragen. Sie benötigen also für jedes Gut eine Achse. Deshalb versagt die graphische Methode auch bei der n-Produkt-Unternehmung ($n > 2$): Für drei Produkte benötigt man drei Achsen, bei vier Produkten wären vier Achsen erforderlich usw. Wir können das Möglichkeitsgebiet dann nicht mehr zweidimensional (d. h. als Fläche) darstellen, vielmehr ist eine drei-, vier- oder allgemein n-dimensionale Darstellung erforderlich. Es ist demnach notwendig, einen Lösungsweg zu finden, der unabhängig von der graphischen Darstellung zum Ziel führt. Dabei sind folgende Punkte zu beachten:

(1) Stellt ein Betrieb n Güter her, so ist sein Möglichkeitsgebiet durch ein n-dimensionales Gebilde gegeben. Problem: Der Mensch kann sich Ein-, Zwei- und Dreidimensionales gut vorstellen, schließlich leben wir in einer dreidimensionalen Welt. Gebilde aber, die mehr als drei Dimensionen aufweisen, sind unserer Anschauung nicht mehr unmittelbar zugänglich.

(2) Auch im n-Güter-Fall ist das gewinnoptimale Produktionsprogramm durch eine "Ecke" des Möglichkeitsgebietes darzustellen.

(3) Das zu lösende Optimierungsproblem besteht daher weiterhin in der Ermittlung der gewinnoptimalen "Ecke".

Wie aber ermittelt man die optimale "Ecke" eines n-dimensionalen Gebildes, das sich bei $n > 3$ der Anschauung entzieht? Um dieses Problem zu lösen, wollen wir uns zunächst die Aufgabe stellen, für einen bekannten Fall, die Abteilungsleiter-Konferenz zur Programmoptimierung (Seite 109), einen Lösungsweg ohne Benutzung der graphischen Veranschaulichung zu finden. Wir gehen also vom Sichtflug zum Blindflug über, bleiben aber aus Sicherheitsgründen vorläufig bei einem Zwei-Güter-Fall, dessen Lösung wir schon kennen.

5.2 Allgemeiner Lösungsansatz

5.2.1 Arithmetischer Weg

Wer sein Resultat ohne Graphik erhalten möchte, muß dieses ausschließlich aus den vorliegenden Gleichungen und Ungleichungen entwickeln, d. h. er muß die optimale Ecke aufgrund der Restriktionen und der Zielfunktion bestimmen. Der Lösungsweg läßt sich durch folgende drei Schritte charakterisieren:

1. Schritt: Da jede Ecke durch den Schnittpunkt zweier Geraden gegeben ist, kombinieren Sie alle vorhandenen Gleichungen miteinander und errechnen so alle vorhandenen Schnittpunkte.

2. Schritt: Die vorhandenen Schnittpunkte liegen zum Teil außerhalb des Möglichkeitsgebietes, stellen also unzulässige (weil unmögliche) Lösungen dar. Um die unzulässigen Lösungen von den zulässigen zu trennen, setzen wir die Koordinaten aller Schnittpunkte in alle vorhandenen Restriktionsgleichungen (bzw. -ungleichungen) ein und sortieren jene Schnittpunkte, die nicht alle Bedingungen erfüllen und somit außerhalb des Möglichkeitsgebietes liegen, als unzulässige Lösungen aus.

3. Schritt: Die verbleibenden Eckenkoordinaten stellen zulässige Lösungen dar. Für jede zulässige Lösung wird der Gewinn ermittelt. Das gewinnoptimale Programm ist dann durch die Koordinaten jener Ecke bestimmt, für die der höchste Gewinn errechnet wurde.

Beispiel 5.1 (Abteilungsleiter-Konferenz zur Programmoptimierung)

Bei einem Betrieb sind folgende Daten zu beachten (vgl. S. 109):

Mindestmenge A: 20 Stück/Monat	Höchstmenge A: 75 Stück/Monat
Mindestmenge B: 10 Stück/Monat	Höchstmenge B: 50 Stück/Monat

Die ursprüngliche Höchstmenge von $x_a \leq 80$ können wir vernachlässigen, da hier bereits eine engere Restriktion in Form des Rohstoffengpasses $x_a \leq 75$ vorliegt.

Ökonomische Daten			
Produkt	p	k_v (TDM/Stück)	d
A	180	90	90
B	200	80	120

Technische Daten			
Maschine	t_a	t_b (Std/Stück)	T (Std/Mon)
1	3	6	420
2	4	3	360

Ermitteln Sie das gewinnmaximierende Programm ohne Benutzung einer Graphik.

Lösung

Aus den Tabellenangaben ergeben sich die folgenden Restriktionen sowie die Zielfunktion:

(Un-)Gleichung / lfd. Nr.			
Maschine 1	(1)	$3\,x_a + 6\,x_b \leq 420$	Nebenbedingungen oder Restriktionen
Maschine 2	(2)	$4\,x_a + 3\,x_b \leq 360$	
Mindestmenge A	(3)	$x_a \geq 20$	
Mindestmenge B	(4)	$x_b \geq 10$	
Höchstmenge A	(5)	$x_a \leq 75$	
Höchstmenge B	(6)	$x_b \leq 50$	
Gewinn	(7)	$90.000\,x_a + 120.000\,x_b = G_{br}$	Zielfunktion

Wir haben, um ganz exakt zu sein, alle Nebenbedingungen als Ungleichungen formuliert. Das ist korrekt, denn die Kapazitätslinien der einzelnen Maschinen zeigen Ihnen nur, was maximal produziert werden kann. Sie stellen also eine gilt für die jeweiligen Höchstmengen, die ebenfalls unterschritten werden dürfen. In der folgenden Lösungstabelle sind die drei Lösungsschritte dargestellt.

1. Schritt			2. Schritt	3. Schritt
Die Kombination der Gleichungen	liefert das Wertepaar x_a	x_b	erfüllt das Wertepaar alle Restriktionen?	Höhe des jeweiligen Bruttogewinnes
(1) und (2)	60	40	ja	**10.200**
(1) und (3)	20	60	(6) nicht	-
(1) und (4)	120	10	(2), (5) nicht	-
(1) und (5)	75	32,5	(2) nicht	-
(1) und (6)	40	50	ja	9.600
(2) und (3)	20	93,3	(1), (6) nicht	-
(2) und (4)	82,5	10	(5) nicht	-
(2) und (5)	75	20	ja	9.150
(2) und (6)	52,5	50	(1) nicht	-
(3) und (4)	20	10	ja	3.000
(3) und (5)	kein Schnittpunkt, da parallel		-	-
(3) und (6)	20	50	ja	7.800
(4) und (5)	75	10	ja	7.950
(4) und (6)	kein Schnittpunkt, da parallel		-	-
(5) und (6)	75	50	(1), (2) nicht	-

Übersicht 5.1: Programmoptimierung ist auch ohne Graphik möglich

Ergebnis

(1) Es existieren insgesamt sechs zulässige Lösungen. Es gibt also sechs Lösungen, die produktionstechnisch realisierbar sind.

(2) Von den zulässigen Lösungen ist die erste mit $x_a = 60$ und $x_b = 40$ gewinnoptimal. Der dazugehörige Bruttogewinn beläuft sich auf 10.200 DM.

Das gezeigte Rechenverfahren beruht auf der Kombination jeder Restriktionsgleichung mit jeder anderen und heißt deshalb kombinatorische Methode[1]. Es führt zuverlässig zur optimalen Lösung, und zwar ohne graphische Darstellung. Es muß jedoch beachtet werden, daß die kombinatorische Methode einen erheblichen Rechenaufwand erfordert. Sie wurde daher für praktische Zwecke weiterentwickelt, um den Rechenaufwand auf ein erträgliches Maß zu beschränken (vgl. 5.3 Simplex-Methode).

5.2.2 Graphische Überprüfung des arithmetischen Weges

Zum besseren Verständnis des kombinatorischen Verfahrens, insbesondere zur Klärung der Frage, weshalb gewisse Wertepaare die Restriktionen erfüllen und andere nicht, wollen wir unsere Rechnung graphisch überprüfen.

---

[1] Eine ausführlichere Darstellung der kombinatorischen Methode findet sich bei: F. J. Fay, Lineare Algebra und Optimierung, a. a. O., S. 75 ff.

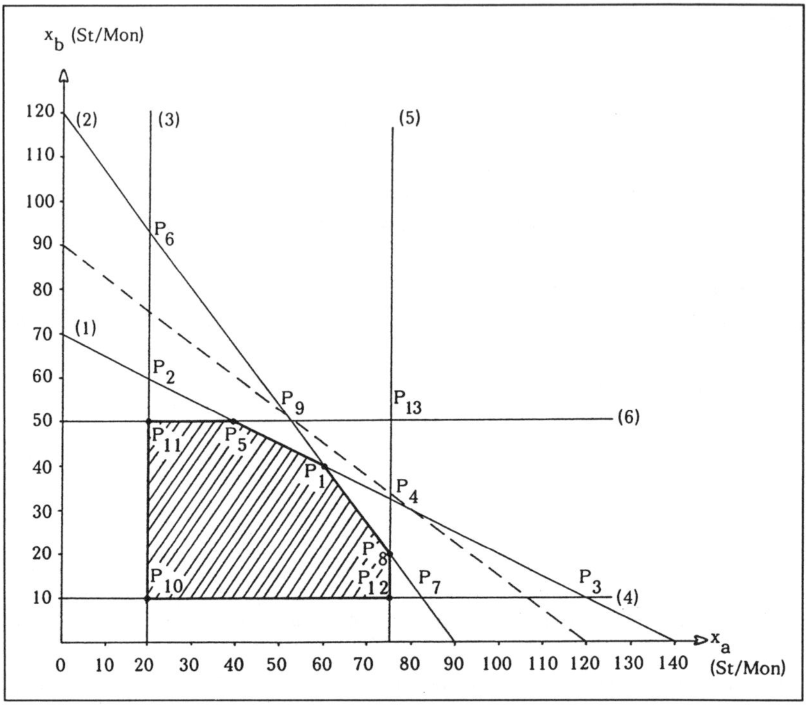

Abbildung 5.1: Graphische Überprüfung des arithmetischen Weges

Wenn Sie die Abbildung 5.1 betrachten, in der alle denkbaren Schnittpunkte von P_1 bis P_{13} dargestellt sind, erkennen Sie, wie bislang bei der geometrischen Lösung vorgegangen wurde: Durch die unmittelbare Anschauung konnte man feststellen, ob ein Schnittpunkt außerhalb des Möglichkeitsgebietes liegt und ihn gegebenenfalls als irrelevant außer acht lassen. Die zur graphischen Lösung gehörenden Überlegungen wollen wir uns an Hand der folgenden Übersicht verdeutlichen.

Die Kombination der Gleichungen	wird graphisch dargestellt durch den Punkt	liegt dieser Punkt innerhalb des Möglichkeitsgebietes?
(1) und (2)	P_1 (60/40)	ja
(1) und (3)	P_2 (20/60)	nein
(1) und (4)	P_3 (120/10)	nein
(1) und (5)	P_4 (75/32,5)	nein
(1) und (6)	P_5 (40/50)	ja
(2) und (3)	P_6 (20/93,3)	nein
(2) und (4)	P_7 (82,5/10)	nein
(2) und (5)	P_8 (75/20)	ja
(2) und (6)	P_9 (52,5/50)	nein
(3) und (4)	P_{10} (20/10)	ja
(3) und (5)	kein Schnittpunkt, da Geraden parallel	
(3) und (6)	P_{11} (20/50)	ja
(4) und (5)	P_{12} (75/10)	ja
(4) und (6)	kein Schnittpunkt, da Geraden parallel	
(5) und (6)	P_{13} (75/50)	nein

Übersicht 5.2: Ein Blick in die Zeichnung zeigt: realisierbar, ja oder nein?

Sie kennen nun den wesentlichen Unterschied zwischen der graphischen und der rein arithmetischen Lösung:

(1) Bei der graphischen Lösung gewinnen Sie die Auskunft, ob ein Punkt realisierbar ist, durch Betrachten des Möglichkeitsgebietes; bei der arithmetischen Lösung prüfen Sie, ob die Koordinaten alle Restriktionen erfüllen.

(2) Bei der graphischen Lösung erhalten Sie die optimale Ecke durch optischen Abgleich von Isogewinnlinie und Kapazitätslinie des Betriebes; bei der arithmetischen Lösung berechnen Sie den Gewinn jeder zulässigen Lösung.

5.3 Simplex-Methode

5.3.1 Vorteil der Simplex-Methode

Die kombinatorische Methode führt im Prinzip zuverlässig zum Ergebnis. Jedoch kann der Rechenaufwand bei diesem Weg so stark anwachsen, daß er nur noch mit Mühe zu bewältigen ist. Der Rechenaufwand steigt

- mit steigender Maschinenzahl (= größere Anzahl von Ungleichungen) und
- mit steigender Anzahl von Produkten (= längere Restriktionen).

Man hat dann sehr viele Lösungsmöglichkeiten zu ermitteln, von denen die meisten unzulässig sind. Den Vorzug einer Beschränkung auf zulässige Lösungen weist die von G. B. Dantzig 1948 erstmals beschriebene Simplex-Methode auf[1]. Probleme bis zu 10 Variablen lassen sich nach dieser Methode noch manuell lösen. Größere Probleme erfordern den Einsatz der EDV. Standardprogramme für die Simplex-Methode werden heute von fast allen Software-Anbietern und EDV-Anlagen-Herstellern angeboten. Mit Hilfe der Standardprogramme ist es möglich, Probleme mit mehreren tausend Variablen und Restriktionen zu lösen.

---

[1] Vgl. hierzu: G. B. Dantzig, Lineare Optimierung und Erweiterungen, Berlin/ Heidelberg/New York 1966. Vgl. auch: H. Müller-Merbach, Operations Research, 3. Aufl., München 1973. B. Runzheimer, Operations Research I, Lineare Planungsrechnung und Netzplantechnik, 5., verb. Aufl., Wiesbaden 1990. - K. Schick, Lineares Optimieren, 3. Aufl., Frankfurt a. M. 1981. - J. Schwarze, Mathematik für Wirtschaftswissenschaftler, Band 3, Lineare Algebra, Lineare Optimierung und Graphentheorie, 9. Aufl., Herne/Berlin 1992. - P. Stahlknecht u. R. Ohmann, Lineare Programmierung auf dem PC, München/ Wien 1987. - H. Wiedling, Lineare Planungstechnik. Eine Einführung in die Nutzung der linearen Optimierung zur Lösung betriebswirtschaftlicher Probleme, Gernsbach 1981.

5.3.2 Grundzüge der Simplex-Methode

Im folgenden wird - wiederum an Hand des Zwei-Güter-Falles, der graphisch überprüft werden kann - die Simplex-Methode in ihren Grundzügen dargestellt[1].

Beispiel 5.2 (Programmoptimierung mit Simplex-Methode)

Bei einem gewinnmaximierenden Betrieb sind für den kommenden Monat folgende Bedingungen gegeben:

(Un-)Gleichung / lfd. Nr.

Maschine 1	(1)	$3\,x_1 + 2\,x_2 \leq 3.300$	Restriktionen
Maschine 2	(2)	$4\,x_1 + 8\,x_2 \leq 6.000$	
Höchstmenge 1	(3)	$x_1 \leq 1.000$	
Höchstmenge 2	(4)	$x_2 \leq 600$	
Nettogewinn	(5)	$90\,x_1 + 140\,x_2 - 26.000 = G_{ne}$	Zielfunktion

Daneben sind die Nichtnegativitätsbedingungen zu berücksichtigen: $x_1 \geq 0$ und $x_2 \geq 0$. Die Nichtnegativitätsbedingungen besagen, daß das optimale Programm keine negativen Mengen enthalten darf. Sie sind deshalb notwendig, weil ein Artikel mit negativem Deckungsbeitrag - rein rechnerisch - zu einem Gewinnbringer wird, wenn man die negativen Deckungsbeiträge mit negativen Stückzahlen multipliziert. Ermitteln Sie das optimale Programm auf

a) graphischem und

b) arithmetischem Weg.

---

[1] Vgl. hierzu insbesondere H. Müller-Merbach, Lineare Planungsrechnung, in: Handbuch der Kostenrechnung, hrsg. v. R. Bobsin, München 1971, S. 365 ff. - R. Karrenberg/A. W. Scheer, Lineare Programmierung als Hilfsmittel bei Planungsentscheidungen, in: Schriften zur Unternehmensführung, Band 5 bis 8, Wiesbaden 1968.

Lösung a) Graphische Lösung

Die realisierbaren Produktmengenkombinationen liegen im schraffierten Bereich der Abbildung 5.2.

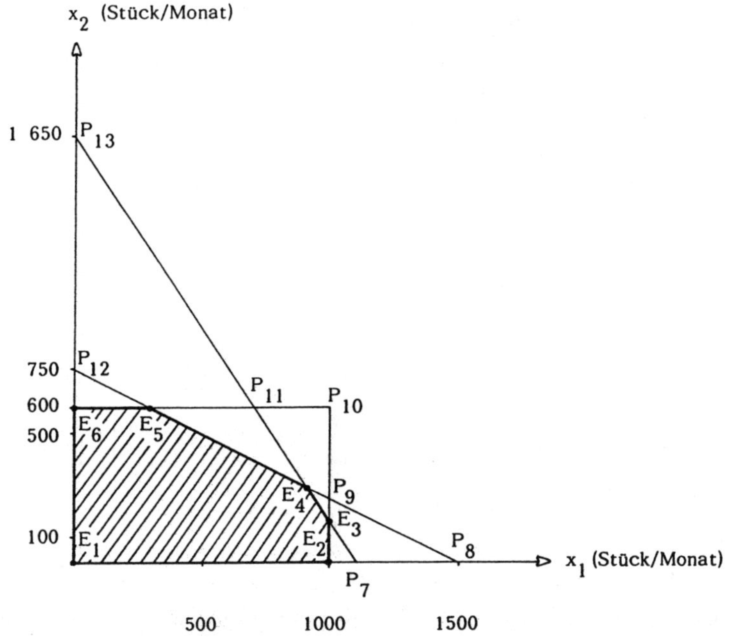

Abbildung 5.2: Möglichkeitsgebiet

Lösung b) Arithmetische Lösung

Für die Durchführung der Rechnung ist es vorteilhaft, wenn man die Ungleichungen (1) bis (4) durch Einführung von "Schlupfvariablen" in Gleichungen verwandelt. Im Falle der Gleichungen (1) und (2) sind die Schlupfvariablen oder "slack variables" (slack = Luft) ökonomisch interpretierbar als freie (ungenutzte) Restkapazität. Bei (3) und (4) geben die Werte der Schlupfvariablen an, wie weit der tatsächliche Absatz vom Höchstabsatz entfernt ist.

Wenn man zur Benennung der Schlupfvariablen die niedrigsten noch nicht vorkommenden Indizes (x_3, x_4, x_5 und x_6) verwendet, läßt sich das Gleichungssystem (1) bis (5) wie folgt beschreiben:

lfd Nr.	
(1)	$3x_1 + 2x_2 + x_3 = 3.300$
(2)	$4x_1 + 8x_2 + x_4 = 6.000$
(3)	$x_1 + x_5 = 1.000$
(4)	$x_2 + x_6 = 600$
(5)	$90x_1 + 140x_2 = \underbrace{G_{ne} + \underbrace{26.000}_{K_f}}_{G_{br}}$

Die der Simplex-Methode zugrundeliegende Idee besteht darin, daß man die Ecken-Schnittpunkte (E_1 bis E_6) klar von den sonstigen Schnittpunkten (P_7 bis P_{13}) trennt, und zwar folgendermaßen:

Unterscheidungsmerkmal eines Eckpunktes gegenüber sonstigen Schnittpunkten

ohne Berücksichtigung von Schlupfvariablen, d. h. nach dem bisherigen (Un-)Gleichungssystem	mit Berücksichtigung von Schlupfvariablen, d. h. nach dem neuen Gleichungssystem
Bei einem Eckpunkt gilt a) in wenigsten zwei Nebenbedingungen das Gleichheitszeichen, b) in den restlichen Nebenbedingungen das Ungleichheitszeichen.	Bei einem Eckpunkt gilt a) wenigsten zwei Variablen haben den Wert Null, b) die anderen sind positiv.

Die vier Restriktionsgleichungen enthalten nach Einführung der Schlupfvariablen sechs Unbekannte. Damit ist das Gleichungssystem unterbestimmt: Es existieren beliebig viele verschiedene Lösungen. Da aber nur die Eckpunkte (also die zulässigen Lösungen) interessieren, machen wir uns das Unterscheidungsmerkmal zunutze, wonach bei einer Ecke wenigstens zwei Variablen gleich Null und die restlichen positiv sind. Es bleiben dann in unserem Fall vier Gleichungen mit vier Variablen übrig, die sich leicht berechnen lassen.

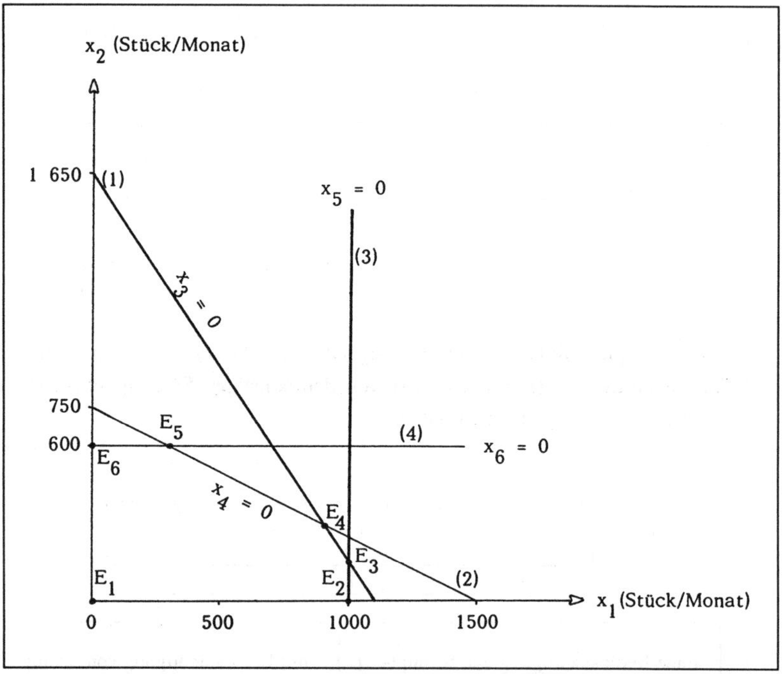

Abbildung 5.3: Eckpunkte und Schlupfvariablen

Die benachbarten Ecken unterscheiden sich dadurch, daß eine andere Variable gleich Null ist. Beispiel:

(1) Für E_3 gilt: $x_3 = 0$ und $x_5 = 0$.

(2) Für E_4 gilt: $x_3 = 0$ und $x_4 = 0$.

Beim Übergang von E_3 zu E_4 wurde also x_5 gegen x_4 getauscht.

Der Weg der Simplex-Methode läßt sich im Prinzip durch die folgenden drei Schritte beschreiben:

1. Man erhält durch die Bedingung "zwei Variablen gleich Null und restliche Variablen positiv" die zulässigen Ecken.

2. Ausgehend von einer beliebigen zulässigen Ecke (meist vom Ursprung, wenn keine Mindestmengen vorliegen) wird ein Nachbareckpunkt mit höherem Gewinn gesucht.

3. Diese Suche setzt man so lange fort, bis kein Nachbareckpunkt mit höherem Gewinn mehr existiert. Dann ist das Optimum erreicht.

5.3.3 Rechentechnik der Simplex-Methode

Zur Anwendung der Simplex-Methode können Sie das Gleichungssystem, das unserem Beispiel zugrunde liegt, nutzen.

lfd Nr.							
(1)	$3x_1$	$+2x_2$	$+x_3$				$= 3.300$
(2)	$4x_1$	$+8x_2$		$+x_4$			$= 6.000$
(3)	x_1				$+x_5$		$= 1.000$
(4)		x_2				$+x_6$	$= 600$
(5)	$90x_1$	$+140x_2$					$= G_{ne} + 26.000$

(1) Aufstellen eines Simplex-Tableaus

Um zu einer einfacheren Schreibweise zu gelangen, notieren Sie die Symbole x_1, x_2, ..., x_6 nicht mehr extra, sondern nur noch deren Koeffizienten.

Außerdem ersetzen Sie das Gleichheitszeichen durch einen senkrechten Doppelstrich. Sie erhalten dann das Simplex-Tableau 1:

Simplex-Tableau 1

lfd. Nr.	x_1	x_2	x_3	x_4	x_5	x_6	
(1)	3	2	1	0	0	0	3.300
(2)	4	8	0	1	0	0	6.000
(3)	1	0	0	0	1	0	1.000
(4)	0	1	0	0	0	1	600
(5)	90	140	0	0	0	0	G_{ne} + 26.000

Wenn bestimmte Variablen in einer Gleichung nicht vorkommen, so werden an der betreffenden Stelle Nullen ergänzt.

Eine erste zulässige - aber wahrscheinlich nicht gewinnoptimale - Lösung besteht darin, daß man x_1 und x_2 gleich Null setzt, also unterstellt, daß keine Produktion stattfindet. Für $x_1 = x_2 = 0$ können Sie die Werte der anderen Variablen aus Tableau 1 unmittelbar ablesen. So erhält man etwa für Zeile 1:

$$3 \cdot 0 + 2 \cdot 0 + 1 \cdot x_3 + 0 \cdot x_4 + 0 \cdot x_5 + 0 \cdot x_6 = 3.300$$

oder:

$$x_3 = 3.300$$

Auf analoge Weise errechnet man $x_4 = 6.000$, $x_5 = 1.000$, $x_6 = 600$, $G_{ne} = -26\,000$.

Bitte betrachten Sie noch einmal Abbildung 5.3. Nimmt man als Ausgangspunkt die Ecke E_1, so wird nichts produziert, und es entsteht ein Verlust in Höhe der Fixkosten. Es ist demnach sinnvoll, zu einem anderen Eckpunkt überzugehen, d. h. für eine der Variablen x_1 und x_2 die Nullbindung aufzuheben und statt dessen eine andere Variable gleich Null zu setzen.

Man bezeichnet die der Nullbindung unterworfenen Variablen auch als Nichtbasisvariablen. Entsprechend heißen die nicht gleich Null gesetzten Variablen Basisvariablen, weil sie die Basis der Lösung darstellen.

(2) Wahl der Pivotspalte

Will man den Gewinn erhöhen, so muß produziert werden, man muß also eine der bisherigen Nichtbasisvariablen (kurz: N) x_1 oder x_2 neu in die Basis aufnehmen. Entsprechend muß eine der bisherigen Basisvariablen (kurz: B) gleich Null werden.

Wenn der Wert x_1 wächst, so steigt der Gewinn mit jeder Einheit x_1 um 90 DM. Mit jeder Einheit x_2 wächst der Gewinn hingegen um 140 DM. Es ist also naheliegend, die Variable mit dem größten positiven Koeffizienten (Deckungsbeitrag) in der Zielfunktion als neue Basisvariable festzulegen. Wir bewegen uns damit in Abbildung 5.3 von E_1 nach E_6.

Die neue Basisvariable ist also x_2. Die Spalte des Simplex-Tableaus, in der die neue Basisvariable steht, heißt Pivotspalte (pivot, franz. = Angelpunkt).

Simplex-Tableau 1 A

lfd. Nr.	N x_1	N x_2	B x_3	B x_4	B x_5	B x_6	
(1)	3	2	1	0	0	0	3.300
(2)	4	8	0	1	0	0	6.000
(3)	1	0	0	0	1	0	1.000
(4)	0	1	0	0	0	1	600
(5)	90	140	0	0	0	0	G_{ne} + 26.000

↑ Pivotspalte

(3) Wahl der Pivotzeile

Wenn x_2 neu in die Basis aufgenommen wird, dann ist zu fragen, welche der bisherigen Basisvariablen $x_3, ..., x_6$ gleich Null zu setzen (aus der Basis zu nehmen) sind. Anders ausgedrückt: Wenn man - ausgehend von E_1 - eine steigende Menge x_2 produziert, dann ist zu fragen, welche Restriktion als erste bei wachsendem x_2 berührt wird. Da das Erreichen einer Restriktion dazu führt, daß die zugehörige Basisvariable gleich Null wird, ist zu untersuchen, bei welchen x_2-Werten die Basisvariablen $x_3, ..., x_6$ Null werden.

$$x_3 = 0 \quad \rightarrow \quad 3 \cdot 0 + 2 \cdot x_2 + 1 \cdot 0 + 0 \cdot x_4 + 0 \cdot x_5 + 0 \cdot x_6 = 3.300$$

oder:

$$2\,x_2 = 3.300$$

$$x_2 = 1.650$$

Entsprechend ergibt sich:

$$x_4 = 0 \quad \rightarrow \quad 8\,x_2 = 6.000$$

$$x_2 = 750$$

$$x_6 = 0 \quad \rightarrow \quad x_2 = 600$$

Da x_1 weiter Nichtbasisvariable und damit gleich Null ist, kann x_5 nicht aus der Basis genommen werden[1]. Somit erhält man das Ergebnis, x_6 aus der Basis zu nehmen, da hier offenbar die engste Restriktion liegt, die bei wachsendem x_2 als erste berührt wird.

Der Weg, der zu diesem Ergebnis führt, kann auch wie folgt formuliert und schematisiert werden: "Man ermittle die Quotienten aus der rechten Seite des Tableaus und den positiven Koeffizienten der Pivotspalte. Der niedrigste Quotientenwert führt zu der Variablen, die aus der Basis zu nehmen ist." Diese Überlegungen sind im Tableau 1 B zusammengefaßt.

[1] Es ergäbe sich sonst die "Gleichung": $1 \cdot 0 + 0 \cdot x_2 + 0 \cdot x_3 + 0 \cdot x_4 + 1 \cdot 0 + 0 \cdot x_6 = 1.000$

$0 = 1.000$

Simplex-Tableau 1 B

	lfd. Nr.	N x_1	N x_2	B x_3	B x_4	B x_5	B x_6		Quotienten	Programm:
	(1)	3	2	1	0	0	0	3.300	3.300 : 2 = 1.650	$x_1 = 0$
	(2)	4	8	0	1	0	0	6.000	6.000 : 8 = 750	$x_2 = 0$
	(3)	1	0	0	0	1	0	1.000	entfällt	E_1 in Abbild. 5.3
Pivotzeile →	(4)	0	1	0	0	0	1	600	600 : 1 = 600	programmbedingter Gewinn:
	(5)	90	140	0	0	0	0	G_{ne} + 26.000		G_{ne} = - 26.000
			↑ Pivotspalte							

Im Kreuzpunkt von Pivotspalte und -zeile steht das Pivotelement (kurz: Pivot), das für die Weiterführung der Rechnung von besonderer Bedeutung ist.

(4) Tableau-Umformung

a) Tableau 1 B ist nun umzuformen, und zwar so, daß das Ergebnis (die Werte der Basisvariablen) wieder unmittelbar auf der rechten Seite abgelesen werden kann. Dazu sind zwei Schritte erforderlich:

(1) Division der Pivotzeile durch das Pivotelement, so daß an Stelle des bisherigen Pivots eine 1 steht (= Herstellung der "Basiseins").

(2) Herstellung von Nullen oberhalb und unterhalb der Basiseins, so daß bis auf das Pivot nur Nullen in der Pivotspalte stehen. Zu diesem Zweck sind geeignete Vielfache der Pivotzeile zu den anderen Zeilen zu addieren oder von ihnen zu subtrahieren.

Schritt 1

Bei unserem Beispiel ist das Pivotelement schon 1, so daß eine Division der Pivotzeile nicht mehr erforderlich ist.

Schritt 2

Zeile (1) → doppelte Pivotzeile subtrahieren,
Zeile (2) → achtfache Pivotzeile subtrahieren,
Zeile (3) → unverändert lassen,
Zeile (5) → 140fache Pivotzeile subtrahieren.

Sie erhalten dann Tableau 2:

Simplex-Tableau 2

	lfd. Nr.	N x_1	B x_2	B x_3	B x_4	B x_5	N x_6		Quotienten	Programm:
	(1)	3	0	1	0	0	- 2	2.100	2.100 : 3 = 700	$x_1 =$ 0
Pivotzeile →	(2)	4	0	0	1	0	- 8	1.200	1.200 : 4 = 300	$x_2 = 600$
	(3)	1	0	0	0	1	0	1.000	1.000 : 1 = 1.000	E_6 in Abbild. 5.3
	(4)	0	1	0	0	0	1	600	entfällt	
	(5)	90	0	0	0	0	- 140	G_{ne} - 58.000		programmbedingter Gewinn: G_{ne} = 58.000
		↑ Pivotspalte								

Sie erkennen aus Tableau 2, daß der Gewinn beim neuen Programm (x_1 = 0/ x_2 = 600) mit + 58.000 DM wesentlich höher als in der Ausgangssituation ist.

b) Wir versuchen, den Gewinn durch eine weitere Tableauumformung (graphisch: Wahl eines neuen Eckpunktes) zu erhöhen. Dazu sind die Schritte 1 und 2 auf Tableau 2 anzuwenden. Sie erkennen:

- Pivotspalte ist Spalte 1
  (größter positiver Koeffizient der Zielfunktion),
- Pivotzeile ist Zeile 2
  (kleinster Quotient, also engste Restriktion).

Schritt 1: Division der Pivotzeile durch 4

→ (2)	1	0	0	1/4	0	- 2	300

Schritt 2: Herstellung von Nullen in der Pivotspalte

Zeile (1) → dreifache Pivotzeile subtrahieren,
Zeile (3) → Pivotzeile subtrahieren,
Zeile (4) → unverändert lassen,
Zeile (5) → 90fache Pivotzeile subtrahieren.

Jetzt erhalten Sie Tableau 3:

Simplex-Tableau 3

	lfd. Nr.	B x_1	B x_2	B x_3	N x_4	B x_5	N x_6		Quotienten	Programm:
Pivotzeile →	(1)	0	0	1	- 3/4	0	4	1.200	1.200 : 4 = 300	$x_1 = 300$
	(2)	1	0	0	1/4	0	- 2	300	entfällt	$x_2 = 600$
	(3)	0	0	0	- 1/4	1	2	700	700 : 2 = 350	E_5 in Abbild. 5.3
	(4)	0	1	0	0	0	1	600	600 : 1 = 600	
	(5)	0	0	0	- 90/4	0	40	G_{ne} - 85.000		programmbedingter Gewinn: G_{ne} = 85.000

↑ Pivotspalte

Tableau 3 zeigt, daß der Gewinn mit dem neuen Programm ($x_1 = 300/x_2 = 600$) weiter gesteigert werden konnte (von 58.000 DM auf 85.000 DM).

c) Ausgehend von Tableau 3 wollen wir den Gewinn durch eine neuerliche Umformung erhöhen:
- Pivotspalte ist Spalte 6
- Pivotzeile ist Zeile 1

Schritt 1: Division der Pivotzeile durch 4

→ (1)	0	0	1/4	- 3/16	0	1	300

Schritt 2: Herstellung von Nullen in der Pivotspalte

Zeile (2) → doppelte Pivotzeile addieren,
Zeile (3) → doppelte Pivotzeile subtrahieren,
Zeile (4) → einfache Pivotzeile subtrahieren,
Zeile (5) → 40fache Pivotzeile subtrahieren.

Sie erhalten dann Tableau 4:

Simplex-Tableau 4

lfd. Nr.	B x_1	B x_2	N x_3	N x_4	B x_5	B x_6		Programm:
(1)	0	0	1/4	- 3/16	0	1	300	$x_1 = 900$
(2)	1	0	1/2	- 1/8	0	0	900	$x_2 = 300$
(3)	0	0	- 1/2	1/8	1	0	100	E_4 in Abb. 5.3 und 5.4
(4)	0	1	- 1/4	3/16	0	0	300	
(5)	0	0	- 10	- 15	0	0	G_{ne} - 97.000	programm-bedingter Gewinn: G_{ne} = 97.000

Tableau 4 läßt sich nicht mehr weiter umformen; es enthält keine Pivotspalte mehr, da in der letzten Zeile (Zielfunktion) ausschließlich negative Koeffizienten stehen. Sie haben das Optimum erreicht.

Ergebnis

Den maximalen Nettogewinn von 97.000 DM/Monat erzielen Sie beim Programm x_1= 900 Stück/Monat und x_2 = 300 Stück/Monat.

5.4 Ergebnis und Zusammenfassung

5.4.1 Der Weg der Simplex-Methode

Die graphische Überprüfung zeigt, daß die Simplex-Methode auf ökonomische Weise und rasch zum Ergebnis führt.

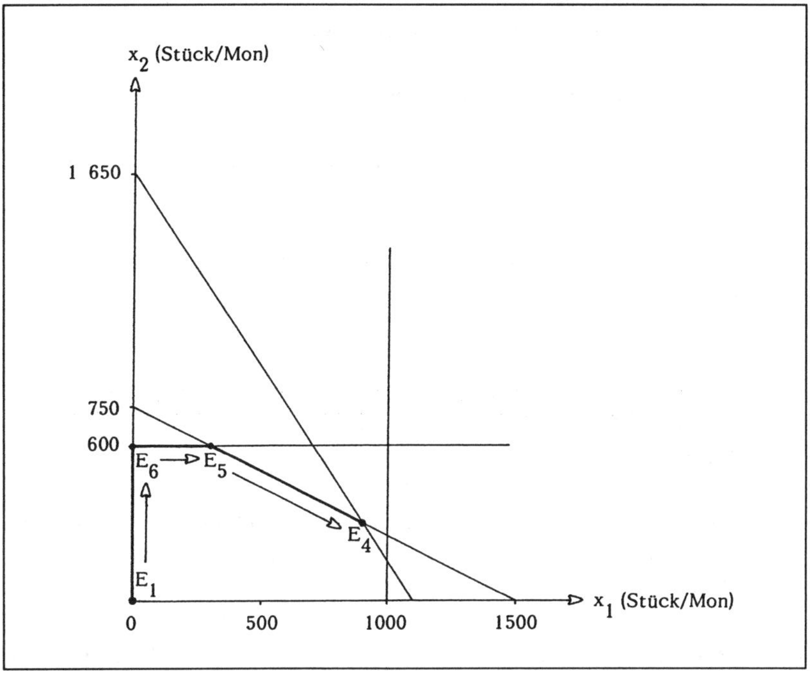

Abbildung 5.4: Weg der Simplex-Methode

Die Pfeile zeigen, wie man sich durch die Tableau-Umformungen der optimalen Ecke nähert. Dabei sind die Stationen auf dem Weg zur optimalen Ecke stets produktionstechnisch zulässige Eckpunkte, nämlich E_1, E_6, E_5, E_4.

5.4.2 Praktische Durchführung der Simplex-Methode

Die Programmoptimierung mit Hilfe der Simplex-Methode vollzieht sich in folgenden Schritten, falls der Ursprung eine zulässige Lösung darstellt[1]:

1. Aufstellen von Zielfunktion und Nebenbedingungen.

2. Umformen der Nebenbedingungen in Gleichungen.

3. Herstellen eines ersten Simplex-Tableaus.

4. Festlegen der Pivotspalte (Spalte mit dem größten positiven Koeffizienten der Zielfunktionszeile).

5. Festlegen der Pivotzeile (Zeile mit dem kleinsten Quotienten = engste Restriktion).

6. Tableau-Umformung

   a) Division der Pivotzeile durch das Pivotelement, um die neue Basiseins zu erhalten.

   b) Herstellen von Nullen ober- und unterhalb der neuen Basiseins durch Addition oder Subtraktion geeigneter Vielfacher der Pivotzeile zu bzw. von den anderen Zeilen.

7. Wiederholen der Schritte 4 bis 6, bis die Zielfunktionszeile keine positiven Koeffizienten mehr enthält. Dann ist das Optimum erreicht.

8. a) Ablesen der optimalen Lösung aus dem Endtableau. b) Interpretation des Ergebnisses. c) Erarbeitung von Konsequenzen.

[1] Vgl. hierzu auch: H. Wiedling, Lineare Planungstechnik, a. a. O., S. 36 f.

Die Schritte 2 bis 7 enthalten rein mechanische Tätigkeiten, die ohne weiteres durch die EDV erledigt werden können. Dagegen können die Schritte 1 und 8 ohne die Arbeit eines qualifizierten Fachmannes nicht vollzogen werden. So setzt Schritt 1 unter anderem voraus:

- Kenntnis der Stückpreise und Ermittlung der variablen Stückkosten,
- Ermittlung der Stückdeckungsbeiträge,
- Kenntnis der Stückzeiten der einzelnen Produkte und der verfügbaren Kapazitäten der betrieblichen Teilbereiche,
- Quantifizierung und Formulierung der maschinellen Restriktionen,
- Kenntnisse der Absatz- und Beschaffungsmöglichkeiten der Unternehmung,
- Quantifizierung und Formulierung weiterer Restriktionen (Rohstoffengpässe, räumliche Engpässe, Mindest- und Höchstmengen des Produktabsatzes).

Die Anwendung der Simplex-Methode auf die Programmplanung bei mehreren Engpässen zwingt also zu einer Analyse des Betriebsgeschehens und der Verflechtungen zwischen den betrieblichen Abteilungen sowie der Beziehungen zwischen Betrieb und Umwelt.

Vor ähnliche Anforderungen sieht man sich auch bei Schritt 8 gestellt. Das Ergebnis ist genau zu interpretieren. Die aus dem Ergebnis zu ziehenden Konsequenzen sind zu formulieren und in die Tat umzusetzen.

Abschließend und zusammenfassend soll anhand eines nicht mehr graphisch lösbaren Beispieles gezeigt werden, in welcher Weise in der betrieblichen Praxis ein EDV-Programm zur Durchführung der Schritte 2 bis 7 eingesetzt werden kann.

Beispiel 5.3 (Praktischer Einsatz der Simplex-Methode)

In einem gewinnmaximierenden Unternehmen können vier Güter auf drei Maschinen erzeugt werden. Sie haben folgende Daten ermittelt:

Produkt	d (DM/St)
1	7,0
2	9,0
3	2,5
4	8,0

Maschine	t_1	t_2 (Min/Stück)	t_3	t_4	T (Min/Tag)
1	3	2	-	4	700
2	2	4	2	-	1.000
3	-	2	1	4	750

K_f = 500 DM/Tag

Weiter ist Ihnen bekannt:

(1) Für das Produkt 2 liegt ein Rohstoffengpaß vor. Pro Tag können höchstens 200 Rohstoffeinheiten bezogen werden. Zur Herstellung einer Einheit des Produktes 2 wird eine Rohstoffeinheit benötigt.

(2) Von Produkt 4 lassen sich höchstens 40 Einheiten täglich absetzen.

a) Bestimmen Sie das gewinnoptimale Produktionsprogramm und den dazugehörigen Nettogewinn mit Hilfe der Simplex-Methode. Welche Kapazitäten bleiben ungenutzt? Welche Werte haben die Schattenpreise?

b) Interpretieren Sie die Ergebnisse.

Lösung a) Einsatz der Simplex-Methode

Die Ermittlung des gewinnmaximierenden Programms, der freien Kapazitäten sowie der Schattenpreise erfolgt mit Hilfe der EDV. Das im folgenden vorgeführte Programm erlaubt den Ausdruck der einzelnen Simplex-Tableaus. Das hat den Vorteil, daß man die einzelnen Lösungsschritte nachvollziehen kann. Bei umfangreicheren Problemen und bei Routineanwendungen verzichtet man auf den Ausdruck der einzelnen Simplex-Tableaus als Zwischenschritte.

Übersicht 5.3: Dialog zur Durchführung eines Simplex-Programms

Anzahl der Nebenbedingungen (ohne Zielfunktion) - (max. 50): 5

Anzahl der Variablen (max. 30): 4

1. Nebenbedingung:
$x_1 * 3$
$x_2 * 2$
$x_3 * 0$
$x_4 * 4$
$\leq$ 700

2. Nebenbedingung:
$x_1 * 2$
$x_2 * 4$
$x_3 * 2$
$x_4 * 0$
$\leq$ 1.000

3. Nebenbedingung:
$x_1 * 0$
$x_2 * 2$
$x_3 * 1$
$x_4 * 4$
$\leq$ 750

4. Nebenbedingung:
$x_1 * 0$
$x_2 * 1$
$x_3 * 0$
$x_4 * 0$
$\leq$ 200

5. Nebenbedingung:
$x_1 * 0$
$x_2 * 0$
$x_3 * 0$
$x_4 * 1$
$\leq$ 40

Zielfunktion:
x_1 * 7
x_2 * 9
x_3 * 2,5
x_4 * 8
K_f = 500

Maximierung!

Simplex-Tableau 1

1	3,0	2,0	0,0	4,0	1,0	0,0	0,0	0,0	0,0	=	700,00
2	2,0	4,0	2,0	0,0	0,0	1,0	0,0	0,0	0,0	=	1.000,00
3	0,0	2,0	1,0	4,0	0,0	0,0	1,0	0,0	0,0	=	750,00
4	0,0	1,0	0,0	0,0	0,0	0,0	0,0	1,0	0,0	=	200,00
5	0,0	0,0	0,0	1,0	0,0	0,0	0,0	0,0	1,0	=	40,00
ZF	7,0	9,0	2,5	8,0	0,0	0,0	0,0	0,0	0,0	=	G_{ne} + 500,00

Simplex-Tableau 2

1	3,0	0,0	0,0	4,0	1,0	0,0	0,0	- 2,0	0,0	=	300,00
2	2,0	0,0	2,0	0,0	0,0	1,0	0,0	- 4,0	0,0	=	200,00
3	0,0	0,0	1,0	4,0	0,0	0,0	1,0	- 2,0	0,0	=	350,00
4	0,0	1,0	0,0	0,0	0,0	0,0	0,0	1,0	0,0	=	200,00
5	0,0	0,0	0,0	1,0	0,0	0,0	0,0	0,0	1,0	=	40,00
ZF	7,0	0,0	2,5	8,0	0,0	0,0	0,0	- 9,0	0,0	=	G_{ne} - 1.300,00

Simplex-Tableau 3

1	3,0	0,0	0,0	0,0	1,0	0,0	0,0	- 2,0	- 4,0	=	140,00
2	2,0	0,0	2,0	0,0	0,0	1,0	0,0	- 4,0	0,0	=	200,00
3	0,0	0,0	1,0	0,0	0,0	0,0	1,0	- 2,0	- 4,0	=	190,00
4	0,0	1,0	0,0	0,0	0,0	0,0	0,0	1,0	0,0	=	200,00
5	0,0	0,0	0,0	1,0	0,0	0,0	0,0	0,0	1,0	=	40,00
ZF	7,0	0,0	2,5	0,0	0,0	0,0	0,0	- 9,0	- 8,0	=	G_{ne} - 1.620,00

Simplex-Tableau 4

1	1,0	0,0	0,0	0,0	0,3	0,0	0,0	- 0,7	- 1,3	=	46,67
2	0,0	0,0	2,0	0,0	- 0,7	1,0	0,0	- 2,7	2,7	=	106,67
3	0,0	0,0	1,0	0,0	0,0	0,0	1,0	- 2,0	- 4,0	=	190,00
4	0,0	1,0	0,0	0,0	0,0	0,0	0,0	1,0	0,0	=	200,00
5	0,0	0,0	0,0	1,0	0,0	0,0	0,0	0,0	1,0	=	40,00
ZF	0,0	0,0	2,5	0,0	0,0	- 2,3	0,0	- 4,3	1,3	=	G_{ne} - 1.946,67

Simplex-Tableau 5

1	1,0	0,0	0,0	0,0	0,3	0,0	0,0	- 0,7	- 1,3	=	46,67
2	0,0	0,0	1,0	0,0	- 0,3	0,5	0,0	- 1,3	1,3	=	53,33
3	0,0	0,0	0,0	0,0	0,3	- 0,5	1,0	- 0,7	- 5,3	=	136,67
4	0,0	1,0	0,0	0,0	0,0	0,0	0,0	1,0	0,0	=	200,00
5	0,0	0,0	0,0	1,0	0,0	0,0	0,0	0,0	1,0	=	40,00
ZF	0,0	0,0	0,0	0,0	- 1,5	- 1,3	0,0	- 1,0	- 2,0	=	G_{ne} - 2.080,00

Ergebnis

Bei Herstellung von:	Produkt 1 mit:	47 Stück
	Produkt 2 mit;	200 Stück
	Produkt 3 mit:	53 Stück
	Produkt 4 mit:	40 Stück
ergibt sich ein Optimum von:		2.080,00 DM
Freie Kapazitäten bei Nebenbedingung 3:		137 Kapazitätseinheiten
Dualvariable/Schattenpreise	bei Nebenbedingung 1:	1,50 DM
	bei Nebenbedingung 2:	1,25 DM
	bei Nebenbedingung 4:	1,00 DM
	bei Nebenbedingung 5:	2,00 DM

Hinweis: In den Tableaus wird aus Raumgründen auf der linken Gleichungsseite nur eine Stelle hinter dem Komma ausgedruckt. Beim Ergebnis werden zwei Kommastellen angegeben. Dadurch sind rundungsbedingte Unterschiede möglich.

Lösung b) Interpretation der Ergebnisse

(1) Ausführliches Endtableau

lfd. Nr.	B x_1	B x_2	B x_3	B x_4	N x_5	N x_6	B x_7	N x_8	N x_9	
(1)	1	0	0	0	0,3	0,0	0	- 0,7	- 1,3	46,67
(2)	0	0	1	0	- 0,3	0,5	0	-1,3	1,3	53,33
(3)	0	0	0	0	0,3	- 0,5	1	- 0,7	- 5,3	136,67
(4)	0	1	0	0	0,0	0,0	0	1,0	0,0	200,00
(5)	0	0	0	1	0,0	0,0	0	0,0	1,0	40,00
(6)	0	0	0	0	- 1,5	- 1,3	0	- 1,0	- 2,0	G_{ne} - 2.080,00

(2) Gewinn

Das errechnete Produktionsprogramm erbringt einen Gesamtdeckungsbeitrag von 2.580 DM/Tag. Bei Fixkosten von 500 DM/Tag erhält man einen Nettogewinn von 2.080 DM/Tag.

(3) Schlupfvariable (Kapazitätsauslastung)

$x_5 = 0$; Maschine 1 wird bei gewinnmaximaler Planung voll ausgelastet.

$x_6 = 0$; Maschine 2 wird bei gewinnmaximaler Planung voll ausgelastet.

$x_7 = 137$; bei Maschine 3 existiert eine freie Kapazität von 137 Einheiten pro Tag.

$x_8 = 0$; Nebenbedingung 4, wonach wegen des Rohstoffengpasses maximal 200 Einheiten des Produktes 2 gefertigt werden können, wird voll ausgeschöpft.

$x_9 = 0$; die durch Nebenbedingung 5 gegebene Grenze wird wirksam. Danach ist bei Produkt 4 eine Absatzrestriktion von 40 Einheiten pro Tag zu beachten.

(4) Dualvariable (Schattenpreise)

Nebenbedingung 1: 1,50 DM/Min. Somit würde eine zusätzlich verfügbare Maschinenminute bei Maschine 1 den maximal erzielbaren Periodengewinn um 1,50 DM erhöhen. Bei geplanter Anmietung zusätzlicher Maschinenkapazität könnte man also allenfalls 1,50 DM pro Minute (= Höchstpreis) bezahlen.

Nebenbedingung 2: 1,25 DM/Min. Eine zusätzlich verfügbare Maschinenminute bei Maschine 2 erhöht den Gewinn um 1,25 DM. Der Höchstsatz bei Anmietung weiterer Kapazitäten des Typs Maschine 2 beträgt 1,25 DM/Min.

Nebenbedingung 3: 0,00 DM/Min. Zusätzliche maschinelle Kapazität bei Maschine 3 könnte den Periodengewinn nicht steigern. Grund: Bei Maschine 3 sind noch Kapazitäten frei.

Nebenbedingung 4: 1,00 DM/Rohstoffeinheit. Eine zusätzliche Rohstoffeinheit bringt einen Mehrgewinn von 1 DM. Die Erschließung neuer Rohstoffquellen wäre lohnend, wenn pro Rohstoffeinheit nicht mehr als 1 DM aufgewendet werden müßten. Umgekehrt führt der Verzicht auf die Nutzung einer Rohstoffeinheit dazu, daß der Gewinn um 1 DM sinkt. Eine teilweise Abtretung des Rohstoffkontingentes an Dritte würde sich dann lohnen, wenn dabei mindestens 1 DM pro Rohstoffeinheit erzielt werden könnten.

Nebenbedingung 5: 2,00 DM/abgesetzter Produkteinheit. Ein Mehrabsatz einer Einheit des Produktes 4 bringt einen Mehrgewinn von 2 DM. Eine Erhöhung des Etats für absatzfördernde Maßnahmen würde sich dann lohnen, wenn ein zusätzliches Werbe-Zweimarkstück einen Mehrabsatz von mindestens einer Einheit des Produktes 4 bewirkt.

(5) Sensibilitätsanalyse (nur bei aufwendigeren Programmen vorgesehen)
Die Sensibilitätsanalyse[1] (Empfindlichkeitsanalyse) ist ein Verfahren, um die Stabilität der gefundenen Lösung zu prüfen. Sie fragt, ob und wie weit sich Eingabedaten ändern dürfen, ohne daß die bisher gefundene Lösung revidiert werden muß, d. h. sie fragt, wie sensibel die Lösung auf Datenänderungen reagiert.
- Wie müßten sich die Daten für bisherige Nichtbasis-Güter ändern, damit diese Eingang in das optimale Produktionsprogramm finden?
- Wie wirken sich Änderungen der variablen Stückkosten auf die Optimallösung aus?
- Wie wirken sich Änderungen der Verkaufspreise auf die Optimallösung aus?
- Wie wirkt sich die Veränderung eines Maschinenengpasses auf die Optimallösung aus?
- Innerhalb welcher Kapazitätsgrenzen hat die Bewertung der Engpässe durch Dualvariablen Gültigkeit?

Die Summe dieser Auswertungsmöglichkeiten[2] zeigt, daß die Programmplanung mit Hilfe der Simplex-Methode für den Betrieb wertvolle Erkenntnisse bringen kann. Der vorgeführte Dialog in Übersicht 5.3 verdeutlicht, daß sich heute jeder Betrieb dieses Verfahrens bedienen kann, da die benötigten Programme einfach zu fahren und preiswert zu beschaffen sind. Viele LO-Programme bieten über die Programmoptimierung hinaus weitere Anwendungsmöglichkeiten (Verfahrenswahl, Eigenfertigung/Fremdbezug, Investitions- und Finanzplanung, Tourenoptimierung, Verschnittminimierung).

[1] Häufig wird anstelle der Bezeichnung Sensibilitätsanalyse der Begriff Sensitivitätsanalyse verwendet. Sensitivität bedeutet aber Überempfindlichkeit oder Gefühlszartheit, und man fragt sich, was das mit einer Optimierungsrechnung zu tun hat. Es wäre besser, man bliebe bei den Ausdrücken Sensibilitäts- oder Empfindlichkeitsanalyse. Vgl. auch: K.-D. Däumler/J. Grabe, Kostenrechnungslexikon, a. a. O., S. 302.

[2] Eine ausführliche Darstellung der Auswertungsmöglichkeiten mit eingehender Erörterung der Dualvariablen findet sich bei: H. Wiedling, Lineare Planungstechnik, a. a. O., S. 89 ff.

5.5 Zusammenfassung und Checkliste

Bei praktischen Optimierungsproblemen

kommen Sie mit der graphischen Lösung nicht mehr aus, wenn die Unternehmung mehr als zwei Produkte herstellt. Sie benötigen dann eine rein arithmetische Lösung.

Der allgemeine Lösungsansatz

ist in der kombinatorischen Methode zu sehen, bei der jede Restriktionsgleichung mit jeder anderen kombiniert wird. Die kombinatorische Lösung ist bei größeren Problemen meist zu rechenaufwendig.

Die Simplex-Methode

hat sich mittlerweile in Theorie und Praxis bewährt. Sie beschränkt sich im Unterschied zur kombinatorischen Methode auf zulässige Lösungen, was den Rechenaufwand reduziert.

Die Durchführung der Simplex-Methode

kann bei kleineren Problemen bis zu 10 Variablen manuell erfolgen. Bei größeren Problemen sollten Sie sich der EDV bedienen. Meist kommen Sie mit dem PC aus.

Der Anwendungsbereich der Simplex-Methode

ist verhältnismäßig breit: Sie können Programme optimieren, Mischungen zusammenstellen, Verschnitte minimieren, Touren planen, Verfahren wählen usw.

Fragen und Aufgaben

5.1 Weshalb ist die graphische Lösung zur Programmoptimierung in einem Betrieb, der mehr als zwei Güter erstellt, nicht anwendbar?

5.2 Definieren Sie den Begriff lineare Programmierung (Linearplanung, lineare Planungstechnik, lineare Optimierung).

5.3 Welche rechentechnischen Vorteile bietet die Simplex-Methode gegenüber der kombinatorischen Lösung, bei der die Lösung aller möglichen Gleichungskombinationen ermittelt wird?

5.4 Geben Sie eine Definition für den Begriff "Schlupfvariable", die verdeutlicht, was man unter Schlupfvariablen
a) mathematisch und
b) betriebswirtschaftlich zu verstehen hat.

5.5 Was versteht man unter Basisvariablen und Nichtbasisvariablen?

5.6 Stellen Sie die grundsätzliche Vorgehensweise der Simplex-Methode beim Zwei-Güter-Fall an Hand von drei Schritten dar.

5.7 Erläutern Sie die Begriffe Pivotspalte und Pivotzeile.

5.8 Begründen Sie kurz die folgende Behauptung: "Im praktischen Fall der Programmoptimierung kann man sich auf die Aufstellung der Restriktionsgleichungen und der Zielfunktion beschränken."

5.9 Ein Betrieb erstellt die Produkte A, B und C auf vier Maschinen. Aus der folgenden Übersicht können Sie die Kapazität der einzelnen Anlagen, gemessen in Maschinenstunden, sowie die zur Bearbeitung einer Produkteinheit notwendige Maschinenzeit entnehmen:

Maschine	t_a	t_b (Std/Stück)	t_c	T (Std/Monat)
1	2	6	4	480
2	3	4	6	420
3	3	-	2	360
4	5	2	4	400

a) In welchem Umfang sollen die Produkte A, B und C erstellt werden, wenn folgende Deckungsbeiträge erzielt werden:

Produkt	d (DM/Stück)
A	12
B	16
C	20

b) Die Fixkosten betragen 500 DM/Monat. Wie hoch ist der maximale Gewinn des Unternehmens?

c) Bestimmen Sie die Werte für die Schlupfvariablen, wenn die gewinnoptimale Mengenkombination hergestellt wird.

d) Bestimmen Sie die Werte für die Dualvariablen.

6. Stufenweise Fixkostendeckungsrechnung (SFD)

6.1 Entscheidungssituation

Die von uns bislang durchgeführte Programmoptimierung bezog sich auf die kurze Periode. Man versteht darunter die Zeit, in der die in bezug auf die Ausbringung festen Kosten nicht verändert werden können. Der technische Apparat einer Unternehmung läßt sich nicht beliebig schnell verkleinern, vergrößern oder umstrukturieren. Grundsätzlich vergeht eine gewisse Zeit zwischen Entscheidungen bezüglich des betrieblichen Produktionsapparates und deren technischen sowie kostenmäßigen Auswirkungen. Innerhalb dieser Zeitspanne, die von Betrieb zu Betrieb unterschiedlich ist und von der Geschwindigkeit abhängt, mit der der Produktionsapparat verändert werden kann, sind die Fixkosten konstant.

Alle unternehmerischen Dispositionen, die von einem gegebenen Produktionsapparat ausgehen, also kurzfristiger Natur sind, lassen die Fixkosten unbeeinflußt. Die Fixkosten sind für derartige Dispositionen somit nicht entscheidungsrelevant[1]. Anders verhält es sich bei Entscheidungen, die auf lange Sicht getroffen werden. Je länger die Planungsperiode wird, desto geringer wird der Anteil der Fixkosten an den Gesamtkosten. Auf lange Sicht sind die Fixkosten vollständig dispositionsbestimmt, d. h. auf lange Sicht gibt es keine beschäftigungsfixen Kosten[2], weil der Unternehmer den Produktionsapparat durch Investitionen oder Desinvestitionen verändern kann. Bitte beachten Sie, daß die Fixkosten immer nur fest sind

- in bezug auf die Produktionsmenge,
- bei gegebenem Produktionsapparat (kurzfristig).

Folgende Kostenarten sind im Regelfall kurzfristig beschäftigungsfix:

- kalkulatorische Mieten und Pachten,
- kalkulatorische Zinsen auf das Anlagevermögen,
- kalkulatorische Abschreibungen auf Gebäude,
- Kosten für Beratung und Versicherung, Kosten für Beleuchtung, Bewachung und Reinigung.

[1] Vgl. W. Kilger, Flexible Plankostenrechnung und Deckungsbeitragsrechnung, a. a. O., S. 187 ff.

[2] Vgl. E. Schneider, Industrielles Rechnungswesen, a. a. O., S. 203 ff.

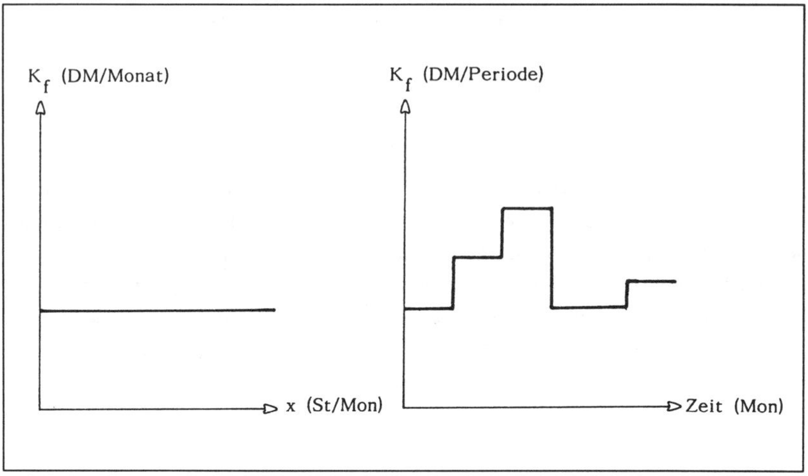

Abbildung 6.1: Beschäftigungsfixe Kosten: kurzfristig konstant, langfristig variabel

Ergänzt man die Programmoptimierung für die kurze Periode durch eine Zusatzrechnung langfristiger Art, so können auch fixe Kosten entscheidungsrelevant werden. Dies verdeutlicht das folgende Beispiel:

Beispiel 6.1 (5-Produkt-Unternehmung mit positiven Sortendeckungsbeiträgen)

Erzeugnisse	A	B	C	D	E	Summe
Umsatz (DM/Monat)	200.000	150.000	230.000	300.000	450.000	1.330.000
- variable Kosten (DM/Monat)	150.000	110.000	200.000	280.000	440.000	1.180.000
Deckungsbeitrag (DM/Monat)	50.000	40.000	30.000	20.000	10.000	150.000
- Fixkosten (DM/Monat)			200.000			200.000
Nettogewinn (DM/Monat)			- 50.000			- 50.000

Übersicht 6.1: Sortendeckungsbeitrag positiv, Nettogewinn negativ

Ergebnis

Die Erfolgsrechnung des Betriebes zeigt, daß alle Sortendeckungsbeiträge positiv sind, so daß alle Erzeugnisse förderungswürdig erscheinen. Gleichzeitig aber weist der Betrieb einen Verlust von 50.000 DM pro Monat auf. Damit kommt man zu folgender Doppelentscheidung:

- kurzfristig weiterproduzieren;
- langfristig Betrieb stillegen.

Bevor man aber ernstlich darangeht, den Betrieb stillzulegen, bietet sich an, den Fixkostenblock genau zu analysieren, ihn also daraufhin zu untersuchen, ob und welche Fixkosten bei einer Änderung des Produktionsprogrammes langfristig vermeidbar sind, d. h. abgebaut werden können. Es ist einleuchtend, daß die Gleichbehandlung so verschiedener in bezug auf die Ausbringung fixer Kosten wie Kantinenkosten, zeitbedingte Abschreibungen auf Maschinen und Gebäude, Meisterlöhne, Angestelltengehälter, Forschungs- und Entwicklungskosten bei langfristiger Planung nicht aufrechterhalten werden kann, sondern durch eine Analyse der Abbaufähigkeit ersetzt werden muß.

Die Analyse der Abbaufähigkeit bestimmter Fixkostenteile ist Inhalt der stufenweisen Fixkostendeckungsrechnung (auch mehrstufige Deckungsbeitragsrechnung, mehrstufiges direct costing, Fixkostendeckungsrechnung). Die stufenweise Fixkostendeckungsrechnung (SFD) ist ein Verfahren zur langfristigen Programmoptimierung, das den Fixkostenblock in mehrere Schichten aufspaltet und bestimmten Bezugsgrößen (Einzelerzeugnis, Erzeugnisgruppe, Betriebsbereich, Gesamtunternehmung) verursachungsgerecht, also ohne Schlüsselung, zurechnet. Die SFD untersucht, welche Fixkosten sich auf lange Sicht einsparen oder abbauen lassen, wenn man auf bestimmte Produkte, Produktgruppen oder Bereiche verzichtet.

Beispiel 6.2 (Fixkostenzurechnung bei 5-Produkt-Unternehmung)

Eine genaue Untersuchung der Produktions- und Kostensituation in der 5-Produkt-Unternehmung bringt das Ergebnis, daß die beschäftigungsfixen Kosten bestimmten Maschinen - und damit bestimmten Produkten - zugeordnet werden können.

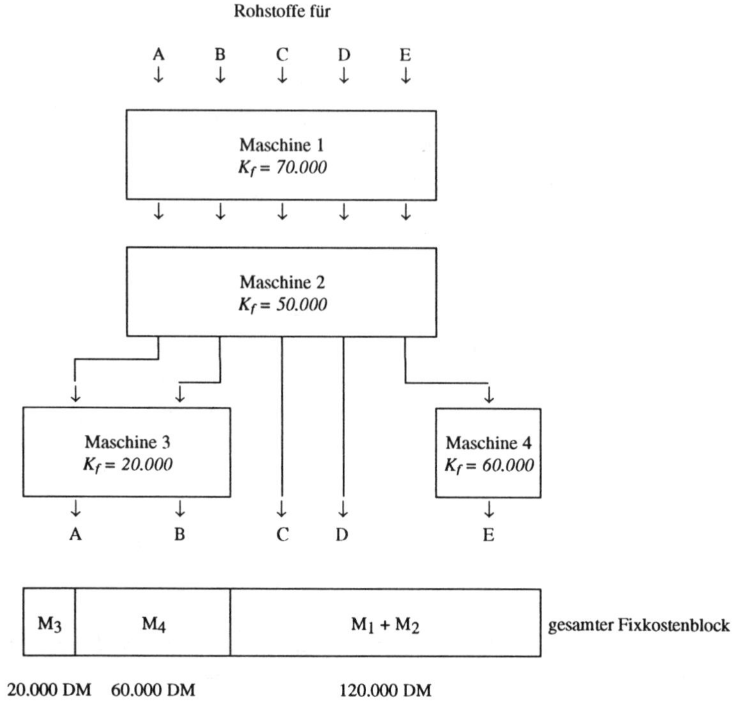

Übersicht 6.2: Produktionsschema und Fixkostenzurechnung

Aus der Übersicht erkennen Sie, daß die Vorproduktion für alle Güter gemeinsam auf der Maschine 1 stattfindet. Nach der Bearbeitung im zweiten Aggregat sind die Produkte C und D fertiggestellt, während die Endmontage für die Güter A und B auf der Anlage 3 und die Endfertigung des Erzeugnisses E auf der Maschine 4 erfolgen. Insgesamt betragen die Fixkosten 200.000 DM pro Monat. Davon entfallen 20.000 DM auf Maschine 3 und 60.000 DM auf Maschine 4. Damit können Sie fixe Kosten von 20.000 DM verursachungsgemäß den Produkten A und B zurechnen. Denn wenn man auf die Erstellung dieser Güter verzichtet, kann man Maschine 3 verkaufen und somit die zu dieser Maschine gehörenden Fixkosten künftig einsparen. Entsprechend sind die Fixkosten von 60.000 DM, die auf die vierte Maschine entfallen, dem Produkt E verursachungsgerecht zurechenbar, da sie bei einem Verzicht auf die Erstellung dieses Gutes künftig eingespart werden können. Sie erkennen, daß vom gesamten Fixkostenblock 80.000 DM den Produkten oder Produktgruppen zurechenbar sind, während 120.000 DM nur der Unternehmung insgesamt zugerechnet werden können.

Diese Informationen lassen sich in der Erfolgsrechnung verwerten:

Erzeugnisse	A	B	C	D	E	Summe
Umsatz (DM/Monat)	200.000	150.000	230.000	300.000	450.000	1.330.000
- variable Kosten (DM/Monat)	150.000	110.000	200.000	280.000	440.000	1.180.000
Deckungsbeitrag (DM/Monat)	50.000	40.000	30.000	20.000	10.000	150.000
- zurechenbare Fixkosten (DM/Monat)	20.000				60.000	80.000
- nicht zurechenbare Fixkosten (DM/Monat)			120.000			120.000
Nettogewinn (DM/Monat)			- 50.000			- 50.000

Übersicht 6.3: Erfolgsrechnung mit zugerechneten Fixkosten

Ergebnis

Aus dieser Darstellung wird deutlich, daß die Einstellung der Produktion von E sinnvoll wäre. Sie könnten dann Aggregat 4 stillegen oder verkaufen und Fixkosten von 60.000 DM künftig vermeiden. Bitte beachten Sie, daß wir durch diese Überlegung zu einer Doppelentscheidung gelangen:

1. Anlage 4 wird im Regelfall nicht sofort veräußert oder stillgelegt werden können. Solange sie im Betrieb verbleibt, ist es sinnvoll, Gut E weiter zu produzieren, da dessen Deckungsbeitrag von 10.000 DM wenigstens einen Teil der Fixkosten trägt.

2. Langfristig wird man Maschine 4 veräußern oder stillegen und auf die Erstellung von E verzichten. Damit verliert man zwar einen Deckungsbeitrag von 10.000 DM, vermindert jedoch gleichzeitig die Fixkosten um 60.000 DM. Das

Betriebsergebnis verbessert sich also um 50.000 DM und weist danach weder Gewinn noch Verlust aus.

Wir können festhalten, daß jene Fixkosten, die bestimmten Produkten oder Produktgruppen oder Betriebsbereichen zurechenbar und im Zeitablauf abbaubar sind, im Rahmen einer langfristigen Planung entscheidungsrelevant sind und berücksichtigt werden müssen.

Bitte beachten Sie, daß die Ausdrücke "Zurechenbarkeit" und "Abbaufähigkeit" der Fixkosten in ihrem Kern dasselbe bedeuten: Man kann einer Anlage (einem Produkt) nur jene Fixkosten zurechnen, die nach Verkauf oder Stillegung der betreffenden Anlage (nach einem Verzicht auf die Erstellung des betreffenden Produkts) künftig eingespart, d. h. abgebaut werden können.

6.2 Einteilung der Fixkosten

In der Praxis ist man oft außerstande, jedem einzelnen Produkt quantitativ bedeutsame Fixkostenteile zuzurechnen. So geht aus Übersicht 6.2 hervor, daß man die Fixkosten der dritten Maschine nur den Produkten A und B gemeinsam anlasten kann. Den Produkten C und D lassen sich überhaupt keine Fixkosten verursachungsgerecht zurechnen. Dem Produkt E können die Fixkosten von 60.000 DM der Maschine 4 zugerechnet werden.

Es bietet sich daher im praktischen Fall an, Erzeugnisgruppen zu bilden, wobei man produktionstechnische Gesichtspunkte zugrunde legt. So können etwa bei einem Chemieunternehmen die Forschungs- und Entwicklungskosten für die Produktgruppe "Waschmittel" zwar nicht den einzelnen Produkten dieser Produktgruppe, jedoch der Gruppe als Ganzes zugerechnet werden. Denn diese Kosten würden wegfallen, wenn man auf die Erstellung von Waschmitteln insgesamt verzichtete. Entsprechend lassen sich in einem Lebensmittelgeschäft die mit dem Betrieb einer Tiefkühltruhe verbundenen Kosten zwar nicht dem einzelnen Päckchen Gefrierspinat, wohl aber der gesamten Artikelgruppe Tiefkühlkost zuordnen.

Je nach Größe der Unternehmung und Umfang des Produktionsprogramms kann es sinnvoll sein, den Fixkostenblock in drei, vier oder fünf Schichten einzuteilen:

		Erzeugnisartenfixkosten
	Erzeugnisartenfixkosten	Erzeugnisgruppenfixkosten
Erzeugnisartenfixkosten	Erzeugnisgruppenfixkosten	Kostenstellenfixkosten
Erzeugnisgruppenfixkosten	Bereichsfixkosten	Bereichsfixkosten
Unternehmungsfixkosten	Unternehmungsfixkosten	Unternehmungsfixkosten

Übersicht 6.4: Die Einteilung des Fixkostenblocks hängt von der Unternehmungsgröße ab

Agthe und Mellerowicz schlagen die Unterscheidung in 5 Schichten (Arten, Gruppen, Stellen, Bereiche, Unternehmung) vor. Kilger kommt mit vier Schichten aus und möchte grundsätzlich auf die Kostenstellenfixkosten verzichten, weil diese nicht in die Systematik passen. Schwarz begnügt sich mit zwei Schichten[1]. Wir vertreten die Meinung, daß die Zahl der in einer stufenweisen Fixkostendeckungsrechnung zu berücksichtigenden Schichten von den Umständen des Einzelfalls abhängt: Bei einem Lebensmittelfilialisten wird man mit drei oder vier Schichten auskommen, bei einem großen E-Technik-Unternehmen kann es sinnvoll sein, fünf Schichten zu nutzen. Ob man dann von Kostenstellenfixkosten oder von Fixkosten der Hauptgruppen oder Teilbereiche spricht, ist zweitrangig. Allerdings muß man sich stets der Abgrenzungsschwierigkeiten wegen möglicher Überschneidungen bewußt sein[2].

---

[1] Vgl. hierzu: K. Mellerowicz, Neuzeitliche Kalkulationsverfahren, 5. Aufl., Freiburg 1972, S. 171. - K. Agthe, Stufenweise Fixkostendeckungsrechnung im System des Direct Costing, in: Zeitschrift für Betriebswirtschaft, Wiesbaden, Jg. 29 (1959), S. 404 ff. - W. Kilger, Flexible Plankostenrechnung und Deckungsbeitragsrechnung, a. a. O., S. 99 f. u. S. 131. - H. Schwarz, Kostenrechnung als Instrument der Unternehmensführung, 3. Aufl., Herne/Berlin 1986, S. 73 ff.

[2] So auch: K. Serfling, Fälle und Lösungen zur Kostenrechnung, 4., verb. Aufl., Herne/Berlin 1993, S. 258.

Begriff	Definition
Erzeugnisartenfixkosten (EFK)	fallen beim Verzicht auf eine Erzeugnisart künftig weg.
Erzeugnisgruppenfixkosten (EFGK)	fallen beim Verzicht auf eine Erzeugnisgruppe künftig weg.
Kostenstellenfixkosten (KSF)	fallen beim Verzicht auf eine oder mehrere Kostenstellen künftig weg.
Bereichsfixkosten (BFK)	fallen bei Schließung eines betrieblichen Teilbereiches künftig weg.
Unternehmungsfixkosten (UFK)	fallen erst dann weg, wenn die ganze Unternehmung verkauft oder stillgelegt wird.

Begriff	Beispiel
Erzeugnisartenfixkosten (EFK)	Patente für ein bestimmtes Erzeugnis, Werbung für einen Artikel, Abschreibungen für Spezialmaschine.
Erzeugnisgruppenfixkosten (EFGK)	Kalkulatorische Abschreibung und Zinsen für Gefrieranlage, Transportfahrzeuge, Tiefkühltruhe bei Produktion von Tiefkühlkost.
Kostenstellenfixkosten (KSF)	Gehalt des Kostenstellenleiters, Raumkosten der Kostenstelle.
Bereichsfixkosten (BFK)	Gehalt des Bereichsdirektors, Fixkosten der Bereichsverwaltung.
Unternehmungsfixkosten (UFK)	Fixkosten im Bereich Lohnbuchhaltung, Fixkosten der zentralen EDV, Vorstandsgehälter, Beleuchtung, Kosten der Betriebssicherung.

Die zentrale Frage bei der schichtweisen Aufteilung des Fixkostenblocks lautet also: Welche Fixkosten lassen sich beim Verzicht auf ein bestimmtes Objekt (Erzeugnis, Gruppe, Bereich usw.) künftig einsparen? Wir rechnen nur das zu, was beim Verzicht auf ein Objekt tatsächlich wegfällt. Auf eine Schlüsselung verzichten wir.

6.3 Durchführung der stufenweisen Fixkostendeckungsrechnung

Die stufenweise Fixkostendeckungsrechnung (SFD) ist eine Betriebserfolgsrechnung, bei der zunächst die Deckungsbeiträge der einzelnen Produktarten ermittelt werden. Von den Produktartendeckungsbeiträgen ziehen Sie die den Erzeugnissen zurechenbaren Erzeugnisfixkosten ab und gelangen so zu einem ersten Restdeckungsbeitrag (RDB I). Danach faßt man die Produkte zu Produktgruppen zusammen und zieht vom RDB I je Gruppe die Erzeugnisgruppenfixkosten (EGFK) ab. Als Ergebnis erhält man den Restdeckungsbeitrag II (RDB II). Faßt man die Gruppen zu Bereichen zusammen und zieht vom RDB II je Bereich die Bereichsfixkosten (BFK) ab, ergibt sich der Restdeckungsbeitrag III (RDB III). Nach Abzug der Unternehmensfixkosten (UFK) vom RDB III der beiden Bereiche ergibt sich der Nettogewinn[1].

Beispiel 6.3 (Stufenweise Fixkostendeckungsrechnung bei 8-Produkt-Unternehmung)

Die Maschinenbau GmbH stellt holzbearbeitende Maschinen (Bereich A) und metallbearbeitende Maschinen (Bereich B) her. Innerhalb der Bereiche A und B sind die beiden Maschinengruppen Bohr- und Fräsmaschinen zu unterscheiden, die in zwei Ausführungen mit unterschiedlicher Kapazität gefertigt werden.

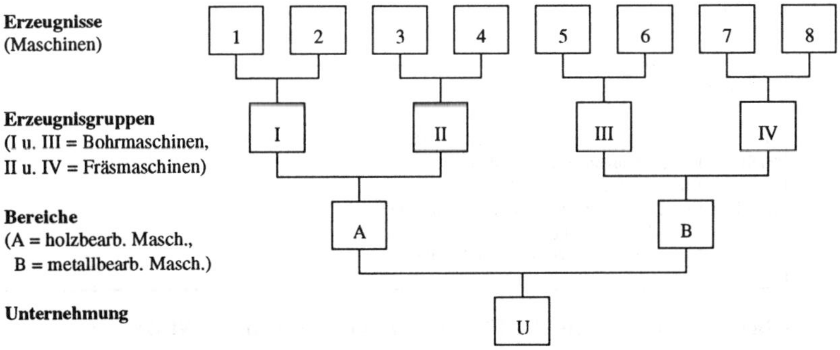

Übersicht 6.5: Produkte, Gruppen und Bereiche

[1] Vgl. auch: K. Serfling, Fälle und Lösungen zur Kostenrechnung, a. a. O., S. 255 ff.

Diese Einteilung der Produkte in Gruppen und Bereiche verwenden wir in der folgenden Übersicht, aus der Sie den rechnerischen Ablauf einer stufenweisen Fixkostendeckungsrechnung entnehmen können.

Produkte	1	2	3	4	5	6	7	8	Summe
DB	+ 10	+ 25	+ 3	+ 12	+ 8	+ 22	+ 7	+ 13	+ 100
- EFK	-	-	5	-	-	2	-	4	11
RDB I	+ 10	+ 25	- 2	+ 12	+ 8	+ 20	+ 7	+ 9	+ 89
Produktgruppe	I		II		III		IV		
RDB I je Produktgruppe	+ 35		+ 10		+ 28		+ 16		+ 89
- EGFK	8		5		8		28		49
RDB II	+ 27		+ 5		+ 20		- 12		+ 40
Bereiche	A				B				
RDB II je Bereich	+ 32				+ 8				+ 40
- BFK	25				5				30
RDB III	+ 7				+ 3				+ 10
RDB III der Unternehmung	+ 10								+ 10
- UFK	20								20
Nettogewinn	- 10								- 10

DB = Deckungsbeitrag je Produktart (TDM/Jahr)
RDB = Restdeckungsbeitrag (TDM/Jahr)
EFK = Erzeugnisfixkosten (TDM/Jahr)
EGFK = Erzeugnisgruppenfixkosten (TDM/Jahr)
BFK = Bereichsfixkosten (TDM/Jahr)
UFK = Unternehmungsfixkosten (TDM/Jahr)

Übersicht 6.6: Stufenweise Fixkostendeckungsrechnung (SFD)

Ergebnis

Die Übersicht zeigt, daß der Nettogewinn in der Ausgangssituation negativ ist. Wir wissen, daß dies nicht zwangsläufig dazu führt, daß Sie den Betrieb stillegen müssen. Vielmehr sind Sie durch die stufenweise Fixkostendeckungsrechnung in der Lage, Programm und Fixkosten genau zu analysieren:

1. Der Verzicht auf die Erstellung der Maschine 3 mit dem Deckungsbeitrag von + 3 TDM ermöglicht langfristig den Abbau eines ausschließlich der Fertigung von 3 dienenden Aggregates, wodurch Fixkosten von 5 TDM eingespart werden können. Per Saldo verbessert sich das Betriebsergebnis nach der Herausnahme von Maschine 3 um 2 TDM. Der neue Nettogewinn beläuft sich dann auf - 8 TDM.

2. Die Maschinengruppe IV erbringt als Gruppe einen RDB II von - 12 TDM. Verzichtet man auf die weitere Erstellung der gesamten Gruppe, so kann das Betriebsergebnis per Saldo um 12 TDM verbessert werden. Der neue Nettogewinn beträgt dann 4 TDM. Prüfen Sie bitte genau nach, weshalb das Betriebsergebnis um 12 TDM verbessert wird:
   a) man verliert einen Deckungsbeitrag von 7 + 13 = 20 TDM,
   b) man spart Fixkosten ein von 4 + 28 = 32 TDM.

Es muß beachtet werden, daß die Entscheidung, das Programm zu reduzieren, nur langfristig gilt. Kurzfristig, d. h. vor Stillegung oder Verkauf der entsprechenden betrieblichen Spezialabteilungen oder -werkzeuge oder -maschinen, wird man die Produktion aller Erzeugnisse aufrechterhalten, da keine Produktart negative Deckungsbeiträge aufweist. Unsere Entscheidung lautet also:

Langfristig werden die betrieblichen Teilbereiche, die ausschließlich der Erstellung von Maschine 3 und jene, die der Erzeugung von Maschinengruppe IV dienen, stillgelegt oder verkauft. Danach wird das Sortiment um die Maschinen 3, 7 und 8 bereinigt.

Entscheidungen, die vollständige Produktionsverzichte bei bestimmten Gütern zum Inhalt haben, werden salopp gern als Verschlankung oder Straffung des Sortiments bezeichnet, um der Entscheidung auf diese Weise wenigstens sprachlich etwas von ihrer Schwere zu nehmen (vgl. auch: Entlassung = Freisetzung; Atommüllplatz = Entsorgungspark). Es muß betont werden, daß langfristige Produktionsverzichte genau zu überlegen sind. Nicht selten stoßen solche Entscheidungen auf den Widerstand der Verkaufsabteilungen, die meist sortiments- und absatzpolitische Argumente ins Feld führen, wonach es unzweckmäßig wäre, die betreffenden Produkte aus dem Programm zu nehmen.

Einschnitte in das Produktionsprogramm und Stillegung betrieblicher Teilbereiche gehen meist mit Entlassungen einher, die für den sozialen Frieden (ein wichtiger Produktionsfaktor) meist schädlich sind. Vielleicht ist die vorläufige Weiterproduktion einer Produktgruppe billiger als ein die Entlassungen abfedernder Sozialplan.

Bitte beachten Sie auch, daß Produktionsverzicht nicht Angebotsverzicht bedeuten muß. Bei Artikeln, die nur mit Verlust selbsterstellt werden können, bleibt stets noch die Alternative Fremdbezug zu prüfen (vgl. Kapitel 8).

6.4 Rahmenbedingungen der stufenweisen Fixkostendeckungsrechnung

Mehrproduktunternehmung: Eine stufenweise Fixkostendeckungsrechnung setzt definitionsgemäß die Mehrproduktunternehmung voraus. Bei der Einproduktunternehmung ist sie überflüssig. Da die meisten Unternehmungen mehrere Produkte erstellen, ist die Zahl der möglichen Anwender einer stufenweisen Fixkostendeckungsrechnung groß.

Hoher Fixkostenanteil: Sinnvoll ist eine stufenweise Fixkostendeckungsrechnung auch bei der Mehrproduktunternehmung nur dann, wenn die Fixkosten einen erheblichen Anteil an den Gesamtkosten ausmachen. Da ein moderner Betrieb aber gerade dadurch charakterisiert ist, daß der Fixkostenanteil im Vergleich zu dem Anteil der variablen Kosten hoch ist, gewinnt die stufenweise Fixkostendeckungsrechnung zunehmend an Bedeutung.

Langfristige Programmoptimierung: Die Programmplanung in der Mehrproduktunternehmung hat zwei Fragen zu beantworten:

(1) Mit welchem Programm werden die betrieblichen Kapazitäten in den nächsten Wochen am besten genutzt? Das ist die Frage nach dem optimalen Programm bei gegebenem Produktionsapparat in der kurzen Periode.

(2) Mit welchem Programm kommt die Unternehmung am besten durch die kommenden Jahre? Das ist die Frage nach dem optimalen Programm bei (möglicherweise) verändertem Produktionsapparat in der langen Periode.

Für die Unternehmung sind beide Fragen wichtig. Deshalb sollten Sie in Ihrem Verantwortungsbereich dafür plädieren, daß man

- in kurzen Abständen (monatlich/vierteljährlich) eine Deckungsbeitragsrechnung zur kurzfristigen Programmoptimierung und
- in längeren Abständen (jährlich/zweijährlich) eine stufenweise Fixkostendeckungsrechnung zur langfristigen Programmoptimierung durchführt.

Kurz- und langfristige Programmoptimierung stehen also nicht in einem Konkurrenzverhältnis, sie ergänzen einander in sinnvoller Weise.

Zurechenbarkeit der Fixkosten: Für die Erstellung einer stufenweisen Fixkostendeckungsrechnung ist es notwendig, daß ins Gewicht fallende Fixkostenanteile verursachungsgemäß einzelnen

- Erzeugnissen,
- Erzeugnisgruppen,
- Kostenstellen und
- Bereichen

zugerechnet werden können. Die Höhe der zurechenbaren Fixkostenanteile ist von Fall zu Fall verschieden. Es wird immer wieder Fälle geben, bei denen der Großteil der Fixkosten lediglich der Unternehmung als Ganzes zugerechnet werden kann. Beachten Sie jedoch, daß eine zweckentsprechende Kostenstellenbildung den Anteil der zurechenbaren Fixkosten unter Umständen erhöhen kann. Mit anderen Worten: Der Wunsch nach einer aussagefähigen stufenweisen Fixkostendeckungsrechnung bildet gelegentlich den Ausgangspunkt bestimmter organisatorischer Konsequenzen.

6.5 Stufenweise Fixkostendeckungsrechnung und Betriebsorganisation

Es liegt auf der Hand, daß die organisatorischen Konsequenzen darin bestehen, einen Betrieb so in Kostenstellen aufzuteilen, daß möglichst viele Kostenstellen nur von einem Produkt (einer Produktgruppe) durchlaufen werden. Man kann dann den betreffenden Produkten oder Produktgruppen die in den einzelnen Kostenstellen anfallenden Fixkosten eindeutig und verursachungsgerecht zurechnen. Allgemein kann man sagen: Je produktbezogener ein Betrieb organisiert und in Kostenstellen gegliedert ist, desto aussagefähiger wird die stufenweise Fixkostendeckungsrechnung. Wir stoßen hier auf eine bedeutsame Nahtstelle zwischen Organisation[1] und Kostenrechnung, die wir kurz betrachten wollen.

Bei der funktionalen Betriebsorganisation sind die Abteilungen auf der zweithöchsten Organisationsebene nicht nach Geschäftsbereichen, sondern nach speziellen Verrichtungen (Funktionen genannt) folgendermaßen gegliedert:

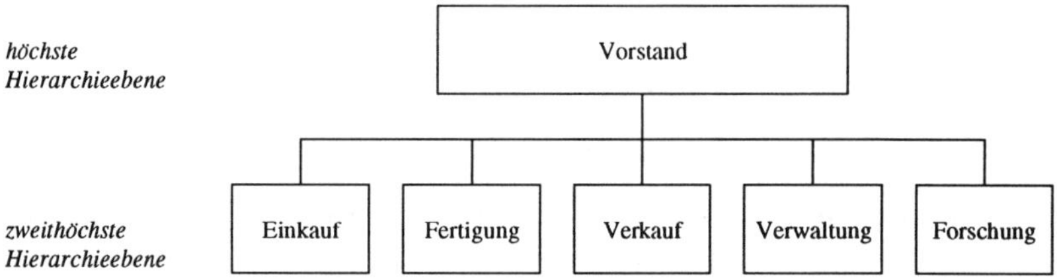

Übersicht 6.7: Funktionale Betriebsorganisation

Die funktionale Organisation läßt sich bei größer werdenden Unternehmungen meist nicht in reiner Form durchhalten und wird dann durch Elemente divisionaler Organisation ergänzt oder ganz durch die divisionale Organisation ersetzt. Diese gliedert die Abteilungen der zweithöchsten Hierarchieebene nicht nach betrieblichen Funktionen, sondern nach Geschäftsbereichen (Divisions, Gewinnzentren, Profit-Center, Sparten). Diese Geschäftsbereiche können nach Produkten, Abnehmergruppen oder Verkaufsregionen gebildet werden und umfassen beispielsweise die Funktionen Einkauf, Fertigung, Verkauf jeweils für das betreffende Produktbündel. Bei der Siemens AG kennt man unter anderem folgende Sparten: Energietechnik, Nachrich-

---

[1] Vgl. hierzu: K.-D. Däumler/J. Grabe, Kostenrechnungslexikon, a. a. O., S. 259 f.

tentechnik, Datenverarbeitung und Medizintechnik. Die Chemieunternehmung Hüls AG ist ebenfalls divisional gegliedert und besteht aus folgenden Gewinnzentren:

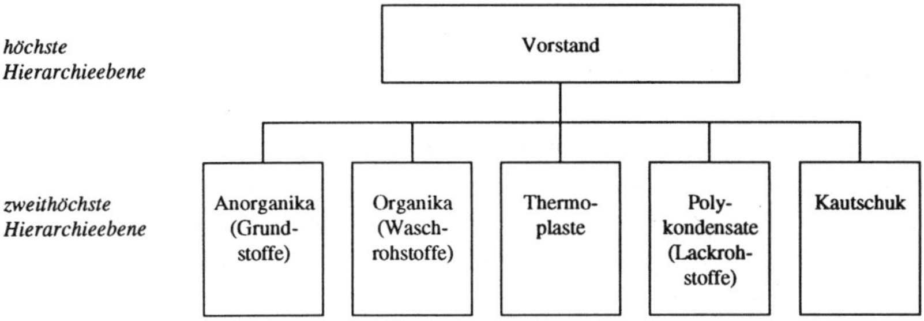

Übersicht 6.8: Divisionale Betriebsorganisation

Die divisionale Gliederung ist grundsätzlich günstiger für die stufenweise Fixkostendeckungsrechnung, da hier wesentliche Fixkostenanteile den einzelnen Divisionen (Produktgruppen) zugerechnet werden können. So lassen sich etwa alle mit dem Einkauf, der Fertigung und dem Verkauf anfallenden Fixkosten im Bereich "Anorganika" eindeutig der Sparte "Grundstoffe" zurechnen. Bei einer funktionalen Gliederung dagegen, bei der eine einzige Einkaufsabteilung für die Beschaffung aller Roh-, Hilfs- und Betriebsstoffe für alle Produkte zuständig ist, können den Produktgruppen nur vergleichsweise geringe Fixkostenbestandteile zugerechnet werden. Damit kann die divisionale Organisationsform als Hilfsmittel zur Realisierung einer aussagefähigen Erfolgsrechnung und -analyse angesehen werden. Diesen Gesichtspunkt sollten Sie im Auge haben, wenn Sie in der betrieblichen Praxis einmal aufgerufen sind, Ihre Stimme für oder gegen eine derartige Organisationsform abzugeben. Natürlich ist der hier erörterte Gesichtspunkt nur einer von vielen, die vor der Einführung einer divisionalen Gliederung beachtet werden müssen.

6.6 Stufenweise Fixkostendeckungsrechnung und Kostenschlüsselung

Gelegentlich sieht man in der stufenweisen Fixkostendeckungsrechnung auch die Chance, Voll- und Teilkostenrechnung miteinander zu verbinden, um so die Vorteile beider Rechnungen zu vereinen. Die stufenweise Fixkostendeckungsrechnung "... drängt geradezu zu einer Ergänzung durch die Vollkostenrechnung, die auf einfache Weise in einem Arbeitsgang erreichbar ist", meint Mellerowicz und bezeichnet die Kombination von Voll- und Teilkostenrechnung als die "vollkommenste Form der Kostenrechnung"[1]. Ein Mittel, die beiden Rechnungen miteinander zu verbinden, bestehe in der Schlüsselung der Unternehmungsfixkosten, um diese den Produkten oder Produktgruppen zuzurechnen.

Hinter der Deckungsbeitragsrechnung steht aber die Idee, daß man auf die Umlage solcher Kosten, die nicht verursachungsgemäß zugerechnet werden können, grundsätzlich verzichtet. Es konnte nachgewiesen werden, daß eine gewaltsame Umlage von nicht zurechenbaren Kostenbestandteilen mittels Schlüsselung die Ursache gefährlicher Fehlentscheidungen darstellt. Deshalb haben wir auch bei der stufenweisen Fixkostendeckungsrechnung nur jene Fixkosten den Produkten, Produktgruppen und Bereichen angelastet, die direkt, also ohne Schlüsselung, zugerechnet werden können. Daß man bei der stufenweisen Fixkostendeckungsrechnung den Fixkostenblock in Schichten gliedert und diese Schichten bestimmten Bezugsobjekten verursachungsgerecht zurechnet, stellt keinen Widerspruch zur Teilkostenidee der Deckungsbeitragsrechnung dar, sondern hat seine Ursache einzig und allein im Unterschied der Länge der Planungsperiode: Kurzfristig sind die Fixkosten konstant, langfristig sind sie zu großen Teilen abbaufähig und können den Bezugsobjekten zugerechnet werden, deren Erstellung sie dienen.

Es soll nicht verkannt werden, daß in der betrieblichen Praxis gelegentlich Situationen auftreten, die die Kenntnis der "vollen" Selbstkosten eines Produktes erforderlich machen. Dies gilt beispielsweise im Rahmen der Preisermittlung bei öffentlichen Aufträgen, falls nach den Grundsätzen der LSP (Leitsätze für die Preisermittlung aufgrund von Selbstkosten) zu kalkulieren und abzurechnen ist[2]. Man sollte die Vollkostenrechnung in derartigen Fällen jedoch ausschließlich zur Erfüllung ihres (Ausnahme-)Zweckes einsetzen und sie nicht zur Lenkung und Steuerung des Betriebsgeschehens gebrauchen. Praktisch bewährt hat sich die sogenannte Paralleloder Doppelkalkulation, eine Kombination von Voll- und Teilkostenrechnung, die nebeneinander durchgeführt werden[3]. Dabei ist die Teilkostenrechnung als Hauptrechnung und die Vollkostenrechnung als Nebenrechnung auszulegen. Das folgende

---

[1] Vgl. hierzu u. a.: K. Mellerowicz, Neuzeitliche Kalkulationsverfahren, a. a. O., S. 193 ff.

[2] Vgl. hierzu: K.-D. Däumler/J. Grabe, Kalkulationsvorschriften bei öffentlichen Aufträgen, a. a. O., S. 47 ff.

[3] Vgl. hierzu: K.-D. Däumler/J. Grabe, Kostenrechnungslexikon, a. a. O., S. 261.

Beispiel zeigt mögliche Gefahren bei der Schlüsselung der Unternehmungsfixkosten (UFK).

Beispiel 6.4 (Schlüsselung der UFK bei 8-Produkt-Unternehmung)

Betrachten Sie bitte noch einmal die Übersicht 6.6 auf der Seite 162. Wir wollen nun die Unternehmungsfixkosten von 20 TDM nach irgendeinem Kriterium (jedes Kriterium ist so gut oder schlecht wie irgendein anderes) auf die Produktgruppen umlegen. Man könnte dabei etwa folgendermaßen argumentieren: Die Maschinengruppe IV, die ohnehin einen negativen RDB von 12 TDM aufweist, kann nicht auch noch mit Unternehmungsfixkosten belastet werden.

Produkte	1	2	3	4	5	6	7	8	Summe
DB	+ 10	+ 25	+ 3	+ 12	+ 8	+ 22	+ 7	+ 13	+ 100
- EFK	-	-	5	-	-	2	-	4	11
RDB I	+ 10	+ 25	- 2	+ 12	+ 8	+ 20	+ 7	+ 9	+ 89
Produktgruppen	I		II		III		IV		
RDB I je Produktgruppe	+ 35		+ 10		+ 28		+ 16		+89
- EGFK	8		5		8		28		49
RDB II	+ 27		+ 5		+ 20		- 12		+ 40
- geschlüsselte UFK	8		6		6		-		20
Differenz	+ 19		- 1		+ 14		- 12		+ 20
RDB je Bereich	+ 18				+ 2				+ 20
- BFK	25				5				30
Differenz	- 7				- 3				- 10
Nettogewinn	- 10								- 10

Übersicht 6.9: Schlüsselung der Unternehmungsfixkosten

Für die Fixkostenumlage bleiben also die Gruppen I, II und III. Dabei erbringt die Gruppe I mit + 27 TDM den höchsten RDB II und kann somit auch mehr Unternehmungsfixkosten (UFK) tragen als die Gruppen II und III. Wir erhalten demnach das in Übersicht 6.9 dargestellte Aufteilungsschema, wenn wir die UFK nach dem Tragfähigkeitsprinzip verteilen.

Ergebnis

Schlüsselt man die UFK in der Weise, daß man der Gruppe I UFK von 8 TDM, der Gruppe II UFK von 6 TDM, der Gruppe III UFK von 6 TDM und der vierten Gruppe keine UFK anlastet, dann erhält man für die Gruppe IV und für die Gruppe II ein negatives Ergebnis. Das heißt: Wenn wir unsere Entscheidung aus einer Vollkostenbetrachtung ableiten, besteht die Gefahr, daß verhängnisvolle Fehlentscheidungen getroffen werden. Betrachten Sie bitte einmal, wie sich der Gewinn entwickelt, wenn wir - wie es das Ergebnis in obiger Übersicht vorschreibt - Gruppe II aus unserem Produktionsprogramm herausnehmen. Gemäß Übersicht 6.6 sind folgende Effekte zu erwarten:

1. Die Herausnahme von Maschine 3 und 4 bedeutet zunächst, daß man auf Deckungsbeiträge von 3 + 12 = 15 TDM verzichtet.
2. Gleichzeitig kann man Erzeugnisartenfixkosten von 5 TDM (bei Produkt 3) und Erzeugnisgruppenfixkosten von 5 TDM künftig einsparen.
3. Per Saldo wird sich das Betriebsergebnis demnach um 5 TDM verschlechtern.

Dieses Ergebnis zeigt uns in aller Deutlichkeit, daß die bei einer Vollkostenrechnung durchzuführende Schlüsselung der UFK keinesfalls nur ein Schönheitsfehler ist, sondern als Quelle möglicher Fehlentscheidungen letztlich eine Bedrohung für die Existenz des Betriebes darstellt. Eine gewillkürte Zurechnung von Fixkostenbestandteilen macht es unmöglich, die wahren Verlustquellen aufzuspüren und zu beseitigen. Deshalb müssen wir uns eindeutig für eine ausschließlich verursachungsgerechte Fixkostenzurechnung entscheiden. Mit dieser Entscheidung aber haben wir den Grundgedanken der Teilkostenrechnung beachtet und weitergeführt. Man belastet ein beliebiges Rechnungsobjekt (Produkt, Produktgruppe oder Bereich) einzig und allein mit jenen Kosten, die dem betreffenden Rechnungsobjekt eindeutig zurechenbar sind. Da Fixkosten kurzfristig nicht beeinflußbar sind, ist ein bestimmtes Rechnungsobjekt bei einer kurzfristigen Planung allein mit seinen variablen Kosten zu belasten. Bei einer langfristigen Rechnung sind einem Rechnungsobjekt neben seinen variablen Kosten auch jene Fixkosten anzulasten, die bei einem dauerhaften Verzicht auf das betreffende Objekt künftig wegfallen.

6.7 Vertriebsorientierte mehrstufige Deckungsbeitragsrechnung

Der Grundgedanke der stufenweisen Deckungsbeitragsrechnung, ein beliebiges Rechnungsobjekt mit seinen variablen und den ihm zurechenbaren fixen Kosten, also mit seinen gesamten Einzelkosten, zu belasten, wird in der betrieblichen Praxis gern aufgegriffen, wenn es darum geht, die Vertriebserfolgsrechnung auf eine rationale Grundlage zu stellen. Die Vertriebserfolgsrechnung (auch Absatzsegmentsrechnung) ordnet einem vertrieblichen Bezugsobjekt (z. B. Kunden, Kundengruppen, Absatzgebiete, Absatzwege, Absatzgrößenklassen) dessen Umsätze und Einzelkosten (= variable plus zurechenbare fixe Kosten) zu. Die einem Bezugsobjekt zurechenbaren Fixkosten sind diegenigen Fixkosten, die bei Verzeicht auf das betreffende Objekt künftig abgebaut werden können. In der Sprache der Absatzsegmentrechnung heißt es, man ordnet einem Absatzsegment, das beliebig definierbar ist (Kunde, Kundengruppe, Absatzgebiet usw.) Umsätze und variable plus fixe Kosten zu. Man erhält dann beispielsweise den Deckungsbeitrag von[1]

- Kunden und Kundengruppen,
- Aufträgen und Auftragsgruppen,
- Bezirken, Regionen, Ländern, Kontigenten,
- betriebliche Abteilungen, Bereichen, Filialen,
- Absatzkanälen.

Die folgende Übersicht zeigt, wie man den Periodenerfolg unterschiedlicher Artikelgruppen ermittelt, die im gemischten Geschäft vertrieben werden. Gemischtes Geschäft liegt vor, wenn die Ware sowohl im Streckengeschäft als auch im Lagergeschäft vertrieben wird. Beim Streckengeschäft erhält der Abnehmer die Ware direkt vom Händler, ohne daß sie das Händlerlager berührt; der Händler übt nur die Vermittlungsfunktion aus. Beim Lagergeschäft erfolgt die Warenverteilung über die Lager der beteiligten Händler (z. B. Groß- und Einzelhandel).

---

[1] Vgl. unter anderem: Artikel Absatzsegmentrechnung, in: Vahlens Großes Controlling Lexikon, hrsg. v. P. Horváth u. Th. Reichmann, München 1993, S. 4. - G. Seicht, Moderne Kosten- und Leistungsrechnung, a. a. O., S. 353 ff. - F.-J. Witt, Deckungsbeitragsmanagement, a. a. O., S. 171 ff. - Chr. Weigand, Vertriebskostenrechnung, in Handbuch Kostenrechnung, hrsg. v. W. Männel, Wiesbaden 1992, S. 820 ff.

Geschäfsarten	Strecken-geschäft		Lagergeschäft					
Versandart			Selbst-abholer		Eigen-zusteller		Fremd-transporte	
Artikelgruppen	a	b	a	b	a	b	a	b
Bruttoerlöse	...	...	...	...	...	...	...	...
- Rabatte	...	...	...	...	...	...	...	...
Nettoerlöse	...	...	...	...	...	...	...	...
- Skonti	...	...	...	...	...	...	...	...
"Bar"erlöse	...	...	...	...	...	...	...	...
- umsatzwertabhängige EK	...	...	...	...	...	...	...	...
- mengenabhängige EK	...	...	...	...	...	...	...	...
Artikelgruppen-Umsatzbeiträge	Σ		Σ		Σ		Σ	
- Fremdfrachten							...	
- Versandpackung			...		...		...	
- sonstige Kosten der Auftragsbearbeitung	...		...		...		...	
Auftragsbeiträge der Artikelgruppen	...		...		...		...	
- Toureneinzelkosten					...			
Deckungsbeitrag über spezifische Leistungskosten	...		...		...		...	
- Perioden-EK Fuhrpark					...			
Periodenbeiträge Eigenzustellung					...			
					Σ			
- Perioden-EK Lagergeschäft								
Warenannahme					...			
Lager					...			
Expedition					...			
- Perioden-EK Streckengeschäft	...							
Periodenbeiträge der Geschäftsarten	...				...			
			Σ					
- gemeinsame Ersparnis aus empfangenen Gesamtumsatzrabatten usw.			...					
- gemeinsame Perioden-EK			...					
Gemeinsamer Periodenbeitrag			...					

Quelle: P. Riebel, Einzelkosten- und Deckungsbeitragsrechnung, a. a. O., S. 408.

Übersicht 6.10: Stufenweise Erfolgsermittlung bei gemischten Aufträgen

Ein weiteres sinnvolles Anwendungsfeld findet die stufenweise Fixkostendeckungsrechnung bei Unternehmungen, die Filialen unterhalten und sich ein Bild von deren Wirtschaftlichkeit machen wollen.

Beispiel 6.5 (SFD im Filialunternehmen)

Die Reifendienst KG betreibt neben der Zentrale sechs Zweigbetriebe in unterschiedlichen Stadtteilen einer Großstadt. Die einstufige Deckungsbeitragsrechnung hat folgendes Aussehen:

Niederlassung	Zentrale	Filiale 1	2	3	4	5	Summe
Umsatz (TDM/Monat)	250	200	150	140	110	90	940
variable Kosten (TDM/Monat)	210	180	145	130	95	75	835
Deckungsbeitrag (TDM/Monat)	40	20	5	10	15	15	105
Fixkosten (TDM/Monat)	90						90
Nettogewinn (TDM/Monat)	15						15

Die Reifendienst KG erwirtschaftet also einen monatlichen Gewinn von 15.000 DM. Die Geschäftsleitung gibt eine Analyse der Fixkosten in Auftrag. Danach sind diese folgendermaßen aufzuteilen und zuzurechnen:

Niederlassung	Zentrale	1	2	3	4	5	Summe
zurechenbare Fixkosten (TDM/Monat)	20	15	20	10	12	13	90

Erstellen Sie für die Reifendienst KG die stufenweise Fixkostendeckungsrechnung.

Lösung

Niederlassung	Zentrale	Filiale 1	2	3	4	5	Summe
Umsatz (TDM/Monat)	250	200	150	140	110	90	940
variable Kosten (TDM/Monat)	210	180	145	130	95	75	835
Deckungsbeitrag (TDM/Monat)	40	20	5	10	15	15	105
Fixkosten (TDM/Monat)	20	15	20	10	12	13	90
Nettogewinn (TDM/Monat)	20	5	- 15	0	3	2	15

Ergebnis: Die stufenweise Fixkostendeckungsrechnung zeigt, daß sich das Betriebsergebnis um 15.000 DM monatlich verbessern läßt, wenn man die Filiale 2 schließt. Die Reifendienst KG würde dann 30.000 DM pro Monat verdienen. Die SFD zeigt auch, daß die Filialen 3, 4 und 5 wegen ihres niedrigen Beitrags zum Betriebsergebnis mit besonderer Aufmerksamkeit zu betrachten und auf mögliche Umsatzverbesserungen und Kosteneinsparungen zu untersuchen sind.

6.8 Zusammenfassung und Checkliste

Die Programmoptimierung

tritt im praktischen Fall in zwei Varianten auf: langfristige und kurzfristige. Dabei können kurze und lange Perioden nicht allgemeingültig, sondern nur betriebsindividuell festgelegt werden.

Der Unterschied zwischen kurzer und langer Periode

ist durch die Zeit markiert, innerhalb derer der Betriebsmittelbestand unveränderbar ist, d. h. innerhalb derer die Fixkosten konstant sind. Je länger die Planungsperiode gewählt wird, desto höher ist der Anteil der abbaufähigen Fixkosten an den gesamten Fixkosten. Auf lange Sicht gibt es überhaupt keine fixen Kosten.

Relevante Kosten

bei einer bestimmten unternehmerischen Entscheidung sind stets die Kosten, die durch die betreffende Entscheidung bewegt, beeinflußt, geändert werden können. Auf kurze Sicht sind nur variable Kosten entscheidungsrelevant. Auf lange Sicht sind auch Fixkosten (ganz oder teilweise) entscheidungsrelevant.

Die stufenweise Fixkostendeckungsrechnung (SFD)

dient der langfristigen Programmoptimierung. Sie ergänzt die kurzfristige Programmoptimierung und gibt Hinweise, an welchen Stellen das Programm gestrafft werden könnte. Sie ist darüber hinaus auch als Instrument der Vertriebserfolgsrechnung einsetzbar.

Bezugsobjekte für den Fixkostenblock

können sein: Erzeugnisse, Erzeugnisgruppen, Bereiche, Gesamtunternehmung. Man versucht, den erstgenannten Bezugsobjekten möglichst hohe Fixkostenanteile zuzurechnen. Bei der Vertriebserfolgsrechnung dienen ausgewählte Absatzsegmente als Bezugsobjekte für die Fixkosten.

Die stufenweise Fixkostendeckungsrechnung

hat Sinn bei der Mehrproduktunternehmung mit erheblichen Fixkosten. Sie sollte jährlich oder zweijährlich durchgeführt werden. Auf eine Kostenschlüsselung ist zu verzichten.

Fragen und Aufgaben

6.1 Zeigen Sie, wie man die Fixkosten nach ihrer Zurechenbarkeit aufspalten kann und nennen Sie Beispiele.

6.2 Begründen Sie, warum die Bereichsfixkosten Einzelkosten in bezug auf die Bereiche, aber Gemeinkosten in bezug auf die Produktgruppen und Produktarten sind.

6.3 Nach welchem Kriterium wird die Abbaufähigkeit der Fixkosten bestimmt?

6.4 Ist die stufenweise Fixkostendeckungsrechnung bei Entscheidungen kurzfristiger Art notwendig?

6.5 Wie würden Sie einen Betrieb organisieren, um eine aussagefähige stufenweise Fixkostendeckungsrechnung zu erhalten?

6.6 Nennen Sie Anwendungsbeispiele für die stufenweise Fixkostendeckungsrechnung.

6.7 Die Playtime KG fertigt Spielzeug und Spiele für Kinder und Erwachsene. Die nachfolgend dargestellte Deckungsbeitragsrechnung zeigt, daß die Playtime KG ein negatives Betriebsergebnis aufweist.

	Spiele					Spielzeug				
Erzeugnis	1	2	3	4	5	6	7	8	9	10
Menge (St/Jahr)	1.550	1.000	625	1.300	2.800	200	265	170	380	156
Preis (DM/Stück)	20	25	80	10	15	100	200	100	50	250
Umsatz (TDM/ Jahr)	31	25	50	13	42	20	53	17	19	39
- variable Kosten (TDM/Jahr)	21	15	25	10	30	12	31	11	12	26
Deckungsbeitrag (TDM/Jahr)	10	10	25	3	12	8	22	6	7	13
- Fixkosten (TDM/Jahr)	135									
Nettogewinn (TDM/Jahr)	- 19									

a) Definieren Sie die folgenden Begriffe und geben Sie jeweils ein praktisches Beispiel: Erzeugnisfixkosten (EFK), Erzeugnisgruppenfixkosten (EGFK), Bereichsfixkosten (BFK), Unternehmensfixkosten (UFK).

b) Streichen Sie in den folgenden Sätzen die nichtzutreffenden Teile:
Im Rahmen der stufenweisen Fixkostendeckungsrechnung (SFD) erfolgt eine *langfristige/kurzfristige* Optimierung des Produktionsprogrammes.

Dabei ist es *unzweckmäßig/zweckmäßig*, die Unternehmensfixkosten mittels Schlüsselung auf die Produktgruppen zu verteilen. Für die Zurechenbarkeit der Fixkosten ist es günstig, wenn der Betrieb *funktional/divisional* gegliedert ist. Die Durchführung einer stufenweisen Fixkostendeckungsrechnung *ergänzt/ersetzt* die kurzfristige Programmoptimierung mit Hilfe der Deckungsbeitragsrechnung.

c) Bei der oben beschriebenen Playtime KG plant man die Einführung einer stufenweisen Fixkostendeckungsrechnung (SFD). Dazu rechnet man den Erzeugnissen (soweit möglich) Erzeugnisfixkosten (EFK) zu. Danach faßt man die Erzeugnisse zu Erzeugnis- oder Produktionsgruppen zusammen (I = Brettspiele, II = Kartenspiele, III = Metallbaukästen, IV = Stofftiere), um diesen Erzeugnisgruppenfixkosten (EGFK) zuzurechnen. Sodann faßt man die Erzeugnisgruppen zu Bereichen (A = Spiele, B = Spielzeug) zusammen, denen die Bereichsfixkosten (BFK) zugerechnet werden. Man gelangt zu folgendem Ergebnis:

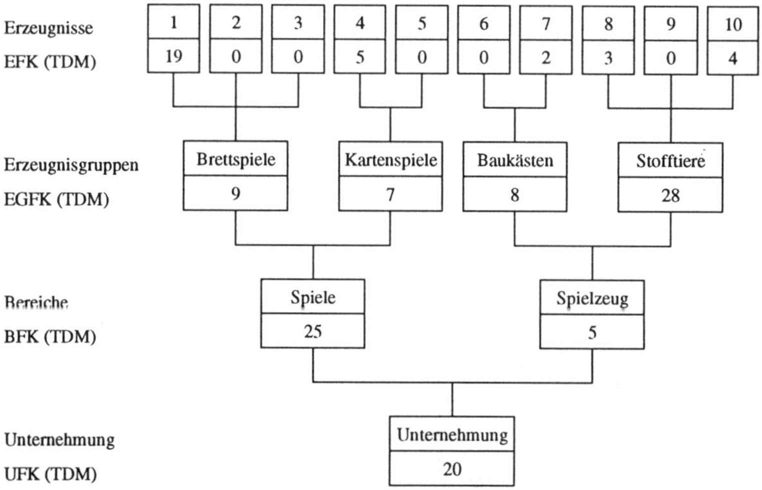

(1) Führen Sie die stufenweise Fixkostendeckungsrechnung für die Playtime KG durch und nutzen Sie hierzu die nachfolgende Lösungstabelle.

(2) Wie groß ist der Nettogewinn in der Ausgangssituation?

(3) Welche Programmentscheidungen sind zu fällen, und welcher neue Nettogewinn ergibt sich daraus?

(4) Ist das in (3) ermittelte Programm auch kurzfristig, d. h. beim jetzigen Produktionsapparat sinnvoll?

(5) Charakterisieren Sie die stufenweise Fixkostendeckungsrechnung (SFD) als Entscheidungshilfe.

Produkte	1	2	3	4	5	6	7	8	9	10
U - K_V	31 21	25 15	50 25	13 10	42 30	20 12	53 31	17 11	19 12	39 26
DB - EFK	10 19	10 -	25 -	3 5	12 -	8 -	22 2	6 3	7 -	13 4
RDB I	-9	10	25	-2	12	8	20	3	7	9
Produktgruppen	I			II		III		IV		
RDB I je Produktgruppe - EGFK	9			7		8		28		
RDB II	17			3		20		-9		
Bereiche	A					B				
RDB II je Bereich - BFK	25					5				
RDB III	-5					6				
RDB III der Unternehmung - UFK	20									
Nettogewinn	-19									

U = Umsatz je Produktart (TDM/Jahr)
K_V = variable Kosten je Produktart (TDM/Jahr)
D = Deckungsbeitrag je Produktart (TDM/Jahr)
RDB = Restdeckungsbeitrag (TDM/Jahr)
EFK = Erzeugnisfixkosten (TDM/Jahr)
EGFK = Erzeugnisgruppenfixkosten (TDM/Jahr)
BFK = Bereichsfixkosten (TDM/Jahr)
UFK = Unternehmungsfixkosten (TDM/Jahr)

7. Wahl des optimalen Produktionsverfahrens (Verfahrenswahl)

7.1 Problemstellung

Bei betrieblichen Entscheidungen geht es in aller Regel um die Wahl zwischen mehreren Möglichkeiten. So muß sich die Betriebsleitung etwa mit folgenden Wahlproblemen auseinandersetzen[1]:

1. Wahl zwischen verschiedenen Rohstoffen,
2. Wahl der günstigsten Größe von Produktionsaufträgen und Bestellmengen,
3. Wahl zwischen verschiedenen Möglichkeiten der Beschäftigungsanpassung,
4. Wahl zwischen Anlagenreparatur und Anlagenersatz,
5. Wahl der günstigsten Verwendung knapper Rohstoffe, Zwischenprodukte, Arbeitskräfte und Produktionsmittel,
6. Entscheidungen über Art und Umfang von Kapazitätserweiterungen,
7. Entscheidungen über Transportmittel und Wege,
8. Wahl der Vertriebsmethoden und Absatzwege,
9. Wahl der günstigsten Produktionsverfahren.

Das letztgenannte Problem, die Wahl des optimalen Produktionsverfahrens, soll hier dargestellt werden. Gerade im Bereich der Verfahrenswahl gibt es auch heute noch viele Möglichkeiten der Fehlervermeidung und Kostensenkung, wenn man typische Fehlentscheidungen, die auf unkritischer Anwendung der Vollkostenrechnung basieren, rechtzeitig korrigiert. Insbesondere in Zeiten rückläufiger Beschäftigung stellt sich in den Betrieben die Frage, auf welchen Anlagen produziert werden soll. Nicht selten wird diese Frage zugunsten der älteren Anlagen entschieden, da diese im Vergleich zu den neueren weniger mit Fixkosten belastet sind. Diese Feststellung findet sich auch bei Plaut[2], wenn er als Ergebnis mancher Betriebsbesichtigung ausführt:

"Man zeigt uns voll Stolz moderne Fertigungsmaschinen, die aber, wie sich herausstellt, gerade stillstehen. Man hat gerade keine Beschäftigung für diese Anlage. Bei dem weiteren Betriebsrundgang zeigt sich aber, daß die alten unmodernen Anlagen voll ausgelastet sind. Die Arbeitsvorbereitung oder Fertigungsplanung hat es ja in der Hand, eine Bearbeitung hier oder dort, auf modernen teuren, fixkostenintensiven

---

[1] Vgl. auch P. Riebel, Einzelkosten- und Deckungsbeitragsrechnung, a. a. O., S. 19.

[2] H.-G. Plaut, Unternehmenssteuerung mit Hilfe der Voll- oder Grenzplankostenrechnung, in: Zeitschrift für Betriebswirtschaft, Wiesbaden 1961, S. 474 f.

Maschinen vorzunehmen, oder sie auf alte, weniger leistungsfähige und mit geringeren Fixkosten belastete Maschinen zu legen. Werden bei dieser Überlegung die Vollkosten herangezogen, dann liegt es auf der Hand, daß es hier zu Fehlentscheidungen kommen muß, zu Fehlentscheidungen, die unserer Meinung nach in sehr vielen Betrieben schon bei kurzen Betriebsrundgängen beobachtet werden können. Nicht das Verfahren ist das teure, das die höchsten Gesamtkosten aufweist - wobei notabene diese Gesamtkosten, die Vollkosten, vielleicht gerade durch eine geringe Beschäftigung dieser Anlage besonders hoch sind -, sondern das Verfahren ist das wirtschaftliche, das in den Grenzfertigungskosten jeweils günstiger liegt ...

In der Praxis wird hier nach unseren Erfahrungen in erheblichem Umfang gesündigt, und es ist oft schwer, manchmal unmöglich, in den Betrieben auf eine richtige Verfahrenswahl, nämlich aufgrund der proportionalen Kostensätze und damit Grenzfertigungskosten, hinzuwirken. Uns steht eine namhafte deutsche Maschinenfabrik vor Augen, in der wir vor Jahren feststellten, daß grundsätzlich alle alten unwirtschaftlichen Fertigungsmaschinen überlastet sind, im Mehrschicht-Betrieb eingesetzt werden, während die leistungsfähigen modernen Anlagen unterbeschäftigt dastehen. Es ist bis heute nicht gelungen, in diesem Unternehmen eine Änderung dieses Zustandes herbeizuführen."

Verfahrenswahl (Verfahrensplanung, Verfahrensvergleich) ist die Auswahl des unter den gegebenen Umständen jeweils günstigsten Produktionsverfahrens. Voraussetzung ist, daß man mehrere Anlagen besitzt, die zur Bearbeitung eines bestimmten Gutes geeignet sind.

Für die Wahl des optimalen Produktionsverfahrens gibt es unterschiedliche Entscheidungssituationen und - je nach Situation - unterschiedliche Entscheidungsregeln. Dabei gilt: Nur bei einer Planung für die kurze Periode, in der die beschäftigungsfixen Kosten konstant bleiben, ist die Verfahrenswahl mit kostenrechnerischen Mitteln zu lösen. Bei langfristigen Planungsproblemen stellt sich die Frage nach der Gestaltung des betrieblichen Produktionsapparates, nach Kauf, Verkauf oder Verschrottung von Betriebsmitteln. Solche Fragen sind nur mit investitionsrechnerischen Mitteln zu beantworten.

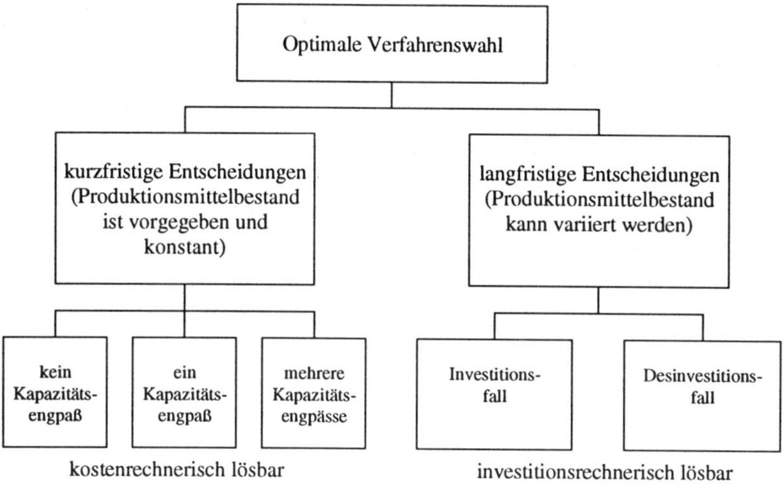

Übersicht 7.1: Praktische Verfahrenswahl: Fünf Situationen sind zu beachten

7.2 Kurzfristige Verfahrenswahl ohne Engpässe

7.2.1 Entscheidungssituation

Der Unternehmer hat zu entscheiden, auf welchen Maschinen eine vorgegebene Produktionsmenge erstellt werden soll. Die Planung ist eine kurzfristige; es soll also für jenen Zeitraum geplant werden, innerhalb dessen der betriebliche Maschinenpark unverändert bleibt. Die Entscheidungsregel für eine optimale Verfahrenswahl entwickeln wir anhand eines einfachen Beispiels.

7.2.2 Beispiel und Entscheidungsregel

Beispiel 7.1 (Drei Maschinen - und nur eine wird benötigt)

Ihr Betrieb, der unter anderem Staubfilter produziert, hat freie Kapazitäten. Die Staubfilter werden in einer besonderen Abteilung hergestellt, in der drei Maschinen unterschiedlichen Alters stehen, die durch folgende Kostenverläufe gekennzeichnet sind:

$$\text{Verfahren 1: } K_1 = 100.000 + 500\,x$$

$$\text{Verfahren 2: } K_2 = 200.000 + 250\,x$$

$$\text{Verfahren 3: } K_3 = 300.000 + 150\,x$$

Die von der Verkaufsabteilung erwartete Absatzmenge beträgt 200 ME pro Absatzperiode (Monat). Diese Menge kann auf jeder der drei Anlagen hergestellt werden, so daß zu untersuchen ist, welches Verfahren am wirtschaftlichsten arbeitet. Damit kann die Entscheidung, welche Anlage produzieren und welche stillstehen soll, auf eine rationale Grundlage gestellt werden.

Lösung

Wenn Sie die drei Kostenverläufe aufzeichnen, erhalten Sie folgendes Bild:

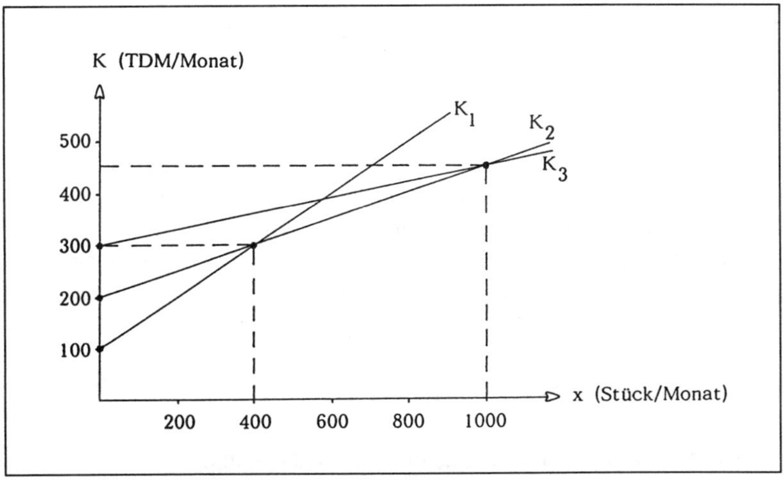

Abbildung 7.1: Kostenverläufe dreier Produktionsverfahren

Bei unkritischer Anwendung der Prinzipien der Vollkostenrechnung könnte die zuständige Stelle dazu kommen, Verfahren 1 zu favorisieren, da hier die Gesamtkosten und die Stückkosten - anscheinend - am geringsten sind:

Verfahren	Gesamtkosten (K) (DM/Monat)	Stückkosten (K : x) (DM/Stück)
1	100.000 + 500 · 200 = 200.000	200.000 : 200 = 1.000
2	200.000 + 250 · 200 = 250.000	250.000 : 200 = 1.250
3	300.000 + 150 · 200 = 330.000	330.000 : 200 = 1.650

Wenn man dem zuständigen Abteilungsleiter erlaubt (oder vorschreibt), nach den Vollkosten der jeweils zur Produktion ausgewählten Anlage abzurechnen, darf man sich nicht wundern, wenn er die Maschinen nach der Regel "minimiere die abzurechnenden Stückkosten" belegt.

Die Entscheidung, bei Unterbeschäftigung eine kleine oder mittelgroße Menge nicht auf der neugekauften modernen Anlage, sondern auf der noch im Betrieb befindlichen älteren Anlage zu fertigen, wird man bei vielen Betrieben vorfinden. Sie beruht auf einer falschen Sicht der Fixkosten. Die fixen Kosten sind früher im Zusammenhang mit der Investitionsentscheidung verursacht worden. Jetzt, da die Maschinen im Betrieb stehen, fallen die Fixkosten in jeder Periode an, gleichgültig, auf welcher Anlage Sie produzieren. Bei korrekter Abrechnung erhalten Sie daher für die Produktion von 200 Staubfiltern die folgenden Werte:

Verfahren	Fixkosten aller Verfahren	variable Kosten des gewählten Verfahrens (DM/Monat)	Gesamtkosten
1	100.000 + 200.000 + 300.000	100.000	700.000
2	100.000 + 200.000 + 300.000	50.000	650.000
3	100.000 + 200.000 + 300.000	30.000	630.000

Ein Fixkostensockel von 600.000 DM/Monat fällt unabhängig von Ihrer Verfahrensentscheidung an. Entscheidungsrelevant sind somit nur noch die variablen Kosten.

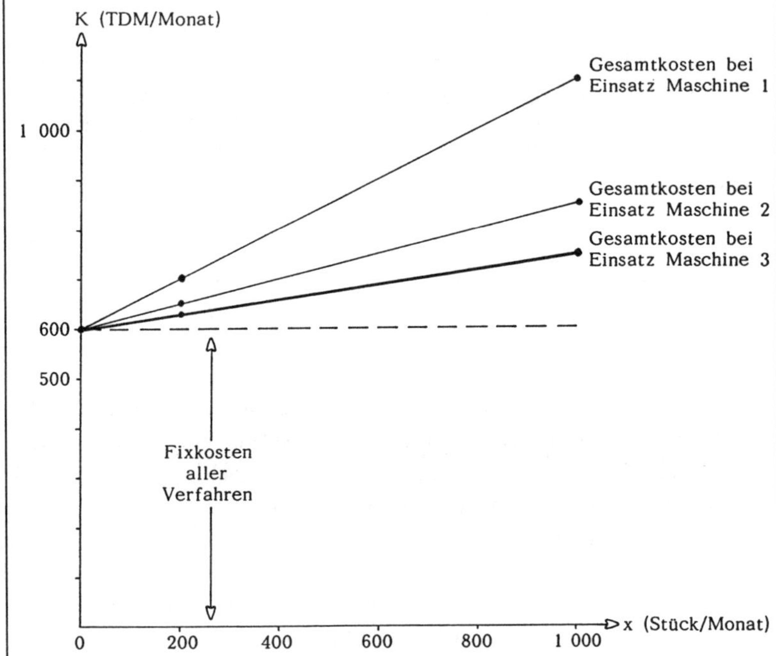

Abbildung 7.2: Entscheidungsrelevant sind nur die variablen Kosten

Ergebnis

Die Betrachtung zeigt, daß eine optimale Verfahrenswahl bei freien Kapazitäten nur in der Weise getroffen werden kann, daß Sie die zu produzierenden Staubfilter auf jener Maschine fertigen, die die geringsten zusätzlich entstehenden Kosten aufweist. Im betrachteten Fall wählen Sie Maschine 3. Bei kurzfristiger Verfahrenswahl und freien betrieblichen Kapazitäten gelangen Sie mit Hilfe folgender Entscheidungsregel zur optimalen Maschinenbelegung: "Wähle unabhängig von der Höhe der ohnehin anfallenden Fixkosten diejenige Maschine, die die geringsten variablen Stückkosten aufweist."

7.3 Kurzfristige Verfahrenswahl bei einem Engpaß

7.3.1 Entscheidungssituation

In der betrieblichen Praxis finden Sie häufig an irgendeiner Stelle des Produktionsprozesses einen Kapazitätsengpaß. Grundsätzlich kann jeder Produktionsfaktor zum Engpaß werden. Wir unterscheiden beispielsweise maschinelle, räumliche, personelle und rohstoffbedingte Engpässe. Immer dann, wenn derartige Engpässe auf längere Sicht auftreten, geben sie Anlaß zu Investitionsüberlegungen. Denkbar ist aber auch, daß ein solcher Engpaß nur kurze Zeit wirksam wird, wenn

- eine Maschine vorübergehend ausfällt und repariert werden muß,
- infolge von Umbauarbeiten für eine Anzahl von Monaten mit vermindertem Lagerraum gearbeitet werden muß,
- urlaubs- oder krankheitsbedingt die Betriebsleistung mit vermindertem Personalbestand zu erstellen ist,
- eine Lieferstockung bei Rohstoffen z. B. infolge eines Streiks zu erwarten ist,
- eine unerwartete Zusatznachfrage auf den Betrieb zukommt.

Die genannten Situationen treten häufig über Nacht auf. Der planende Betrieb benötigt also eine Entscheidungsregel, um rasch und flexibel auf eine Engpaßsituation reagieren zu können, so daß ein etwaiger Mangel optimal verwaltet wird. Es ist zu entscheiden, in welcher Weise der Engpaß am wirtschaftlichsten entlastet werden kann.

7.3.2 Beispiel und Entscheidungsregel

Beispiel 7.2 (Engpaß in der Stanzerei)

Eine Maschinenfabrik verfügt in der Abteilung Stanzerei über drei Stanzmaschinen, die zur Bearbeitung der Werkstücke A und B gleichermaßen geeignet sind. Die Maschinen 1 und 2 sind ältere Anlagen mit vergleichsweise geringem Mechanisierungsgrad, während Maschine 3 erst neulich angeschafft wurde. Bei der neuen Anlage sind die variablen Stückkosten am geringsten: k_{vA} = 1,20 DM/Stück; k_{vB} = 2,00 DM/Stück. Alle Anlagen können jeweils 9.600 Minuten pro Monat genutzt werden.

Maschine	Grenzkosten (DM/Min) A	B	Stückzeiten (Min/St) A	B	variable Stückkosten (DM/Stück) A	B	Kapazität (Min/Monat)	Kapazität (Stück/Monat) A	B
1	1,50	2,00	5	6	7,50	12,00	9.600	1.920	1.600
2	1,40	1,50	2	3	2,80	4,50	9.600	4.800	3.200
3	1,20	1,00	1	2	1,20	2,00	9.600	9.600	4.800
							insgesamt	16.320	9.600

Übersicht 7.2: Ökonomische und technische Informationen aus der Stanzerei

In der Ausgangssituation benötigt man 5.000 Einheiten des Werkstücks A und 2.000 Einheiten des Werkstücks B. Zur Fertigung dieser Mengen nutzt man gegenwärtig ausschließlich Maschine 3, da diese die niedrigsten variablen Stückkosten aufweist. Die Kapazität der kostengünstigsten Maschine reicht für die Mengen beider Werkstücke zur Zeit noch aus.

5.000 Werkstücke A	$5.000 \cdot 1 =$	5.000 Minuten
2.000 Werkstücke B	$2.000 \cdot 2 =$	4.000 Minuten
benötigte Zeit:		9.000 Minuten
verfügbare Zeit:		9.600 Minuten

Übersicht 7.3: Ausgangssituation: Maschine 3 ist nicht voll ausgelastet

Der Verkaufsabteilung gelingt es, einen zusätzlichen Exportauftrag hereinzuholen. Der Exportauftrag kann aber nur dann ausgeführt werden, wenn in den nächsten Monaten jeweils 4.600 Werkstücke A und 1.000 Einheiten B zusätzlich erstellt werden. Insgesamt sind also 9.600 A und 3.000 B zu fertigen.

Lösung

Ein Blick in Übersicht 7.2 zeigt, daß jetzt bei der Maschinenbelegung ein Engpaß auftritt, da allein schon die Fertigung von 9.600 A ausreicht, um Maschine 3 voll auszulasten. Da die Maschine 3 zum Engpaß wird, läßt sich nicht mehr die Entscheidungsregel anwenden: "Produziere alles auf der Maschine mit den absolut niedrigsten variablen Stückkosten". Sie ist vielmehr situationsgerecht zu modifizieren. Sie werden versuchen, so viel wie möglich auf der kostengünstigsten Maschine und so viel wie nötig auf der nächstgünstigsten zu erstellen. Das Ziel bleibt die Produktion zu minimalen variablen Gesamtkosten.

Um dieses Ziel zu erreichen, untersuchen Sie, in welcher Weise Produktionsmengen am besten von der kostengünstigsten Maschine 3 auf eine andere Maschine mit freien Kapazitäten verlagert werden können. Hierzu ermitteln Sie den Kostennachteil pro Werkstück, der entsteht, wenn man das Werkstück auf einer anderen Maschine produziert. Der Kostennachteil (= Mehrkosten je Stück) ergibt sich als Differenz zwischen den variablen Stückkosten des Werkstücks auf einer anderen Maschine und den variablen Stückkosten auf der Engpaßanlage (k_v - k_{vE}).

Auf der Kostenseite lautet Ihr Ziel: Minimiere die Mehrkosten je Stück!

Auf der produktionstechnischen Seite ist es reizvoll, den Engpaß von solchen Werkstücken zu entlasten, deren Produktionsverlagerung möglichst viel knappe Engpaßzeit freimacht.

Auf der technischen Seite lautet Ihr Ziel: Maximiere die Engpaßentlastung je Stück!

Im vorliegenden praktischen Fall sind beide Ziele gleichzeitig zu verfolgen.

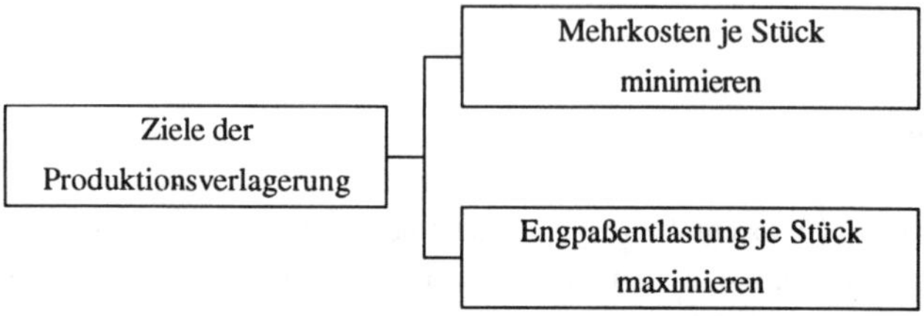

Um beide Ziele gleichzeitig zu erreichen, ermittelt man die spezifischen Mehrkosten bei Produktionsverlagerung[1]. Sie erhalten die spezifischen Mehrkosten, indem Sie die Mehrkosten je Werkstück (k_v - k_{vE}) durch die pro verlagertem Werkstück frei werdende Engpaßzeit t_E dividieren. Somit gilt:

$$\text{spezifische Mehrkosten} = \frac{k_v - k_{vE}}{t_E}$$

Oder allgemein:

(7.1)

spezifische Mehrkosten bei Produktionsverlagerung

$$= \frac{\text{Mehrkosten je Stück}}{\text{Engpaßentlastung je Stück}} = \frac{k_v - k_{vE}}{e_E}$$

Symbole

k_v = variable Kosten je Stück auf einer beliebigen Anlage (DM/Stück)
k_{vE} = variable Kosten je Stück auf der Engpaßanlage (DM/Stück)
t_E = Engpaßzeit je Stück (Minuten/Stück)
e_E = Engpaßkapazität je Stück (Kapazitätseinheiten/Stück)

Die spezifischen Mehrkosten bei Produktionsverlagerung haben die Dimension DM/Minute (allgemein: DM je Engpaßkapazitätseinheit). Wenn Sie die spezifischen Mehrkosten minimieren, haben Sie beide Ziele der Produktionsverla-

[1] Vgl. hierzu auch: K. Serfling, Fälle und Lösungen zur Kostenrechnung, a. a. O., S. 305 ff.

gerung (Mehrkosten je Stück minimieren und Engpaßentlastung je Stück maximieren) gleichzeitig erfüllt.

Die spezifischen Mehrkosten bei Verlagerung von Werkstück A und B auf die Maschinen 1 und 2 sind der folgenden Übersicht zu entnehmen.

Spezifische Mehrkosten (DM/Minute)		
Werkstück → / Maschine ↓	A	B
von 3 auf 1	$\frac{7,50 - 1,20}{1} = 6,30$	$\frac{12,00 - 2,00}{2} = 5,00$
von 3 auf 2	$\frac{2,80 - 1,20}{1} = 1,60$	$\frac{4,50 - 2,00}{2} = 1,25$ (eingekreist)

Übersicht 7.4: Spezifische Mehrkosten: minimiert bei Verlagerung von B auf Maschine 2

Ergebnis

Die spezifischen Mehrkosten sind am geringsten, wenn Werkstück B auf Maschine 2 gefertigt wird, so daß Maschine 3 ausschließlich der Produktion von A dient.

Fertigt man, wie es Übersicht 7.4 nahelegt, sämtliche Werkstücke A auf Maschine 3 und sämtliche Werkstücke B auf Maschine 2, so ergeben sich folgende variable Gesamtkosten:

Werkstück A:	9.600 · 1,20	=	11.520 DM
Werkstück B:	3.000 · 4,50	=	13.500 DM
variable Gesamtkosten:			25.020 DM

Jede andere Maschinenbelegung ergibt höhere variable Gesamtkosten als 25.020 DM/Monat.

Entscheidungsregel: Jetzt, da Sie wissen, wie der Engpaß am besten unter Beachtung der spezifischen Mehrkosten entlastet werden kann, können wir eine einfache Entscheidungsregel für die Verfahrenswahl beim Vorliegen eines einzigen innerbetrieblichen Kapazitätsengpasses formulieren[1]:

1. Sie ordnen alle Produktionsmengen den kostengünstigsten Verfahren zu (Maßstab: variable Stückkosten minimieren).

2. Wird dabei ein Verfahren zum Engpaß, so ist dieser schrittweise zu entlasten, wobei man mit den Erzeugnisarten beginnt, deren spezifische Mehrkosten am geringsten sind.

3. Diese Erzeugnisse werden so lange dem nächstgünstigsten Verfahren zugeordnet, bis die Fehlkapazität des Engpasses abgebaut ist.

7.4 Kurzfristige Verfahrenswahl bei mehreren Engpässen

Werden bei der Maschinenbelegung mehrere Engpässe wirksam, so läßt sich eine optimale Verfahrenswahl exakt nur mit Hilfe einer geeigneten Simultanrechnung, der linearen Programmierung, durchführen. Bei vorgegebenen Produktmengen kann man ein Kosten-Minimierungs-Modell einsetzen, wie es Kilger beschreibt[2]. Es handelt sich hierbei um einen typischen Anwendungsfall der linearen Programmierung, die in Kapitel 5 erörtert wurde. Für die praktische Durchführung genügt es, den Gleichungsansatz zu erstellen, der dann mit einem der handelsüblichen EDV-Programme durchgerechnet wird. Verfügt ein Unternehmen über ein geeignetes EDV-Programm zur Optimierung der Maschinenbelegung bei mehreren Engpässen, so kann und soll dieses Programm auch dann eingesetzt werden, wenn man von einem einzigen Engpaß ausgeht. Denn es ist, wie Haberstock zu Recht betont, einem Entscheidungsproblem nicht immer sofort anzusehen, ob es sich nur um einen oder um mehrere Engpässe handeln wird[3].

---

[1] Vgl. auch: W. Kilger, Flexible Plankostenrechnung und Deckungsbeitragsrechnung, a. a. O., S. 743. - L. Haberstock, Grundzüge der Kosten- und Erfolgsrechnung, a. a. O., S. 185 ff.

[2] Vgl. W. Kilger, Flexible Plankostenrechnung und Deckungsbeitragsrechnung, a. a. O., S. 744 f.

[3] Vgl L. Haberstock, Grundzüge der Kosten- und Erfolgsrechnung, a. a. O., S. 185.

7.5 Langfristige Verfahrenswahl

7.5.1 Entscheidungssituation

Die langfristige Verfahrenswahl liegt dann vor, wenn der Unternehmer bei seinen Dispositionen Einfluß auf die Betriebsbereitschaft, d. h. auf den Produktionsmittelbestand und damit auf die Fixkosten zu nehmen gedenkt. Dies kann in zwei Fällen geschehen, und zwar erstens im Fall der Neuanschaffung von Anlagen (Erweiterungs-, Ersatz- oder Rationalisierungsinvestitionen), den wir kurz Investitionsfall nennen wollen, und zweitens bei der gezielten Stillegung von Anlagen, wenn die Fertigung bei einem dauerhaften Nachfragerückgang auf die kostengünstigsten Maschinen konzentriert werden soll. Diesen Fall wollen wir als Desinvestitionsfall bezeichnen, da hier durch Stillegung, Abbau und gegebenenfalls Verkauf von Anlagen eine Kapazitätsverminderung erfolgt, die einen entsprechenden Abbau von Fixkosten zur Folge hat. Langfristige Verfahrenswahl ist die künftige Gestaltung des betrieblichen Produktionsapparates, die Durchführung oder Unterlassung von Investitionen.

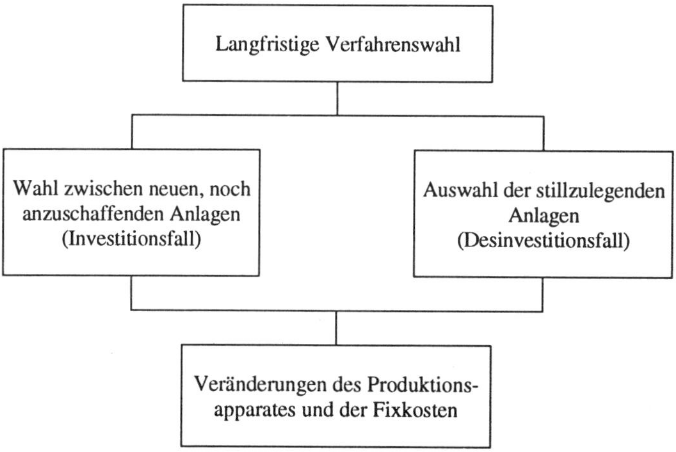

Übersicht 7.5: Langfristige Verfahrenswahl heißt Investitions- und Desinvestitionsentscheidungen treffen

Bei der langfristigen Verfahrenswahl ist zu beachten, daß die Fixkosten dispositionsbestimmt sind. Ein konstanter Fixkostenblock existiert nur bei der Kurzperiodenplanung. Auf lange Sicht gibt es keine Fixkosten: Der Unternehmer hat es in der Hand, die fixen Kosten durch Anlagenabbau zu vermindern oder durch Kapazitätserweiterung zu erhöhen[1].

7.5.2 Entscheidungsfindung im Investitionsfall

Wenn ein Betrieb vor der Wahl zwischen verschiedenen Verfahren steht, die zur Produktion eines bestimmten Gutes verwendet werden können, so wird auch heute noch häufig die Kostenvergleichsrechnung oder - bei ertragsverschiedenen Investitionsobjekten - die Gewinnvergleichsrechnung eingesetzt. Es ist jedoch zu beachten, daß die Prüfung einer Investition auf ihre Vorteilhaftigkeit keine kostenrechnerische, sondern eine investitionsrechnerische Fragestellung darstellt und demzufolge auch die Anwendung eines investitionsrechnerischen Lösungsansatzes verlangt. In gut geführten Betrieben löst man derartige Probleme mit Hilfe einer der dynamischen Investitionsrechnungsmethoden. Die dynamischen Investitionsrechnungsmethoden (Kapitalwertmethode, interne Zinsfuß-Methode, Annuitätenmethode) sind den statischen Methoden (Kosten- und Gewinnvergleichsrechnung, Amortisationsrechnung, Rentabilitätsrechnung) vorzuziehen, weil sie deren Grundsatzfehler vermeiden. Für die langfristige Verfahrenswahl bietet sich insbesondere die Annuitätenmethode an, weil sie viele Analogien zu dem in der Kostenrechnung üblichen Vorgehen aufweist[2]. Die Annuitätenmethode geht beim Vergleich einzahlungsidentischer Investitionsprojekte von den durchschnittlichen jährlichen Auszahlungen (DJA) aus, die sich - ähnlich wie die Jahreskosten - in eine in bezug auf die Menge feste und eine mengenabhängige Komponente zerlegen lassen. Beide Größen beziehen sich auf Leistungseinheiten pro Periode (LE/Periode). Auch ist die Dimension der Jahreskosten und der durchschnittlichen jährlichen Auszahlungen (DM/Jahr) gleich. Man kann also sagen, daß die DJA-Funktion das Gegenstück zur Kostenfunktion darstellt.

---

[1] Vgl. E. Schneider, Industrielles Rechnungswesen, a. a. O., S. 203 ff.

[2] Zum Vergleich der statischen und dynamischen Investitionsrechnungsverfahren sowie zur Darstellung der Annuitätenmethode vgl. etwa: K.-D. Däumler, Grundlagen der Investitions- und Wirtschaftlichkeitsrechnung, a. a. O., S. 117 ff. u. 156 ff.

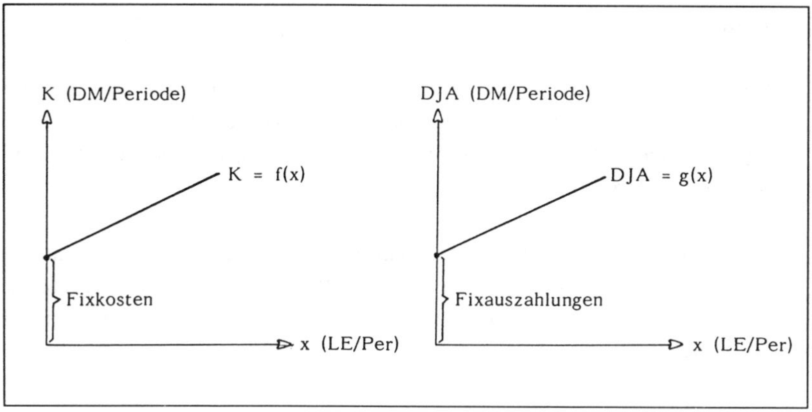

Abbildung 7.3: Kostenfunktion und DJA-Funktion entsprechen einander

Beispiel 7.3 (Investition für Isolierstoffherstellung im Kabelwerk)

In einem Kabelwerk ist die Maschine zur Isolierstoffherstellung wegen technischer Überalterung zu ersetzen. Zur Wahl stehen drei Möglichkeiten, die sich durch den Mechanisierungsgrad unterscheiden:

Anlage	Anschaffungspreis (DM)	Auszahlungen je Leistungseinheit (DM/Stück)
1	10.000	10,00
2	20.000	4,00
3	40.000	1,50

Die Nutzungsdauer der drei Anlagen wird einheitlich mit n = 10 Jahren angenommen. Die Kapazität beträgt ebenfalls einheitlich 2.000 ME pro Jahr. Als Kalkulationszinsfuß setzt der Unternehmer i = 12 % an. Für welche Anlage soll er sich entscheiden?

Lösung

Sie ermitteln die durchschnittlichen jährlichen Auszahlungen DJA der drei Maschinen in Abhängigkeit von der Ausbringungsmenge x und stellen die jeweiligen kritischen Mengen fest, bei denen sich der Übergang von Anlage 1 auf 2 oder von Anlage 2 auf 3 lohnt.

Zur Ermittlung der DJA ist die Anschaffungsauszahlung unter Berücksichtigung von Zins und Zinseszins sowie der jährlichen Wiedergewinnung auf die Jahre der Nutzung zu verteilen. Das geschieht mit Hilfe des Kapitalwiedergewinnungsfaktors (KWF)[1].

$$DJA_1 = 10.000 \cdot KWF + 10\,x$$
$$DJA_2 = 20.000 \cdot KWF + 4\,x$$
$$DJA_3 = 40.000 \cdot KWF + 1{,}50\,x$$

Symbole

KWF = Kapitalwiedergewinnungsfaktor = $\frac{i\,(1 + i)^n}{i\,(1 + i)^n - 1}$

x = Anzahl Isolierstoffeinheiten (ME / Jahr)

x_{kr} = kritische Menge (ME / Jahr)

Daraus folgt:

$$DJA_1 = 10.000 \cdot 0{,}176984 + 10\,x \quad \rightarrow DJA_1 = 1.770 + 10\,x$$

$$DJA_2 = 20.000 \cdot 0{,}176984 + 4\,x \quad \rightarrow DJA_2 = 3.540 + 4\,x$$

$$DJA_3 = 40.000 \cdot 0{,}176984 + 1{,}50\,x \quad \rightarrow DJA_3 = 7.079 + 1{,}50\,x$$

[1] Eine kurze Tabelle mit den wichtigsten Werten der finanzmathematischen Faktoren finden Sie im Anhang dieses Buches. Sollten Sie bei einem praktischen Problem weitere Tabellenwerte benötigen, so greifen Sie auf ein ausführliches Tabellenwerk zurück. Vgl. etwa: K.-D. Däumler, Finanzmathematisches Tabellenwerk für Praktiker und Studierende, 3., erw. Aufl., Herne u. Berlin 1989.

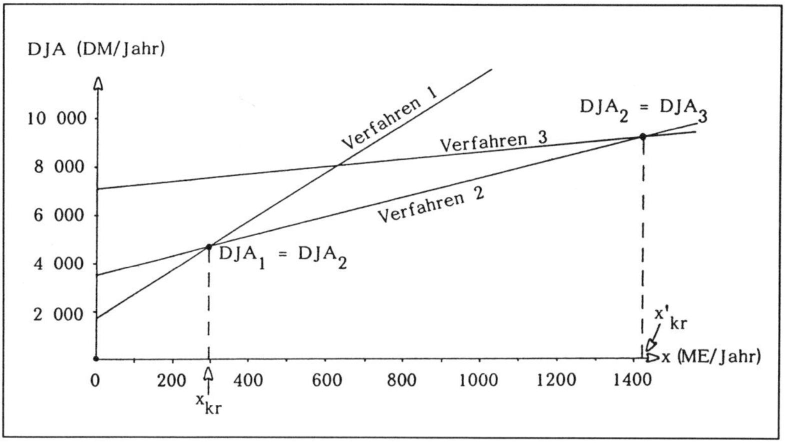

Abbildung 7.4: Verfahrenswahl im Investitionsfall

Kritischer Wert einer Variablen in bezug auf eine Investition ist der Wert der betreffenden Variablen, bei dem die Investition gerade eben vorteilhaft ist. Kritischer Wert einer Variablen in bezug auf zwei Investitionen ist der Wert der betreffenden Variablen, bei dem beide Objekte genau gleich vorteilhaft sind[1]. Die auf graphischem Weg gefundenden Werte für die kritischen Mengen präzisieren Sie rechnerisch, indem Sie die DJA wie folgt gleichsetzen:

$x_{kr} \rightarrow$

$$DJA_1 = DJA_2$$

$$1.770 + 10\, x_{kr} = 3.540 + 4\, x_{kr}$$

$$x_{kr} = \frac{3.540 - 1.770}{6} = 295 \text{ ME / Jahr}$$

$x'_{kr} \rightarrow$

$$DJA_2 = DJA_3$$

$$3.540 + 4\, x'_{kr} = 7.079 + 1{,}50\, x'_{kr}$$

$$x_{kr} = \frac{7.079 - 3.540}{2{,}5} = 1.415{,}6 \text{ ME / Jahr}$$

[1] Eine eingehende Darstellung des Rechnens mit kritischen Werten (Break-even-Analyse) finden Sie unter anderem bei: K.-D. Däumler, Grundlagen der Investitions- und Wirtschaftlichkeitsrechnung, a. a. O., S. 221 ff.

Ergebnis

Die unternehmerische Entscheidung hängt erstens von den berechneten kritischen Werten und zweitens von der subjektiven Einschätzung der Absatzlage, hier dem erwarteten Bedarf an Isolierstoff ab. Es gelten folgende Empfehlungen:

1. Liegt der erwartete Jahresbedarf an Isolierstoff unter 295 ME, ist Maschine 1 am wirtschaftlichsten.

2. Bei einem erwarteten Jahresbedarf von zwischen 295 und 1.416 ME Isolierstoff empfiehlt sich die Anschaffung von Verfahren 2.

3. Steigt der erwartete Jahresbedarf nach Einschätzung des Unternehmers in absehbarer Zeit über 1.416 Einheiten, so sollte die dritte Maschine angeschafft werden.

7.5.3 Entscheidungsfindung im Desinvestitionsfall

Verfügt ein Betrieb über mehrere Maschinen, die gleichermaßen zur Erstellung eines bestimmten Gutes geeignet sind, ist bei langfristiger Verfahrenswahl im Desinvestitionsfall die für den Fall der Unterbeschäftigung gefundene Entscheidungsregel ("belege unabhängig von der Höhe der Fixkosten die Maschine, die die geringsten variablen Stückkosten aufweist") situationsgerecht zu modifizieren. Das heißt:

1. Sie fragen, welche festen Auszahlungen in der Planungsperiode abgebaut werden können, falls man auf eine bestimmte Maschine verzichtet.

2. Sie untersuchen, welche Restwerteinzahlungen eingehen, wenn eine bestimmte Anlage stillgelegt und (wenn möglich) verkauft oder verschrottet wird.

Bei der Untersuchung der Abbaufähigkeit der festen Auszahlungen kann der Kapitaldienst einer abzubauenden Anlage von vornherein außer Ansatz bleiben. Er stellt eine reine Rechengröße dar. Die früher geleistete Anschaffungsauszahlung wird rechnerisch mit Hilfe des Kapitalwiedergewinnungsfaktors auf die Jahre der vermutlichen Nutzung verteilt. Es ist gleichgültig, ob die der Rechnung zugrundegelegten Nutzungsjahre über- oder unterschritten wurden. Die frühere Anschaffungsauszahlung wurde geleistet. Sie ist weder isoliert noch als Ergebnis einer Multiplikation mit einem Faktor als dispositionsbestimmt anzusehen. Abbaufähig sind nur solche festen Auszahlungen, die bei Stillegung einer Anlage tatsächlich künftig wegfallen.

Wenn Ihr Betrieb über die Verfahren 1 und 2 zur Erstellung eines Gutes verfügt und aufgrund nachlassender Nachfrage auf Dauer künftig nur noch eine Maschine benötigt, dann stehen Sie vor der Wahl, eine der beiden Maschinen abzuschaffen. Welche Auszahlungen können Sie tatsächlich vermeiden?
Bei Beibehaltung der Maschine 1 (und Abschaffung der Maschine 2) mindern sich Ihre Auszahlungen pro Periode um

- die laufenden Betriebs- und Instandhaltungsauszahlungen der Maschine 2,
- die abbaufähigen Fixauszahlungen der Maschine 2,
- den periodenanteiligen Restwert der Maschine 2 (eine Restwerteinzahlung wirkt positiv auf Ihre Nettoposition, genau wie vermiedene Auszahlungen).

Die einzusetzenden Rechentechniken können Sie dem nachfolgenden Beispiel entnehmen.

Beispiel 7.4 (Metall AG baut zwei von drei Kupferdrahtanlagen ab)

Bei der Metall AG sind gegenwärtig drei Anlagen zur Herstellung von Kupferdraht in Betrieb, die einheitlich die Kapazität von 40.000 Drahtrollen pro Jahr aufweisen. Für die drei Anlagen gelten die folgenden DJA-Funktionen:

Anlage 1: $DJA_1 = 50.000 + 8\ x$
Anlage 2: $DJA_2 = 75.000 + 3\ x$
Anlage 3: $DJA_3 = 95.000 + 1{,}5\ x$

Symbole

DJA = durchschnittliche jährliche Auszahlungen
x = Anzahl Drahtrollen (Stück/Jahr)
x_{kr} = kritische Menge (Stück/Jahr)

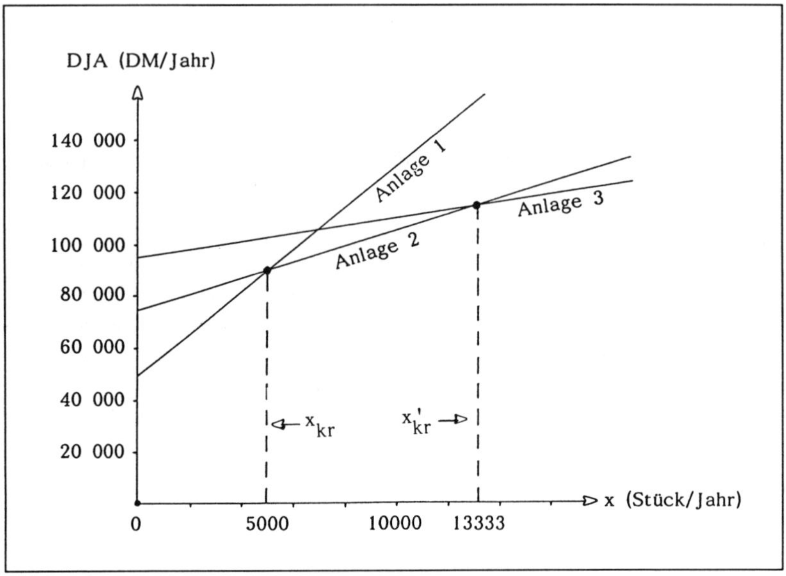

Abbildung 7.5: Verfahrenswahl bei Desinvestition

Aufgrund eines Nachfragerückgangs ist künftig nur noch eine der drei Anlagen erforderlich. Welche Anlage behalten Sie, wenn Sie mit einem Kalkulationszinssatz von 12 % rechnen und die Restnutzungsdauer aller Anlagen einheitlich 6 Jahre beträgt, falls

a) alle Restwerte gleich Null sind und keinerlei abbaufähige feste Auszahlungen existieren;

b) alle Restwerte gleich Null sind und alle festen Auszahlungen vollständig abgebaut werden können;

c) folgende Werte gelten:

Anlage (Nr.)	abbaufähige Fixauszahlungen (DM/Jahr)	derzeit erzielbarer Restwert (DM)
1	1.000	5.000
2	5.000	15.000
3	50.000	60.000

Lösung a) Restwerte Null / abbaufähige Fixauszahlungen Null

Wenn kein Restwerterlös existiert und keine festen Auszahlungen abgebaut werden können, ist auf Anlage 3 zu produzieren, da bei dieser die variablen Auszahlungen pro Stück am geringsten sind.

Lösung b) Restwerte Null / Fixauszahlungen vollständig abbaufähig

Wenn keine Restwerteinzahlungen zu erwarten sind und die Fixauszahlungen der nicht mehr benötigten Verfahren vollständig abgebaut werden können, dann bleiben etwa bei Entscheidung für Maschine 1 deren Fixauszahlungen von 50.000 DM pro Jahr. Abgebaut werden die Fixauszahlungen der Anlagen 2 und 3, also 75.000 + 95.000 = 170.000 DM pro Jahr. In diesem Fall hängt Ihre Entscheidung von dem erwarteten Bedarf an Kupferdrahtrollen ab, der mit den kritischen Werten verglichen wird. Die Entscheidung läßt sich aus Abbildung 7.5 ableiten und lautet:

Bedarf (Stück/Jahr)	Produktion auf
0 bis 5.000	Anlage 1
5.000 bis 13.333	Anlage 2
13.333 bis 40.000	Anlage 3

Lösung c) Restwerte größer Null / Fixauszahlungen teilweise abbaufähig

Nach Abzug der abbaufähigen Fixauszahlungen sowie nach Umlage der im Verkaufsfall realisierbaren Restwerte erhalten Sie korrigierte durchschnittliche jährliche Auszahlungen DJA^{korr}, die den folgenden Bedingungen genügen, wenn Sie Maschine 1 (2, 3) behalten:

variable Auszahlungen bei Maschine 1 ↓ | abbaufähige Fixauszahlungen bei Verzicht auf Maschine 2 u. 3 ↓

$$DJA_1^{korr} = 8\,x + 220.000 - 55.000 - 75.000 \cdot KWF$$

↑ Maschine 1 bleibt im Betrieb | ↑ gesamte Fixauszahlungen für Maschine 1, 2 u. 3 | ↑ anteiliger Restwert pro Periode bei Verkauf von Maschine 2 u. 3

$$DJA_1^{korr} = 8\,x + 165.000 - 75.000 \cdot 0{,}243226$$

$$DJA_1^{korr} = 8\,x + 146.758$$

variable Auszahlungen bei Maschine 2 ↓ | abbaufähige Fixauszahlungen bei Verzicht auf Maschine 1 u. 3 ↓

$$DJA_2^{korr} = 3\,x + 220.000 - 51.000 - 65.000 \cdot KWF$$

↑ Maschine 2 bleibt im Betrieb | ↑ gesamte Fixauszahlungen für Maschine 1, 2 u. 3 | ↑ anteiliger Restwert pro Periode bei Verkauf von Maschine 1 u. 3

$$DJA_2^{korr} = 3\,x + 169.000 - 65.000 \cdot 0{,}243226$$

$$DJA_2^{korr} = 3\,x + 153.190$$

	variable Auszahlungen bei Maschine 3 ↓		abbaufähige Fixauszahlungen bei Verzicht auf Maschine 1 u. 2 ↓	
$DJA_3^{korr} =$	$1{,}5\ x$	$+\ 220.000$	$-\ 6.000$	$-\ 20.000 \cdot KWF$
↑ Maschine 3 bleibt im Betrieb		↑ gesamte Fixauszahlungen für Maschine 1, 2 u. 3		↑ anteiliger Restwert pro Periode bei Verkauf von Maschine 1 u. 2

$$DJA_3^{korr} = 1{,}5\ x + 214.000 - 20.000 \cdot 0{,}243226$$

$$DJA_3^{korr} = 1{,}5\ x + 209.135$$

Für den Übergang von Verfahren 1 auf 2 sowie von 2 auf 3 erhalten Sie die kritischen Mengen x_{kr} und x'_{kr} durch Gleichsetzen der korrigierten durchschnittlichen jährlichen Auszahlungen:

$x_{kr} \rightarrow$

$$DJA_1^{korr} = DJA_2^{korr}$$

$$8\ x_{kr} + 146.758 = 3\ x_{kr} + 153.190$$

$$x_{kr} = 1.286{,}4 \text{ ME/Jahr}$$

$x'_{kr} \rightarrow$

$$DJA_2^{korr} = DJA_3^{korr}$$

$$3\ x'_{kr} + 153.190 = 1{,}5\ x'_{kr} + 209.135$$

$$x'_{kr} = 37.296{,}67 \text{ ME/Jahr}$$

Ergebnis

Bedarf an Drahtrollen (Stück/Jahr)	zu verwendende Maschine	abzubauende Maschine
bis 1.286	1	2 und 3
1.287 bis 37.297	2	1 und 3
über 37.297	3	1 und 2

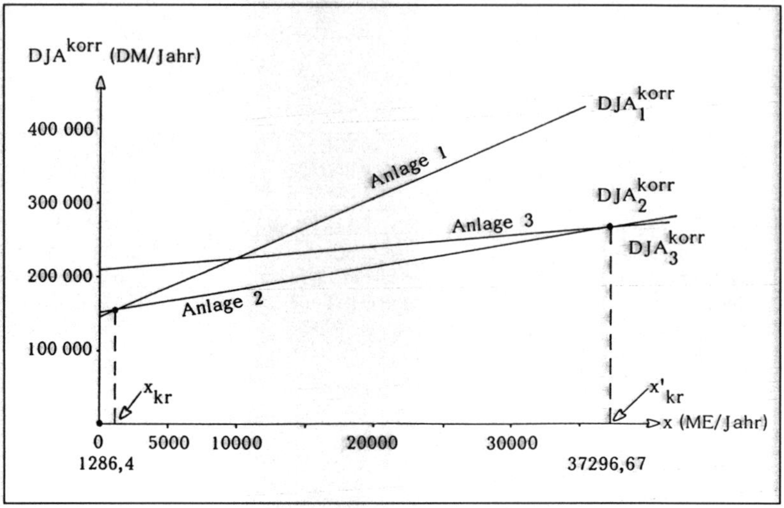

Abbildung 7.6: Verfahrenswahl bei Desinvestition

7.6 Zusammenfassung und Checkliste

Verfahrenswahl

ist die Auswahl der unter den gegebenen Umständen wirtschaftlichsten Anlage, wenn mehrere Anlagen für die Bearbeitung eines Gutes in Frage kommen. Verfahrenswahl erfordert die Unterscheidung nach Planungsfrist und Engpaßsituation.

Die Planungsfrist

bestimmt den Umfang der entscheidungsrelevanten Kosten. Kurze Frist heißt, nur variable Kosten sind entscheidungsrelevant. Lange Frist heißt, auch fixe Kosten sind entscheidungsrelevant.

Bei kurzfristiger Verfahrenswahl ohne Engpässe

lautet die Entscheidungsregel: "Wähle das Verfahren mit den geringsten variablen Stückkosten".

Bei kurzfristiger Verfahrenswahl mit einem Engpaß

lautet die Entscheidungsregel: "Wird die Maschine mit den geringsten variablen Stückkosten zum Engpaß, so entlaste ihn durch geeignete Produktionsverlagerung, die so vorzunehmen ist, daß die spezifischen Mehrkosten minimiert werden".

Die spezifischen Mehrkosten bei Produktionsverlagerung

ergeben sich aus dem Quotienten von Mehrkosten je Stück und Engpaßentlastung je Stück. Sie geben an, was es kostet, eine Engpaßkapazitätseinheit frei zumachen.

Bei kurzfristiger Verfahrenswahl mit mehreren Engpässen

wird die lineare Optimierung in Gestalt eines Kostenminimierungsmodells eingesetzt.

Langfristige Verfahrenswahl

Die Frage, ob eine neue Maschine gekauft oder eine alte verkauft oder verschrottet werden soll, ist die Frage nach der langfristigen Gestaltung des betrieblichen Produktionsapparates, nach Durchführung oder Unterlassung von Investitionen. Als investitionsrechnerischer Beurteilungsmaßstab bietet sich neben anderen dynamischen Investitionsrechnungsmethoden insbesondere die Annuitätenmethode an, die dem kostenrechnerischen Denken am nächsten kommt.

Investitions- und Desinvestitionsfall

(1) Investitionsfall: Wir entscheiden uns für das Investitionsobjekt, das die geringsten durchschnittlichen jährlichen Auszahlungen aufweist (minimiere DJA).
(2) Desinvestitionsfall: Wir ermitteln die korrigierten durchschnittlichen jährlichen Auszahlungen, die die abbaufähigen Fixauszahlungen und die periodisierten Restwerteinzahlungen berücksichtigen, und entscheiden uns für die Variante mit den geringsten korrigierten durchschnittlichen jährlichen Auszahlungen (minimiere DJA_{korr}).

In beiden Fällen wird unterstellt, daß die Entscheidungen die Einzahlungen entweder nicht oder in gleicher Weise verändern, so daß die Einzahlungsseite außer Betracht bleiben kann.

Fragen und Aufgaben

7.1 Gehen Sie kurz auf einen in der Praxis häufig zu beobachtenden Fehler bei der Wahl des optimalen Produktionsverfahrens ein. Begründen Sie, wie es zu dieser (unter anderem von Plaut monierten) Fehlentscheidung kommen kann.

7.2 Skizzieren Sie fünf Entscheidungssituationen, die jeweils eine eigene Lösungstechnik bei der Verfahrenswahl verlangen.

7.3 Ordnen Sie im Rahmen der tabellarischen Übersicht den angeführten fünf Situationen jeweils die passende Entscheidungsregel zu.

Zeitbezug	Situation	Entscheidungsregel im Telegrammstil
kurzfristige Verfahrenswahl	kein Engpaß	
	ein Engpaß	
	mehrere Engpässe	
langfristige Verfahrenswahl	Investitionsfall	
	Desinvestitionsfall	

7.4 Für eine Kostenstelle wurde die Kostenfunktion $K = 1.000 + 2\ x$ ermittelt. Zeigen Sie anhand einer Graphik, wie sich die gesamten Stückkosten ($k = K : x$) und die variablen Stückkosten ($k_v = K_v : x$) entwickeln, wenn die Produktion den Planwert $x = 1.000$ Stück/Monat unterschreitet und stattdessen 800; 600; 400; 200; 100 Stück/Monat beträgt. Kommentieren Sie Ihr Ergebnis kurz im Hinblick auf die Verfahrenswahl.

7.5 Erläutern Sie den Begriff "spezifische Mehrkosten bei Produktionsverlagerung" und vergleichen Sie ihn mit dem spezifischen Deckungsbeitrag, um etwaige Gemeinsamkeiten und Unterschiede herauszufinden.

7.6 In einem Unternehmen stehen 3 Anlagen zur Verfügung, auf denen die Werkstücke A und B gefertigt werden. Alle Anlagen sind 9.600 Minuten pro Monat nutztbar.

Maschine	Fixkosten (DM/Monat)	Grenzkosten (DM/Min) A	B	Stückzeiten (Min/Stück) A	B	Kapazität (Min/Monat)
1	2.000	2,00	1,50	1,5	2	9.600
2	1.200	2,50	3,00	4,0	3	9.600
3	1.000	4,00	3,50	6,0	5	9.600

a) Auf welcher Maschine soll gefertigt werden, wenn in der Ausgangssituation 2.400 Werkstücke von A und 3.000 von B benötigt werden?

b) Wie ist zu entscheiden, wenn von A und B je 3.000 Stück zu fertigen sind?

c) Wie ist zu entscheiden, wenn von A 7.000 und von B 2.400 Stück benötigt werden?

d) Ermitteln Sie mit Hilfe der Simplex-Methode, auf welchen Anlagen produziert werden soll, wenn man vom Werkstück A 8.000 Stück und vom Werkstück B 3.000 Stück braucht.

e) Sind die Fixkosten bei den Entscheidungen im vorliegenden Fall von Bedeutung?

7.7 In einem Unternehmen ist über die Anschaffung eines neuen Spritzgußautomaten zu entscheiden. Es kommen drei Varianten in die engere Wahl:

Automat	Anschaffungspreis (DM)	variable Stückkosten (DM/Stück)	Laufzeit (Jahre)
1	500.000	10	10
2	700.000	8	10
3	1.000.000	6	10

Der Kalkulationszinsfuß wird mit i = 10 % angesetzt. Die variablen Stückkosten k_v sind gleich hoch wie die variablen Auszahlungen a_v pro Stück.

a) Welches Verfahren soll das Unternehmen langfristig wählen, wenn mit einer zu produzierenden Menge von 15.500 (23.500) Einheiten pro Jahr gerechnet wird und die Entscheidung mit Hilfe der
   (1) Kostenvergleichsrechnung,
   (2) Annuitätenmethode zu treffen ist?

b) Welches sind die kritischen Mengen, bei denen der Übergang von Verfahren 1 zu Verfahren 2 und von Verfahren 2 zu Verfahren 3 interessant wird, und zwar bei Anwendung der
   (1) Kostenvergleichsrechnung,
   (2) Annuitätenmethode?

7.8 Eine Unternehmung mit freien Kapazitäten verfügt über drei Anlagen zur Produktion von Pipeline-Hochdruckventilen, von denen auf lange Sicht durchschnittlich 40 Stück jährlich abgesetzt werden können. Man rechnet mit dem Kalkulationszinssatz von i = 8 %. Es gilt $k_v = a_v$.

Verfahren	DJA (DM/Jahr)	abbaufähige Fixauszahlungen (DM/Jahr)	erzielbarer Restwert (DM)	Restnutzungsdauer (Jahre)
1	200.000 + 20.000 x	50.000	20.000	5
2	1.100.000 + 2.500 x	400.000	200.000	5
3	2.000.000 + 1.000 x	600.000	400.000	5

a) Auf welcher der drei Anlagen sollte man die Pipeline-Hochdruckventile kurzfristig herstellen?

b) Welche Anlage sollte man langfristig behalten, von welchen sollte man sich langfristig trennen? Begründen Sie Ihre Entscheidung mit Hilfe der korrigierten durchschnittlichen jährlichen Auszahlungen.

c) Stellen Sie den Verlauf der korrigierten durchschnittlichen jährlichen Auszahlungen graphisch dar und ermitteln Sie die kritischen Mengen, bei denen man Anlage 2 anstelle von Anlage 1 bzw. Anlage 3 anstelle von Anlage 2 langfristig behält, zeichnerisch und rechnerisch.

8. Eigenfertigung oder Fremdbezug

8.1 Begriff und Problemstellung

Eigenfertigung oder Fremdbezug (make or buy) sind die beiden Möglichkeiten, die bei der Versorgung der Unternehmung mit Sachgütern und Dienstleistungen bestehen. Entscheidungen über Eigenfertigung oder Fremdbezug (EF-Entscheidungen) werden zwar primär für den Produktionsbereich diskutiert (soll ein bestimmtes Einbauteil besser selbst produziert oder gekauft werden?), sind im Grundsatz jedoch in sämtlichen Unternehmungsbereichen, also auch außerhalb der Fertigung, zu treffen[1]:

Bereich	Beispiele für Eigenfertigung/Fremdbezug
Beschaffung	Einstellungen über eigenes Personalbüro oder Personalberatungsgesellschaft? Eigenherstellung oder Kauf (Miete, Leasing) von Anlagegegenständen, Werkzeugen und Teilen?
Fertigung	Eigene Forschungs- und Entwicklungsabteilung oder Kauf von Patenten und Lizenzen? Eigenfertigung von Einzelteilen und Baugruppen oder reine Montagefertigung? Eigener Wartungs- und Reparaturdienst oder Vergabe von Lohnaufträgen?
Vertrieb	Eigene Werbeabteilung oder Inanspruchnahme einer Agentur? Eigener Kundendienst oder Kundendienst über Fachhandel? Eigene Verkaufsorganisation oder Verkauf über Groß- und/oder Einzelhandel? Transporte durch eigene Lkw oder Fremdtransporte?
Finanzen	Eigenes Mahn- und Inkassowesen oder Einschaltung einer Factoringgesellschaft?
Verwaltung	Eigene EDV-Anlage oder Vergabe an externes Rechenzentrum? Eigene Kantine oder Bezug von Großküchenessen? Eigene Organisationsabteilung oder Einschaltung externer Organisationsberater?

Übersicht 8.1: Überall im Betrieb sind EF-Entscheidungen zu fällen

[1] So auch: P. Meyer, Entscheidungsfindung für Eigenfertigung oder Fremdbezug für die kurze Periode, in: Buchführung, Bilanzierung, Kostenrechnung (BBK), 4/1981, Fach 25, S. 164.

Die Fülle und Verschiedenartigkeit der Beispiele zeigt, daß sich fast jeder Betrieb der Entscheidung "Eigenfertigung oder Fremdbezug" stellen muß[1]. Dafür spricht auch die quantitative Bedeutung der fremdbezogenen Roh-, Hilfs- und Betriebsstoffe sowie Halbfabrikate in unserer Volkswirtschaft: Typisch ist, daß ein Unternehmen im Bereich des produzierenden Gewerbes fast 60 % des Umsatzes[2] für die Materialbeschaffung aufwendet. Betrachten Sie als Beispiel die Pkw-Hersteller: Weniger als die Hälfte des Warenwertes haben diese 1988 selbst hergestellt. Allein von Daimler-Benz wurden für fast 24 Milliarden DM Autoteile eingekauft, und zwar weltweit. Viele Unternehmungen bemühen sich gegenwärtig um eine schlankere Produktion (lean production), d. h. um die Kostensenkung durch Verringerung der Leistungstiefe und Auslagerung von Fertigungen auf Zulieferer. Im Zuge der stärkeren Zusammenarbeit mit Zulieferern, Händlern, Spediteuren und Recyclern entstehen gegenwärtig neue Formen gesamtwirtschaftlicher Arbeitsteilung, bei denen EF-Entscheidungen wichtiger und wichtiger werden.

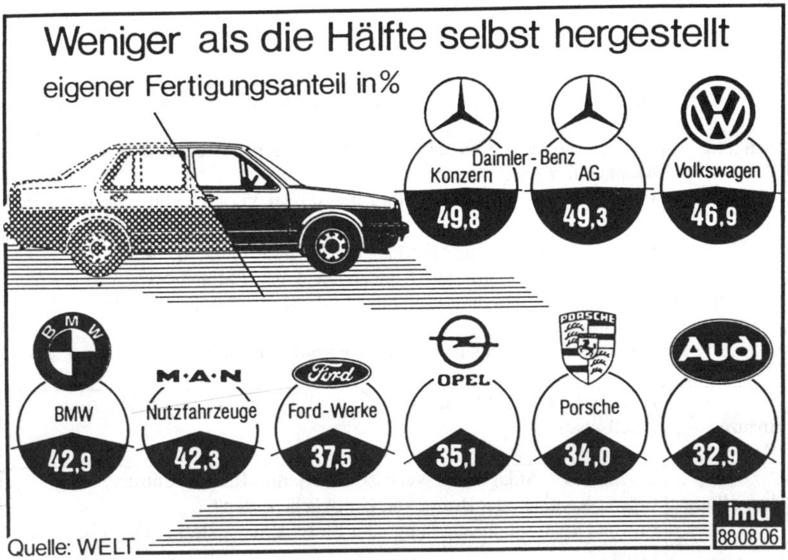

Übersicht 8. 2: Fremdbezugsanteil bei PKW-Herstellern liegt bei 60 Prozent

[1] Eine informative Übersicht über die Erscheinungsformen des Wahlproblems finden Sie in dem grundlegenden Werk: W. Männel, Die Wahl zwischen Eigenfertigung und Fremdbezug, 2., überarb. u. erw. Aufl., Stuttgart 1981, S. 8 ff.

[2] Vgl. Statistisches Jahrbuch für die Bundesrepublik 1992, S. 146.

Beachten Sie bitte, daß der Fremdbezug kostenrechnerisch als ein spezielles Produktionsverfahren aufgefaßt werden kann, bei dem im Regelfall nur variable, nicht aber fixe Kosten auftreten. Die Wahl zwischen Eigenfertigung und Fremdbezug läßt sich also auch als Spezialfall der Wahl des optimalen Produktionsverfahrens auffassen. Die für die Verfahrenswahl entwickelten Entscheidungsregeln sind in analoger Weise für EF-Entscheidungen anwendbar, wobei für den Fremdbezug die Kostenfunktion $K_1 = p_F \cdot x$ gilt.

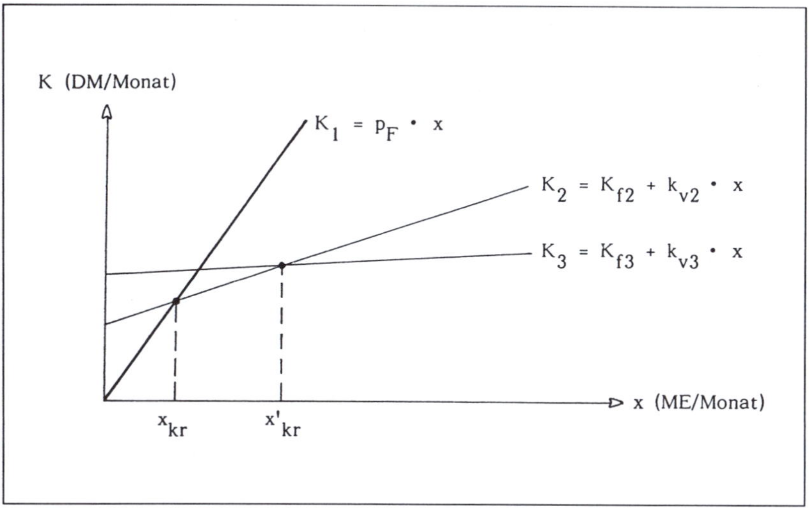

Abbildung 8.1: Fremdbezug als spezielles Produktionsverfahren

Symbole

K_1 = Gesamtkosten bei Verfahren 1 (DM/Monat)
K_{f2} = Fixkosten bei Verfahren 2 (DM/Monat)
k_{v2} = variable Stückkosten bei Verfahren 2 (DM/Stück)
p_F = Preis einer Einheit bei Fremdbezug (DM/Stück)
x_{kr} = kritische Menge (Stück/Monat)

Im Rahmen des betrieblichen Rechnungswesens lassen sich naturgemäß vor allem quantifizierbare Größen zur Entscheidungsfindung heranziehen. Für die Entscheidungsfindung kann es zweckmäßig sein, neben den in Mark und Pfennig festlegbaren Größen auch solche Faktoren zu berücksichtigen, die schwer oder gar nicht quantifizierbar sind, zum Beispiel[1]:

- **Terminplanung:** Fremdbezug macht den Betrieb von der Lieferpolitik des Produzenten abhängig. Sinnvoll sind daher Konventionalstrafen für verspätete Bereitstellung.
- **Qualitätsunterschiede:** Häufig sind zwischen den beiden Bereitstellungswegen Qualitätsunterschiede zu beobachten. Es kann sein, daß die Eigenfertigung infolge der unmittelbaren Einflußnahme zu besseren Ergebnissen führt. Denkbar ist auch, daß die Fremdfertigung aufgrund fertigungstechnischer Spezialisierungsvorteile und rigoroser Qualitätskontrollen vorzuziehen ist.
- **Betriebsgeheimnisse:** Bei Neuheiten besteht im Falle von Fremdbezug die Gefahr, daß Know-how an die Konkurrenz verlorengeht, was zu einer Verminderung des Wettbewerbsvorsprunges führen kann.
- **Konkurrenzaspekte:** Wer den Übergang zum Fremdbezug erwägt, muß bedenken, daß beim Großziehen fremder Zulieferbetriebe die Gefahr entsteht, daß diese selbst in die Weiterverarbeitung vordringen und so zu unmittelbaren Konkurrenten werden.
- **Langfristige Kapitalbindung:** Wegen der hohen Investitionssummen für Grundstücke, Gebäude, Maschinen und Einrichtungen birgt Eigenfertigung besondere Risiken, falls sich die Endprodukte nicht oder nur schwer vermarkten lassen.
- **Elastizität:** Bei plötzlich auftretenden Bedarfsänderungen ist im Fall von Fremdbezug lediglich der Lieferant zu wechseln, während man bei Eigenfertigung den Produktionsapparat umbauen müßte.

Die Entscheidung im Einzelfall hängt sowohl von den Ergebnissen des betrieblichen Rechnungswesens als auch von den nicht oder nur schwer quantifizierbaren Faktoren ab. Die nicht quantifizierbaren Faktoren (= qualitative Aspekte) sollten Sie verbal so genau wie möglich beschreiben und eventuell im Rahmen eines Punktesystems, wie es die Nutzwertanalyse[2] bietet, näherungsweise gewichten.

---

[1] Vgl. W. Männel, Eigenfertigung oder Fremdbezug, in: Handwörterbuch der Betriebswirtschaft, hrsg. v. E. Grochla u. W. Wittmann, Stuttgart 1974, Sp. 1235 ff.

[2] Vgl. K.-D. Däumler/J. Grabe, Kostenrechnungslexikon, a. a. O., S. 253 f.

Analog zu unserem Vorgehen bei der Wahl des optimalen Produktionsverfahrens haben wir auch bei Entscheidungen bezüglich Eigenfertigung oder Fremdbezug (EF-Entscheidungen, make or buy) verschiedene betriebliche Situationen zu untersuchen, um die jeweils zweckmäßige Entscheidungsregel zu finden.

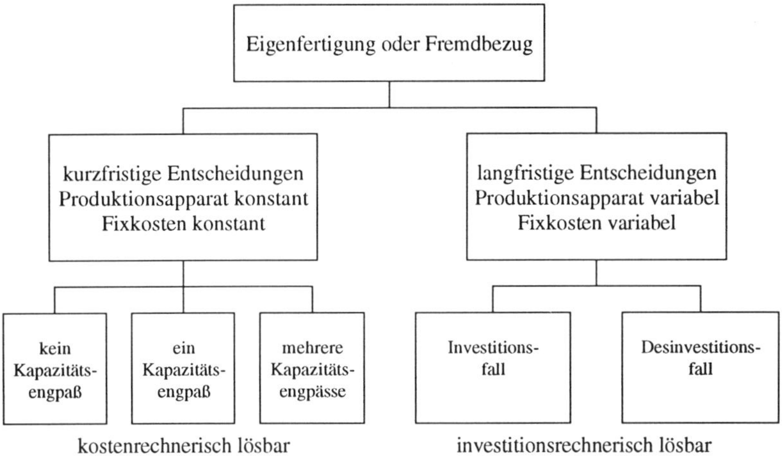

Übersicht 8.3: Praktische EF-Entscheidungen: Fünf Situationen sind zu beachten

8.2 Kurzfristige EF-Entscheidungen ohne Engpässe

8.2.1 Entscheidungssituation

Die Situation ohne Kapazitätsengpaß ist dadurch gekennzeichnet, daß im Falle der Eigenfertigung die vorhandene Ausstattung des Betriebes ausreicht, d. h. Sie kommen ohne Investitionen und Personaleinstellungen aus. Geht man zur Fremdfertigung über, so hat dies kurzfristig keinen Einfluß auf die maschinelle und personelle Ausstattung des Betriebes, da bei einer Produktionsverlagerung auf Zulieferer kurzfristig keine Fixkosten abgebaut werden können. Der Fremdbezug bringt in der kurzen Periode lediglich eine Verminderung der variablen Kosten der Eigenfertigung.

8.2.2 Beispiel und Entscheidungsregel

Geht man im praktischen Fall von einem linearen Gesamtkostenverlauf aus, sind also variable Stückkosten und Grenzkosten identisch, so wird

- fremdbezogen, solange der Lieferantenpreis unter den variablen Stückkosten liegt und
- eigengefertigt, falls der Lieferantenpreis die variablen Stückkosten übersteigt.

Sie vergleichen also die variablen Stückkosten k_v der Eigenfertigung mit dem Fremdbezugspreis p_F:

(8.1)	$p_F < k_v$	**Fremdbezug vorteilhaft**
	$p_F > k_v$	**Eigenfertigung vorteilhaft**

Entspricht der Fremdbezugspreis den variablen Stückkosten der Eigenfertigung, erfolgt die Entscheidung aufgrund qualitativer Aspekte. Das gilt auch dann, wenn die Unterschiede zwischen den beiden Größen unerheblich sind.

Beispiel 8.1 (Autoteile eigenfertigen oder fremdbeziehen?)

Ein Autohersteller produziert in einem Zweigwerk mehrere Einbauteile. Die Kapazität reicht für die Herstellung der benötigten Mengen aus. Neuerdings werden einige der bisher eigengefertigten Einbauteile auch von diversen Zulieferern angeboten. Die Ausgangsdaten lauten:

Einbauteil	x Bedarfsmenge (Stück/Monat)	p_F günstigster Fremdbezugspreis	k_v variable Stückkosten (DM/Stück)	k gesamte Stückkosten
Pumpen	50.000	165	120	190
Wischer	200.000	40	20	35
Vergaser	100.000	220	150	210
Felgen	150.000	110	130	150

Welche Einbauteile sind kurzfristig fremdzubeziehen, welche eigenzufertigen, wenn man

a) nach der Vollkostenrechnung,

b) nach der Teilkostenrechnung vorgeht?

Lösung a) Vollkostenrechnung

Falls der Autohersteller auf der Basis einer Vollkostenrechnung entscheidet, kommt man zum Ergebnis,

- Pumpen und Felgen fremdzubeziehen (da $p_F < k$) und
- Wischer und Vergaser eigenzufertigen (da $p_F > k$).

Nach einem Monat würde man jedoch feststellen, daß die Gesamtkosten der Pumpen im Vergleich zur Vorperiode nicht - wie erwartet - gesunken, sondern auf 11,75 Mio DM gestiegen sind. Die Stückkosten von 190 DM enthalten anteilige Fixkosten von 70 DM, die nicht entscheidungsrelevant sind, da sich die Kapazität durch die getroffene Entscheidung kurzfristig nicht ändert. Beim Fremdbezug entstehen dem Betrieb daher nicht nur Kosten von $165 \cdot 50\,000 =$ 8,25 Mio DM/Monat, sondern es fallen darüber hinaus auch fixe Kosten von $70 \cdot 50\,000 =$ 3,5 Mio DM pro Monat an, zusammen also 11,75 Mio DM pro Monat. Bei Eigenfertigung hingegen kommt man mit Kosten von 9,5 Millionen DM/Monat aus. Dieser Vergleich zeigt, daß die Vollkostenrechnung leicht zu Fehlentscheidungen führt.

Lösung b) Teilkostenrechnung

Aufgrund der Teilkostenrechnung, die die variablen Stückkosten k_v mit dem günstigsten Fremdbezugspreis p_F vergleicht, gelangt man zu folgendem Ergebnis:

Einbauteil	p_F (DM/Stück)	k_v (DM/Stück)	Entscheidung	Begründung
Pumpen	165	120	eigenfertigen	$p_F > k_v$
Wischer	40	20	eigenfertigen	$p_F > k_v$
Vergaser	220	150	eigenfertigen	$p_F > k_v$
Felgen	110	130	fremdbeziehen	$p_F < k_v$

Entscheidungsregel: Die variablen Stückkosten eines Einbauteils stellen die kurzfristige Preisobergrenze im Falle des Fremdbezugs dar[1].

8.3 Kurzfristige EF-Entscheidungen bei einem Engpaß

8.3.1 Entscheidungssituation

Wird kurzfristig ein beliebiger betrieblicher Engpaß wirksam, so können nicht alle Teile, für die $p_F > k_v$ gilt, eigengefertigt werden. Es muß dann entschieden werden, in welchen Fällen die Produktion auf die Zulieferer zu verlagern ist.

8.3.2 Beispiel und Entscheidungsregel

Wird die Produktion eines Gutes, das eigentlich günstiger eigenzufertigen wäre, aus Kapazitätsgründen auf einen Lieferanten verlagert, so entsteht ein Kostennachteil von $(p_F - k_v)$ DM je Stück. Für eine Produktionsverlagerung eignen sich unter sonst gleichen Umständen vor allem also solche Güter, bei denen die verlagerungsbedingten Mehrkosten je Einheit vergleichsweise gering sind.

---

[1] So auch: L. Haberstock, Grundzüge der Kosten- und Erfolgsrechnung, a. a. O., S. 176.

Neben den Mehrkosten je Einheit durch Verlagerung ist aber auch der Kapazitätseffekt zu beachten. Sie lassen unter sonst gleichen Umständen bevorzugt solche Produkte fremdfertigen, deren Auslagerung eine hohe Engpaßentlastung je Einheit mit sich bringt.

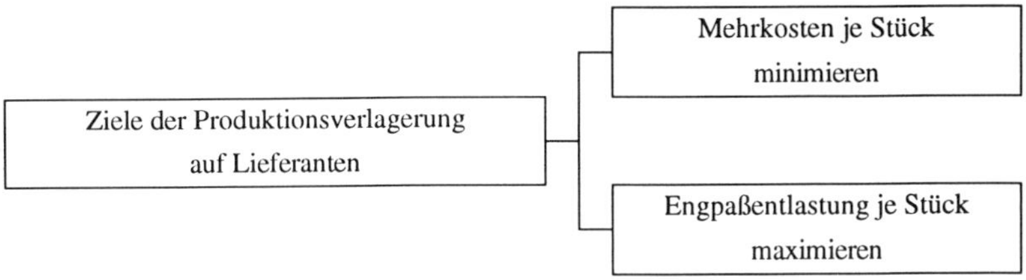

Die gleichwertige Berücksichtigung beider Argumente führt zur Forderung, EF-Entscheidungen nach Maßgabe der zu minimierenden spezifischen Mehrkosten bei Fremdfertigung zu treffen. Für ein beliebiges Produkt ermitteln Sie die spezifischen Mehrkosten der Fremdfertigung, indem Sie den Kostennachteil je Stück $p_F - k_v$ auf die durch die Auslagerung vermiedene Engpaßinanspruchnahme je Einheit e_E beziehen. Es gilt:

(8.2)
$$\text{Spezifische Mehrkosten bei Fremdfertigung} = \frac{\text{Mehrkosten je Stück}}{\text{Engpaßentlastung je Stück}} = \frac{p_F - k_v}{e_E}$$

Symbole

p_F = Fremdbezugspreis (DM/Stück)
k_v = variable Stückkosten bei Eigenfertigung (DM/Stück)
e_E = Engpaßentlastung je Stück (Engpaßkapazitätseinheiten/Stück)

Entscheidungsregel: Analog zu unserem Vorgehen bei der Wahl des optimalen Produktionsverfahrens können wir folgende Entscheidungsregel formulieren:

1. Man ermittelt für jedes Halb- oder Fertigprodukt jenen Beschaffungsweg (Eigenfertigung oder Fremdbezug), der für das betreffende Gut am kostengünstigsten ist (Maßstab: variable Stückkosten minimieren).

2. Wird im Rahmen der Eigenfertigung ein bestimmter betrieblicher Teilbereich zum Engpaßsektor, so ist der Engpaß schrittweise zu entlasten, wobei man mit den Erzeugnisarten beginnt, deren spezifische Mehrkosten bei Fremdfertigung am geringsten sind.
3. Diese Erzeugnisse werden so lange der nächstgünstigsten Fremdbezugsmöglichkeit zugeordnet, bis die Fehlkapazität des Engpasses abgebaut ist.

Beispiel 8.3 (Engpaßsituation in Schraubenfabrik)

Eine Schraubenfabrik fertigt fünf verschiedene Typen von Schrauben, die alle eine bestimmte Gewindeschneideanlage in Anspruch nehmen, falls die Eigenfertigung gewählt wird. Die Gewindeschneideanlage kann monatlich 160 Stunden in Anspruch genommen werden. Sämtliche Schraubentypen könnten auch ohne Qualitätseinbuße fremdbezogen werden. Für den kommenden Monat gelten folgende Daten:

Schraubentyp	x (TSt/Mon)	t (Min/TSt)	$x \cdot t$ (Min/Mon)	p_F (DM/TSt)	k_v (DM/TSt)
A	300	20	6.000	20	15
B	250	12	3.000	17	10
C	200	10	2.000	21	9
D	100	8	800	8	5
E	100	15	1.500	10	11
benötigte Gesamtkapazität:				13.300 (Minuten/Monat)	
bei ausschließlicher Eigenfertigung verfügbare Kapazität:				9.600 (Minuten/Monat)	

Symbole

x = benötigte Monatsmenge in TStück. Die Menge eines Typs kann ganz oder teilweise eigengefertigt oder fremdbezogen werden.
t = Inanspruchnahme der Gewindeschneideanlage in Minuten je TStück.
k_v = variable Stückkosten bei Eigenfertigung (DM/TStück).
p_F = günstigster Fremdbezugspreis (DM/TStück).

Wieviele Einheiten je Typ sollen eigengefertigt/fremdbezogen werden?

Lösung

Für Typ E gilt $p_F < k_v$; somit ist hier ohnehin der Fremdbezug als vorteilhaftere Alternative zu wählen. Um den Engpaß konkurrieren also nur die Typen A, B, C und D, für die eine Rangfolge nach Maßgabe der spezifischen Mehrkosten bei Fremdbezug aufzustellen ist.

Typ	$p_F - k_v$ (DM/TStück)	t (Min/TStück)	$\frac{p_F - k_v}{t}$ (DM/Min)	Rang
A	5	20	0,2500	4
B	7	12	0,5833	2
C	12	10	1,2000	1
D	3	8	0,3750	3

Die verfügbare Engpaßzeit wird nach Maßgabe der zu minimierenden spezifischen Mehrkosten bei Fremdfertigung auf die Produkttypen verteilt:

Rang	Typ	T zur Verfügung stehende Kapazität (Min/Monat)	x_E Eigenfertigungsmenge (TStück/Mon)	t (Min/TStück)	$x_E \cdot t$ (Min/Monat)
1	C	9.600	200	10	2.000
2	B	7.600	250	12	3.000
3	D	4.600	100	8	800
4	A	3.800	190	20	3.800
				für Eigenfertigung benötigte Kapazität:	9.600

Ergebnis

Die Typen A bis E sind in folgenden Stückzahlen eigenzufertigen bzw. fremdzubeziehen:

Typ	x_E Eigenfertigungsmenge	x_F Fremdbezugsmenge (TStück/Mon)	$x_E + x_F$ Gesamtmenge
A	190	110	300
B	250	0	250
C	200	0	200
D	100	0	100
E	0	100	100

8.4 Kurzfristige EF-Entscheidungen bei mehreren Engpässen

Sind EF-Entscheidungen für einen Betrieb zu treffen, bei dem im Fall der Eigenfertigung mehr als ein Engpaß wirksam wird, so ist der bisherige Lösungsweg nicht mehr gangbar. Wir haben statt dessen (wie schon bei der Wahl des optimalen Produktionsverfahrens) eine simultane Lösung mit Hilfe der linearen Optimierung zu suchen. Diese Lösung können Sie anhand des folgenden Beispiels[1] nachvollziehen.

Beispiel 8.4 (Thermidor KG: Engpässe bei Kombithermen)

Die Thermidor KG stellt unter anderem Kombithermen her. Die Kombithermen benötigen - je nach Typ - unterschiedliche Vorlaufweichen A, B, C zur Regelung der Raumtemperatur. Die Vorlaufweichen werden auf drei Maschinen produziert, könnten aber auch in gleicher Qualität fremdbezogen werden. Im einzelnen gelten folgende Daten:

[1] Vgl. J. Schmarbeck, Fremdbezugsentscheidungen mit Hilfe der Deckungsbeitragsrechnung, Diplomarbeit an der FH Kiel, Kiel 1989, S. 60 ff.

Ökonomische Daten			
Vorlauf-weiche	x (Stück/Mon)	p_F (DM/Stück)	k_v (DM/Stück)
A	2.700	260	210
B	900	220	200
C	2.100	295	280

Technische Daten				
Maschine	t_a (Min/Stück)	t_b (Min/Stück)	t_c (Min/Stück)	T (Min/Mon)
1	2	3	2,5	10.800
2	1	4	2,0	12.000
3	4	2	1,0	12.000

Symbole

x = Bedarf (Stück/Monat)
p_F = günstigster Fremdbezugspreis (DM/Stück)
k_v = variable Stückkosten bei Eigenfertigung (DM/Stück)
t_a, t_b, t_c = Stückzeiten Gut A, B, C (Minuten/Stück)
T = Kapazität der Maschinen (Minuten/Monat)

Wieviele Einheiten je Typ sollen eigengefertigt/fremdbezogen werden?

Lösung (Ersparnismaximierungsansatz)

1. Aufstellung des Bedingungssystems

$$\left.\begin{aligned} 2\,x_a + 3\,x_b + 2{,}5\,x_c &\le 10.800 \\ 1\,x_a + 4\,x_b + 2{,}0\,x_c &\le 12.000 \\ 4\,x_a + 2\,x_b + 1{,}0\,x_c &\le 12.000 \end{aligned}\right\} \text{ maschinelle Restriktionen}$$

$$\left.\begin{aligned} x_a &\le 2.700 \\ x_b &\le 900 \\ x_c &\le 2.100 \end{aligned}\right\} \text{ Höchstmengen}$$

$$\boxed{E = \underbrace{50}_{260-210}\,x_a + \overbrace{20}^{220-200}\,x_b + \underbrace{15}_{295-280}\,x_c = \max!} \quad \} \text{ Zielfunktion}$$

Symbole

E = Ersparnis (DM/Monat)
x_a, x_b, x_c = Anzahl eigenzufertigender Weichen A, B, C (Stück/Monat)

2. Lösung mit Hilfe eines Simplex-Programms

Anzahl der Nebenbedingungen (ohne Zielfunktion) - (max. 50): 6

Anzahl der Variablen (max. 30): 9

<u>1. Nebenbedingung:</u>

x_a	* 2,0
x_b	* 3,0
x_c	* 2,5
x_d	* 0,0
x_e	* 0,0
x_f	* 0,0
x_g	* 0,0
x_h	* 0,0
x_i	* 0,0
$\leq$	10.800

<u>2. Nebenbedingung:</u>

x_a	* 1,0
x_b	* 4,0
x_c	* 2,0
x_d	* 0,0
x_e	* 0,0
x_f	* 0,0
x_g	* 0,0
x_h	* 0,0
x_i	* 0,0
$\leq$	12.000

<u>3. Nebenbedingung:</u>

x_a	* 4,0
x_b	* 2,0
x_c	* 1,0
x_d	* 0,0
x_e	* 0,0
x_f	* 0,0
x_g	* 0,0
x_h	* 0,0
x_i	* 0,0
$\leq$	12.000

<u>4. Nebenbedingung:</u>

x_a	* 1,0
x_b	* 0,0
x_c	* 0,0
x_d	* 0,0
x_e	* 0,0
x_f	* 0,0
x_g	* 0,0
x_h	* 0,0
x_i	* 0,0
$\leq$	2.700

<u>5. Nebenbedingung:</u>

x_a	* 0,0
x_b	* 1,0
x_c	* 0,0
x_d	* 0,0
x_e	* 0,0
x_f	* 0,0
x_g	* 0,0
x_h	* 0,0
x_i	* 0,0
$\leq$	900

<u>6. Nebenbedingung:</u>

x_a	* 0,0
x_b	* 0,0
x_c	* 1,0
x_d	* 0,0
x_e	* 0,0
x_f	* 0,0
x_g	* 0,0
x_h	* 0,0
x_i	* 0,0
$\leq$	2.100

<u>Zielfunktion:</u>

x_a	* 50,0
x_b	* 20,0
x_c	* 15,0
x_d	* 0,0
x_e	* 0,0
x_f	* 0,0
x_g	* 0,0
x_h	* 0,0
x_i	* 0,0
Fixkosten:	0

(Un-)Gleichungssystem											
Neben-bedingung:	x_a	x_b	x_c	x_d	x_e	x_f	x_g	x_h	x_i		(x_i)
Nr. 1	2,0	3,0	2,5	0,0	0,0	0,0	0,0	0,0	0,0	≤	10.800,00
Nr. 2	1,0	4,0	2,0	0,0	0,0	0,0	0,0	0,0	0,0	≤	12.000,00
Nr. 3	4,0	2,0	1,0	0,0	0,0	0,0	0,0	0,0	0,0	≤	12.000,00
Nr. 4	1,0	0,0	0,0	0,0	0,0	0,0	0,0	0,0	0,0	≤	2.700,00
Nr. 5	0,0	1,0	0,0	0,0	0,0	0,0	0,0	0,0	0,0	≤	900,00
Nr. 6	0,0	0,0	1,0	0,0	0,0	0,0	0,0	0,0	0,0	≤	2.100,00
Ziel-funktion	50,0	20,0	15,0	0,0	0,0	0,0	0,0	0,0	0,0	=	0,00

Simplex-Tableau 1

1	2,0	3,0	2,5	0,0	0,0	0,0	0,0	0,0	0,0	1,0	0,0	0,0	0,0	0,0	0,0	=	10.800,00
2	1,0	4,0	2,0	0,0	0,0	0,0	0,0	0,0	0,0	0,0	1,0	0,0	0,0	0,0	0,0	=	12.000,00
3	4,0	2,0	1,0	0,0	0,0	0,0	0,0	0,0	0,0	0,0	0,0	1,0	0,0	0,0	0,0	=	12.000,00
4	1,0	0,0	0,0	0,0	0,0	0,0	0,0	0,0	0,0	0,0	0,0	0,0	1,0	0,0	0,0	=	2.700,00
5	0,0	1,0	0,0	0,0	0,0	0,0	0,0	0,0	0,0	0,0	0,0	0,0	0,0	1,0	0,0	=	900,00
6	0,0	0,0	1,0	0,0	0,0	0,0	0,0	0,0	0,0	0,0	0,0	0,0	0,0	0,0	1,0	=	2.100,00
ZF	50,0	20,0	15,0	0,0	0,0	0,0	0,0	0,0	0,0	0,0	0,0	0,0	0,0	0,0	0,0	=	D + 0,00

Simplex-Tableau 2

1	0,0	3,0	2,5	0,0	0,0	0,0	0,0	0,0	0,0	1,0	0,0	0,0	- 2,0	0,0	0,0	=	5.400,00
2	0,0	4,0	2,0	0,0	0,0	0,0	0,0	0,0	0,0	0,0	1,0	0,0	- 1,0	0,0	0,0	=	9.300,00
3	0,0	2,0	1,0	0,0	0,0	0,0	0,0	0,0	0,0	0,0	0,0	1,0	- 4,0	0,0	0,0	=	1.200,00
4	1,0	0,0	0,0	0,0	0,0	0,0	0,0	0,0	0,0	0,0	0,0	0,0	1,0	0,0	0,0	=	2.700,00
5	0,0	1,0	0,0	0,0	0,0	0,0	0,0	0,0	0,0	0,0	0,0	0,0	0,0	1,0	0,0	=	900,00
6	0,0	0,0	1,0	0,0	0,0	0,0	0,0	0,0	0,0	0,0	0,0	0,0	0,0	0,0	1,0	=	2.100,00
ZF	0,0	20,0	15,0	0,0	0,0	0,0	0,0	0,0	0,0	0,0	0,0	0,0	- 50,0	0,0	0,0	=	D - 135.000,00

Simplex-Tableau 3

1	0,0	0,0	1,0	0,0	0,0	0,0	0,0	0,0	0,0	1,0	0,0	- 1,5	4,0	0,0	0,0	=	3.600,00
2	0,0	0,0	0,0	0,0	0,0	0,0	0,0	0,0	0,0	0,0	1,0	- 2,0	7,0	0,0	0,0	=	6.900,00
3	0,0	1,0	0,5	0,0	0,0	0,0	0,0	0,0	0,0	0,0	0,0	0,5	- 2,0	0,0	0,0	=	600,00
4	1,0	0,0	0,0	0,0	0,0	0,0	0,0	0,0	0,0	0,0	0,0	0,0	1,0	0,0	0,0	=	2.700,00
5	0,0	0,0	- 0,5	0,0	0,0	0,0	0,0	0,0	0,0	0,0	0,0	0,5	2,0	1,0	0,0	=	300,00
6	0,0	0,0	1,0	0,0	0,0	0,0	0,0	0,0	0,0	0,0	0,0	0,0	0,0	0,0	1,0	=	2.100,00
ZF	0,0	0,0	5,0	0,0	0,0	0,0	0,0	0,0	0,0	0,0	0,0	- 10,0	- 10,0	0,0	0,0	=	D - 147.000,00

Simplex-Tableau 4

1	0,0	- 2,0	0,0	0,0	0,0	0,0	0,0	0,0	0,0	1,0	0,0	- 2,5	8,0	0,0	0,0	=	2.400,00
2	0,0	0,0	0,0	0,0	0,0	0,0	0,0	0,0	0,0	0,0	1,0	- 2,0	7,0	0,0	0,0	=	6.900,00
3	0,0	2,0	1,0	0,0	0,0	0,0	0,0	0,0	0,0	0,0	0,0	1,0	- 4,0	0,0	0,0	=	1.200,00
4	1,0	0,0	0,0	0,0	0,0	0,0	0,0	0,0	0,0	0,0	0,0	0,0	1,0	0,0	0,0	=	2.700,00
5	0,0	1,0	0,0	0,0	0,0	0,0	0,0	0,0	0,0	0,0	0,0	0,0	0,0	1,0	0,0	=	900,00
6	0,0	- 2,0	0,0	0,0	0,0	0,0	0,0	0,0	0,0	0,0	0,0	- 1,0	4,0	0,0	1,0	=	900,00
ZF	0,0	- 10,0	0,0	0,0	0,0	0,0	0,0	0,0	0,0	0,0	0,0	- 15,0	10,0	0,0	0,0	=	D - 153.000,00

Simplex-Tableau 5

1	0,0	2,0	0,0	0,0	0,0	0,0	0,0	0,0	0,0	1,0	0,0	- 0,5	0,0	0,0	- 2,0	=	600,00
2	0,0	3,5	0,0	0,0	0,0	0,0	0,0	0,0	0,0	0,0	1,0	- 0,3	0,0	0,0	- 1,8	=	5.325,00
3	0,0	0,0	1,0	0,0	0,0	0,0	0,0	0,0	0,0	0,0	0,0	0,0	0,0	0,0	1,0	=	2.100,00
4	1,0	0,5	0,0	0,0	0,0	0,0	0,0	0,0	0,0	0,0	0,0	0,3	0,0	0,0	- 0,3	=	2.475,00
5	0,0	1,0	0,0	0,0	0,0	0,0	0,0	0,0	0,0	0,0	0,0	0,0	0,0	1,0	0,0	=	900,00
6	0,0	- 0,5	0,0	0,0	0,0	0,0	0,0	0,0	0,0	0,0	0,0	- 0,3	1,0	0,0	0,3	=	225,00
ZF	0,0	20,0	5,0	0,0	0,0	0,0	0,0	0,0	0,0	0,0	0,0	- 12,5	0,0	0,0	- 2,5	=	D - 155.250,00

Ergebnis

Bei Herstellung von:	Produkt a mit:	2.475 Stück
	Produkt b mit:	0 Stück
	Produkt c mit:	2.100 Stück
	Produkt d mit:	0 Stück
	Produkt e mit:	0 Stück
	Produkt f mit:	0 Stück
	Produkt g mit:	0 Stück
	Produkt h mit:	0 Stück
	Produkt i mit:	0 Stück
ergibt sich ein optimaler Gesamtdeckungsbeitrag von:		155.250,00 DM
Freie Kapazitäten	bei Nebenbedingung 1:	600 Minuten
	bei Nebenbedingung 2:	5.325 Minuten
	bei Nebenbedingung 4:	225 Minuten
	bei Nebenbedingung 5:	900 Minuten
Dualvariable/Schattenpreise	bei Nebenbedingung 3:	12,50 DM
	bei Nebenbedingung 6:	2,50 DM

Übersicht 8.4: Dialog zur Durchführung eines Simplex-Programms

Ergebnisinterpretation

Von den Vorlaufweichen A sind im kommenden Monat 2.475 Stück eigenzufertigen und (Bedarf: 2.700 Stück/Monat) 225 Stück fremdzubeziehen. Auf die Fremdbezugsmenge von 225 Einheiten weist auch die Schlupfvariable (freie Kapazität bei Nebenbedingung 4 ist 225 Minuten) hin.

Die benötigten 900 Vorlaufweichen B müssen vollständig zugekauft werden ($x_b = 0$ und freie Kapazität Nebenbedingung 5 = 900 Minuten).

Die benötigten 2.100 Einheiten C können vollständig eigengefertigt werden ($x_c = 2.100$; freie Kapazität bei Nebenbedingung 6 ist 0).

Die durch die Eigenfertigung gegenüber dem vollständigen Fremdbezug maximal erzielbare Ersparnis beträgt 155.250 DM/Monat.

Die Kapazität der Maschinen 1 und 2 wird nicht voll genutzt. Die Möglichkeit, die beiden Anlagen jeweils eine Minute länger nutzen zu können, hätte also keine Ergebnisverbesserung zur Folge. Die zugehörigen Dualvariablen sind gleich Null.

Maschine 3 dagegen wird voll genutzt. Die Dualvariable ist 12,50 DM: Jede zusätzliche Maschinenminute erhöht die erzielbare Ersparnis um 12,50 DM. Grund: Sie würden zusätzliche Mengen A produzieren (Ersparnis pro Stück: 50 DM), für die Sie jeweils 4 Maschinenminuten benötigen (Ersparnis pro Maschinenminute: 12,50 DM).

Voll ausgeschöpft wird auch die Höchstmenge für die Vorlaufweichen C (2.100 Stück/Monat). Die Dualvariable ist 2,50 DM: Jede Absatzeinheit über die bisherige Höchstmenge hinaus verbessert das Betriebsergebnis um 2,50 DM. Angenommen, Sie könnten mit Hilfe eines bestimmten Geldbetrages pro Stück einen neuen Markt für C erschließen, dann dürften Sie je Einheit C eine maximale Verkaufsprämie von 2,50 DM vorsehen.

8.5 Langfristige EF-Entscheidungen

Langfristig sind Betriebskapazität und betrieblicher Produktionsmittelbestand variierbar; somit sind nicht nur variable, sondern auch fixe Kosten entscheidungsrelevant. Sie vergleichen beispielsweise die (meist variablen) Kosten für Fremdbezug mit den variablen und fixen Kosten der Eigenfertigung.

Langfristige EF-Entscheidungen treten in zwei Varianten auf:

(1) Sie beziehen die benötigten Güter von außen und fragen, ob langfristig die Eigenfertigung vorteilhafter ist. Diese Frage stellen und beantworten Sie vor allem dann, wenn das Investitionsbudget der kommenden Jahre zur Entscheidung ansteht, denn der Übergang zur Eigenfertigung bedingt meist eine Erweiterungsinvestition.

(2) Sie erzeugen die benötigten Güter gegenwärtig selbst und fragen, ob langfristig der Fremdbezug wirtschaftlicher ist. Diese Frage stellen und beantworten Sie vor allem dann, wenn wichtige Anlagen, die der Eigenerzeugung dienen, ersetzt werden müssen. Die Alternative lautet: Ersatzinvestition vornehmen oder unterlassen?

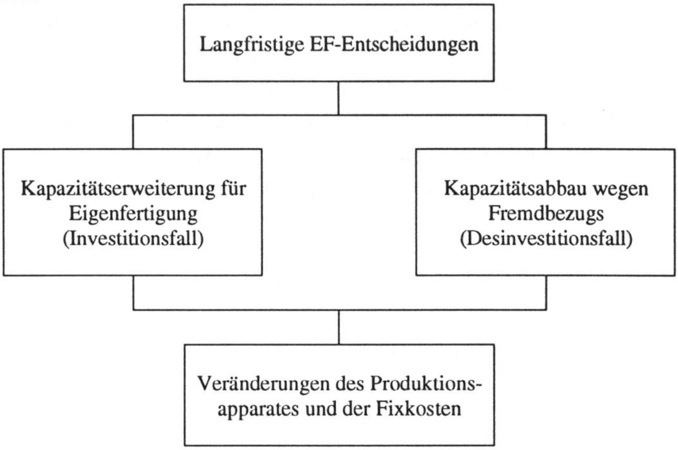

Im Kern geht es also darum, ob eine Investition durchgeführt werden soll oder nicht. Die Antwort auf die Frage, ob eine bestimmte Investition lohnend oder nicht lohnend ist, sollten Sie in Ihrem Betrieb nicht mit den Mitteln der Kostenrechnung suchen, da dies die Gefahr von Fehlentscheidungen einschließt[1]. Investitionsprobleme sind vielmehr mit Hilfe der Investitionsrechnung zu lösen, die die Ein- und Auszahlungen mit ihrer zeitlichen Verteilung sowie Zinsen und Zinseszinsen berücksichtigt.

Es genügt also nicht, wenn man fordert, langfristige EF-Entscheidungen mit Hilfe der Investitionsrechnung zu lösen, und dann doch bei der traditionellen kostenrechnerischen Lösung bleibt[2]. Man muß den Schritt zum investitionsrechnerischen Lösungsansatz auch tatsächlich tun[3]. Dabei ist insbesondere die Annuitätenmethode zu empfehlen, weil sie dem kostenrechnerischen Denken besonders nahesteht.

[1] Vgl. etwa: K.-D. Däumler, Grundlagen der Investitions- und Wirtschaftlichkeitsrechnung, a. a. O., S. 42 ff.

[2] Vgl. hierzu: L. Haberstock, Grundzüge der Kosten- und Erfolgsrechnung, a. a. O., S. 176 f.

[3] So etwa: P. Meyer, Entscheidungsfindung Eigenfertigung oder Fremdbezug für die lange Periode, in: Buchführung, Bilanzierung, Kostenrechnung (BBK), 10/1981, Fach 25, S. 177 ff. - W. Männel, Die Wahl zwischen Eigenfertigung und Fremdbezug, a. a. O., S. 242 ff.

Häufig bietet es sich an, ergänzend eine kritische Werte-Rechnung durchzuführen, etwa zur Beantwortung der Fragen:

- Bis zu welchem Höchstpreis sollte man auf Eigenfertigung verzichten und statt dessen beim Fremdbezug bleiben?
  Hinweis: Die Ermittlung eines maximal zulässigen Fremdbezugspreises setzt voraus, daß die Bedarfsmengen genau feststehen.

- Bei welcher Menge lohnt sich eine Investition zum Zwecke der späteren Eigenfertigung gegenüber dem Fremdbezug?
  Hinweis: Die Ermittlung der kritischen Menge setzt voraus, daß die Preise genau feststehen.

Beispiel 8.5 ("Power to the Bauer" auf Eigen- oder Fremdfelgen?)

Ein Treckerhersteller erzeugt unter anderem jährlich 500 Einheiten des 100 kW-Modells "Power to the Bauer". Die hierfür benötigten 2.000 Felgen werden bisher fremdbezogen, und zwar zum Fremdbezugspreis p_F = 320 DM pro Felge. Man erwägt den Übergang zur Eigenfertigung. Dazu wäre der Kauf einer Anlage erforderlich, deren Anschaffungsauszahlung 2 Mio DM beträgt. Die Nutzungsdauer wird auf 10 Jahre geschätzt. Ein Restwert ist danach nicht mehr zu erwarten. Die Anlage müßte durch einen neu einzustellenden Meister bedient werden, für den ein Jahresgehalt von a_f = 50.000 DM anzusetzen ist. Die stückabhängigen Auszahlungen betragen a_v = 200 DM je Felge im Falle der Eigenfertigung. Der Unternehmer rechnet mit einem Kalkulationszinsfuß von 8 %.

a) Ist die Eigenfertigung beim gegenwärtigen Bedarf wirtschaftlich? Beantworten sie diese Frage mit Hilfe der durchschnittlich jährlichen Auszahlungen (DJA), die bei Eigenfertigung und Fremdbezug anfallen.

b) Ab welchem Jahresbedarf lohnt sich die Eigenfertigung bei gegebenem Fremdbezugspreis?

c) Wie hoch darf der Fremdbezugspreis bei gegebener Menge allenfalls sein?

Lösung a) Durchschnittliche jährliche Auszahlungen bei Eigenfertigung und Fremdbezug

Fremdbezug: $DJA_F = p_F \cdot x = 320 \cdot 2.000$

$DJA_F = 640.000$ DM/Jahr

Eigenfertigung: $DJA_E = A \cdot KWF_n + a_f + a_v \cdot x$

$DJA_E = 2.000.000 \cdot 0{,}149029 + 50.000 + 200 \cdot 2.000$

$DJA_E = 748\ 058$ DM/Jahr

Ergebnis

Die Menge von 2.000 Felgen pro Jahr können Sie am billigsten fremdbeziehen. Sie sparen dann gegenüber der Eigenfertigung 748.058 - 640.000 = 108.058 DM jährlich.

Lösung b) Ermittlung der kritischen Menge

Sie ermitteln die kritische Menge x_{kr} in bezug auf die beiden Beschaffungswege, indem Sie die DJA bei Eigenfertigung und Fremdbezug gleichsetzen:

DJA bei Eigenfertigung = DJA bei Fremdbezug

$$A \cdot KWF_n + a_f + a_v \cdot x_{kr} = p_F \cdot x_{kr}$$

$$2.000.000 \cdot 0{,}149029 + 50.000 + 200 \cdot x_{kr} = 320 \cdot x_{kr}$$

$$348.058 = 120\, x_{kr}$$

$$x_{kr} = 2.900{,}48 \text{ Stück/Jahr}$$

$$x_{kr} \approx 2.900 \text{ Stück/Jahr}$$

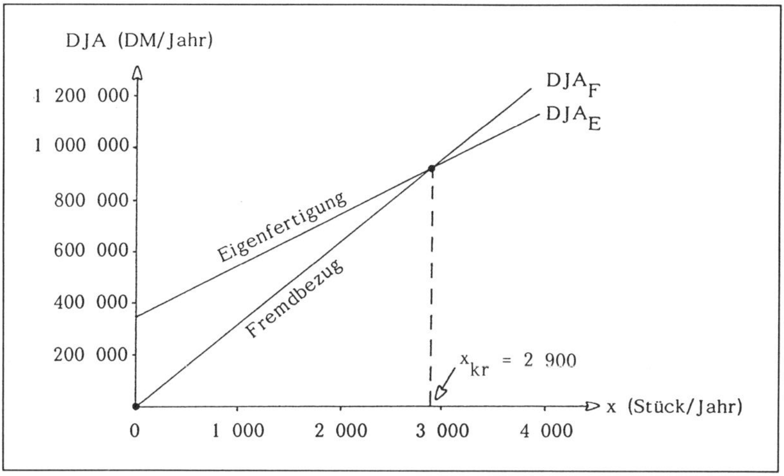

Abbildung 8.2: Ermittlung der kritischen Menge

Ergebnis

Bei gegebenen Preisen lohnt sich der Fremdbezug bis zu einem Jahresbedarf von 2.900 Einheiten. Sollte der Jahresbedarf diese Grenze übersteigen, ist es sinnvoll. zur Eigenfertigung überzugehen.

Lösung c) Ermittlung des kritischen Preises

Sie ermitteln den maximal zulässigen (kritischen) Fremdbezugspreis p_F^{kr}, indem Sie die durchschnittlichen jährlichen Auszahlungen DJA beider Beschaffungswege gleichsetzen:

DJA bei Eigenfertigung = DJA bei Fremdbezug

$$A \cdot KWF_n + a_f + a_v \cdot x = p_F^{kr} \cdot x$$

$$2.000.000 \cdot 0{,}149029 + 50.000 + 200 \cdot 2.000 = p_F^{kr} \cdot 2.000$$

$$348.058 + 400.000 = p_F^{kr} \cdot 2.000$$

$$p_F^{kr} \approx 374 \text{ DM/Stück}$$

Ergebnis

In der Ausgangssituation (bei der Menge von 2.000 Felgen/Jahr) bleibt der Fremdbezug vorteilhaft, solange der Fremdbezugspreis unter 374,03 DM/Felge liegt. Beim Preis von 374,03 DM sind beide Beschaffungswege gleichwertig.

8.6 Zusammenfassung und Checkliste

Eigenfertigung oder Fremdbezug

(EF-Entscheidungen, make or buy) sind die Möglichkeiten bei der Zurverfügungstellung von Sachgütern und Dienstleistungen im Betrieb. EF-Entscheidungen werden zwar primär für den Produktionsbereich diskutiert, sind darüber hinaus aber auch in den anderen Teilbereichen zu fällen. Sie können als Sonderfall der Verfahrenswahl angesehen werden und erfordern wie diese eine Unterscheidung nach Planungsfrist und Engpaßsituation.

Die Planungsfrist

ist von Bedeutung im Hinblick auf die entscheidungsrelevanten Kosten. Kurze Frist heißt, nur variable Kosten sind entscheidungsrelevant. Lange Frist heißt, auch fixe Kosten sind entscheidungsrelevant.

Kurzfristige EF-Entscheidungen ohne Engpässe,

hier lautet die Entscheidungsregel: "Fremdbezug ist vorteilhaft, sobald der günstigste Fremdbezugspreis unter den variablen Stückkosten der Eigenfertigung liegt".

Kurzfristige EF-Entscheidungen bei einem Engpaß,

hier lautet die Entscheidungsregel: "Wird bei Eigenfertigung ein Teilbereich zum Engpaß, so entlaste ihn durch Produktionsverlagerung nach außen (Fremdbezug), die so vorzunehmen ist, daß die spezifischen Mehrkosten des Fremdbezugs minimiert werden".

Die spezifischen Mehrkosten des Fremdbezugs

ergeben sich aus dem Quotienten von Mehrkosten je Stück und Engpaßentlastung je Stück. Sie geben an, was es kostet, eine Engpaßkapazitätseinheit freizumachen.

Kurzfristige EF-Entscheidungen bei mehreren Engpässen,

hier wird die lineare Optimierung in Gestalt eines Kostenminimierungs- oder Ersparnismaximierungsmodells zur Problemlösung eingesetzt.

Langfristige EF-Entscheidungen

treten in zwei Varianten auf: Investitionsfall und Desinvestitionsfall. In beiden Fällen sollten Sie anstelle des kostenrechnerischen Instrumentariums die Investitionsrechnung einsetzen und mit Zahlungen (und nicht mit Kosten) rechnen. Als Entscheidungshilfe bietet sich in beiden Fällen die Annuitätenmethode an, die dem kostenrechnerischen Denken wegen ihrer Analogie zur Kostenfunktion besonders nahekommt.

Beim Investitionsfall

lautet die Entscheidungsregel: "Vorteilhaft (wirtschaftlich, lohnend) ist jene Anlage, die die Erstellung der geforderten Leistung zu minimalen durchschnittlichen jährlichen Auszahlungen gestattet".

Beim Desinvestitionsfall

verwenden Sie die obige Entscheidungsregel in abgewandelter Form. Da Sie beim Abbau von Altanlagen möglicherweise Fixauszahlungen einsparen und beim Verkauf der alten Maschinen möglicherweise Restwerteinzahlungen erhalten, korrigieren Sie die durchschnittlichen jährlichen Auszahlungen entsprechend (die abbaufähigen Fixauszahlungen und die periodenanteiligen Restwerteinzahlungen mindern die DJA). Sie entscheiden sich, die Anlage im Betrieb zu behalten, die die geforderte Leistung zu minimalen DJA erbringt.

Fragen und Aufgaben

8.1 Steht ein Betrieb ausschließlich bei Planungen innerhalb des Funktionsbereichs Fertigung vor EF-Entscheidungen? Begründen Sie Ihre Antwort anhand einiger selbstgewählter Beispiele.

8.2 Erläutern Sie einige qualitative Aspekte, die neben dem Ergebnis einer Rechnung die EF-Entscheidung beeinflussen könnten. Macht die Existenz qualitativer Aspekte die Rechnung überflüssig? Begründen Sie Ihre Antwort.

8.3 Ordnen Sie im Rahmen der tabellarischen Übersicht den angeführten fünf Situationen jeweils die passende Entscheidungsregel zu.

Zeitbezug	Situation	Entscheidungsregel im Telegrammstil
kurzfristige EF-Entscheidungen	kein Engpaß	
	ein Engpaß	
	mehrere Engpässe	
langfristige EF-Entscheidungen	Investitionsfall	
	Desinvestitionsfall	

8.4 Ein Holzsägenhersteller kann die Sägeketten für seine Kettensägen eigenfertigen oder fremdbeziehen. Wie soll er sich kurzfristig entscheiden, wenn sein Betrieb freie Kapazitäten aufweist und Kette E wegen besonderen Know-hows auf jeden Fall eigenzufertigen ist?

Sägekette	p_F	k_v (DM/Kette)	k	Entscheidung	Begründung
A	33	24	38		
B	8	4	7		
C	15	16	25		
D	44	30	42		
E	28	31	36		

8.5 Ein Hersteller von Metallbeschlägen fertigt die vier Typen A, B, C, D. Alle Beschläge werden im Rahmen der Endfertigung auf einer gemeinsamen Anlage poliert. Ermitteln Sie die optimale Aufteilung des Gesamtbedarfs in Eigenfertigung und Fremdbezug unter Berücksichtigung der Daten der nachstehenden Tabelle, falls die verfügbare Kapazität der Polieranlage im kommenden Monat

a) 42.000 Maschinenminuten,

b) 27.000 Maschinenminuten beträgt.

Beschlag (Typ)	x (St/Monat)	t (Min/St)	T (Min/Mon)	p_F (DM/St)	k_v (DM/St)
A	1.000	0,5	500	8	6
B	5.000	2,5	12.500	11	3
C	12.000	2,0	24.000	13	7
D	3.000	1,0	3.000	7	2
benötigte Kapazität:			40.000	Min/Monat	

8.6 Erläutern Sie kurz, weshalb gewisse EF-Entscheidungen nur mit Hilfe der Investitionsrechnung sinnvoll gelöst werden können.

8.7 Die Flachglas GmbH steht vor der Entscheidung, ihr altes Heizwerk, das die gesamte Unternehmung mit Wärme versorgt, zu ersetzen. Neben dem identischen Ersatz der mit Erdgas betriebenen Anlage kommt auch die Installation eines Blockheizkraftwerks mit Kraft-Wärme-Kopplung in Frage. Das Blockheizkraftwerk (BHK) könnte neben der Abgabe von Wärme auch elektrische Energie erzeugen, so daß der bislang vom örtlichen Energie-Versorgungs-Unternehmen (EVU) bezogene Strom ganz oder teilweise selbsterzeugt würde.

Eigenstrom, der nicht von der Flachglas GmbH selbst verbraucht wird, kann ins Netz des EVU eingespeist werden. Im einzelnen gelten folgende Daten:

Anschaffungsauszahlung bei identischem Ersatz:	300.000	DM
zusätzliche Anschaffungsauszahlung für BHK:	1.500.000	DM
jährliche feste Mehrauszahlungen für BHK:	50.000	DM/Jahr
variable Mehrauszahlung für BHK:	0,04	DM/kwh Strom
Jahresleistung BHK:	1.600.000	kWh/Jahr
Strompreis für EVU-Strom:	0,20	DM/kWh
Strompreis für eingespeisten Strom:	0,09	DM/kWh
Nutzungsdauer BHK:	40	Jahre
Kalkulationszinssatz:	12	%

a) Wie hoch muß der Eigenstromverbrauch der Flachglas GmbH mindestens sein, damit sich die Installation des Blockheizkraftwerks lohnt?

b) Der Eigenstrombedarf betrage 400.000 kWh jährlich. Wie hoch müßte die staatliche Förderung absolut und in Prozent der Investitionsmehrauszahlungen für das BHK sein, damit sich die Installation des BHK dennoch lohnt?

c) Der Eigenverbrauch betrage 400.000 kWh jährlich. Wie hoch müßte der Preis je eingespeister Kilowattstunde mindestens sein, damit sich die Installation des BHK lohnt?

8.8 Schreiben Sie uns einen Brief!

Sie haben sich den Lehrtext dieses Buches und die Fragen und Aufgaben angesehen. Dafür danken wir Ihnen, liebe Leser, sehr herzlich. Vielleicht freut Sie etwas, was in diesem Buch steht, oder Sie ärgern sich über etwas. Vielleicht haben Sie einen Fehler entdeckt; vielleicht finden Sie, man müsse ein bestimmtes Thema anders anfassen. Schreiben Sie uns in solchen Fällen einfach einen Brief. Zwar können wir Ihnen nicht versprechen, daß alle Ihre 25.000 Schreiben beantwortet werden. Auch wird es nicht möglich sein, Ihre 25.000 Änderungswünsche alle zu berücksichtigen. Aber wir werden jeden Brief gründlich lesen und überlegen, ob das, was Sie vorschlagen, das Buch besser machen kann. Damit Sie nicht zu viel Arbeit haben, finden Sie in den Kurzantworten und Kurzlösungen ein Rezept (einen Musterbrief) auch für diese, Ihre letzte Aufgabe.

Testklausur Deckungsbeitragsrechnung

> Die folgenden Behauptungen sind auf ihre Richtigkeit zu überprüfen.
> (Es können mehrere Behauptungen richtig oder falsch sein.)
>
> Kennzeichnen Sie die Behauptungen mit
> richtig (+) ,
> weiß nicht (   ) ,
> falsch (-) .
>
> Kennzeichnen Sie die Lösungen bitte nur dann mit (+) und (-), wenn Sie sich sicher sind. Raten Sie nicht. Verzichten Sie im Zweifel auf das Ausfüllen.

1. Fixkosten
   a) sind immer Gemeinkosten; (   )
   b) sind immer Einzelkosten; (   )
   c) können im Zeitablauf variabel sein. (   )

2. Fixe Kosten sind Kosten, die
   a) Einfluß auf die langfristige Verfahrenswahl haben; (   )
   b) bei einer Beschäftigungsänderung kurzfristig konstant bleiben; (   )
   c) Einfluß auf langfristige Programmentscheidungen haben. (   )

3. Die Gesamtkostenkurve ist linear; dann verläuft die Kurve der variablen Stückkosten
   a) parallel zur Abszisse, deckungsgleich mit der Grenzkostenkurve; (   )
   b) parallel zur Abszisse, oberhalb der Grenzkostenkurve; (   )
   c) linear ansteigend bis zur Kapazitätsgrenze. (   )

4. Die Gesamtkostenkurve ist s-förmig, dann verläuft die Kurve der
   a) Grenzkosten linear ansteigend bis zur Kapazitätsgrenze; (   )
   b) gesamten Stückkosten zunächst fallend, sodann steigend, also u-förmig; (   )
   c) variablen Stückkosten wie die der gesamten Stückkosten, jedoch um den Betrag K_f (gesamter Fixkostenblock) nach unten verschoben. (   )

5. Die Deckungsbeitragsrechnung hat gegenüber der Vollkostenrechnung den Vorteil,
   a) daß man die Stückkosten einer Leistungseinheit (k) errechnen kann; (   )
   b) daß man auf die Umlage nicht zurechenbarer Kosten grundsätzlich verzichtet; (   )

c) daß man die variablen Stückkosten einer Leistungseinheit errechnen kann. ( )

6. Die Vollkostenrechnung hat gegenüber der Teilkostenrechnung den Nachteil, daß
   a) eine gewinnmaximierende Programmplanung schwierig oder unmöglich ist; ( )
   b) eine Abrechnung staatlicher Aufträge gemäß LSP unmöglich ist; ( )
   c) man zu Fehlentscheidungen bei der Beurteilung von Marktpreisen kommen kann. ( )

7. Im Rahmen einer Teilkostenrechnung
   a) wird der Betriebserfolg stets in der Weise ermittelt, daß die Fixkosten außer Ansatz bleiben; ( )
   b) kann eine Rangfolge der Förderungswürdigkeit der Produkte mit Hilfe von Deckungsbeiträgen aufgestellt werden; dabei gelangt man unter Umständen zu verschiedenen Rangfolgen, je nachdem, ob die Favoritenliste mit Hilfe der Entscheidungsregel "absoluter Stückdeckungsbeitrag" (d) oder "Gesamtdeckungsbeitrag einer Produktart" (D) aufgestellt wird; ( )
   c) kann eine Rangfolge der Förderungswürdigkeit der Produkte mit Hilfe von Deckungsbeiträgen aufgestellt werden; dabei gelangt man unter Umständen zu verschiedenen Rangfolgen, je nachdem, ob die Favoritenliste mit Hilfe der Entscheidungsregel "absoluter Stückdeckungsbeitrag" (d) oder "relativer Stückdeckungsbeitrag" (d_r) aufgestellt wird. ( )

8. Die Preisuntergrenze für ein bestimmtes Erzeugnis liegt
   a) kurzfristig bei dessen gesamten Stückkosten; ( )
   b) kurzfristig bei dessen variablen Stückkosten; ( )
   c) langfristig bei dessen Deckungsbeitrag. ( )

9. Der Deckungsbeitrag einer Leistungseinheit
   a) errechnet sich als absoluter Stückdeckungsbeitrag aus dem Stückpreis abzüglich anteilige Fixkosten; ( )
   b) errechnet sich als absoluter Stückdeckungsbeitrag aus dem Stückpreis abzüglich variable Stückkosten; ( )
   c) kann absolut mit der Dimension DM/LE oder relativ als Prozentwert ermittelt werden. ( )

10. Im Rahmen der Programmoptimierung
   a) sind drei verschiedene Beschäftigungssituationen im Betrieb zu unterscheiden; ( )
   b) wird das Programm in dem Sinne optimal zusammengestellt, daß die betrieblichen Kapazitäten in den verschiedenen Abteilungen mit maximaler Auslastung genutzt werden; ( )

c) wird das Programm so zusammengestellt, daß die Summe aller Deckungsbeiträge, vermindert um die Fixkosten, maximiert wird, wobei bestimmte Nebenbedingungen zu beachten sind. ( )

11. Beim Vorliegen eines einzigen innerbetrieblichen Kapazitätsengpasses erfolgt die
a) Programmoptimierung unter Berücksichtigung der Bruttostückgewinne; ( )
b) Programmoptimierung unter Berücksichtigung der Nettostückgewinne; ( )
c) Programmoptimierung unter Berücksichtigung der spezifischen Deckungsbeiträge. ( )

12. Im Rahmen der produktionsmäßigen Verknüpfung verschiedener Erzeugnisse
a) spricht man von unabhängiger Produktion, wenn bei der Erzeugung eines Gutes A mit technischer Notwendigkeit mindestens ein weiteres Gut anfällt; ( )
b) liegt Kuppelproduktion vor, wenn die Erstellung eines Gutes automatisch dazu führt, daß mindestens ein weiteres Gut anfällt; ( )
c) liegt gemeinsame Produktion vor, wenn bei der Produktion von zwei oder mehr Gütern mindestens ein dauerhafter Produktionsfaktor gemeinsam genutzt wird. ( )

13. Bei der linearen Produktion besagt/besagen die
a) Nichtnegativitätsbedingungen, daß nur positive Deckungsbeiträge vorkommen dürfen; ( )
b) Zielfunktion, daß maximale Stückdeckungsbeiträge verlangt sind; ( )
c) Absatzhöchstmengen, daß ein zusätzliches Angebot den Marktpreis sinken lassen könnte. ( )

14. Bei der Programmoptimierung sind bestimmte Rahmenbedingungen zu beachten, wobei
a) die Absatzrestriktion (Absatzhöchstmenge) durch die produktionstechnisch vorgegebene Kapazität der betrieblichen Teilbereiche bestimmt wird; ( )
b) Mindestmengen auch bei Artikeln mit negativem Deckungsbeitrag zu fertigen sind, falls im Rahmen verbundener Nachfrage Folgegeschäfte mit entsprechend hohen Deckungsbeiträgen bei anderen Produkten getätigt werden können; ( )
c) eine Mindestmenge für Produkt A eine gleich hohe Mindestmenge für B erforderlich macht, falls A und B als Kuppelprodukte im Verhältnis 1 : 1 gefertigt werden. ( )

15. Der spezifische Deckungsbeitrag ist
    a) die Differenz zwischen Stückpreis und variablen Stückkosten; ( )
    b) der Quotient aus Stückdeckungsbeitrag und Stückpreis; ( )
    c) der Quotient aus Stückdeckungsbeitrag und Engpaßbelastung je Leistungseinheit. ( )

16. Das Ziel der linearen Optimierung ist stets die
    a) Minimierung einer Zielfunktion; ( )
    b) Maximierung einer Zielfunktion; ( )
    c) Maximierung oder Minimierung einer Zielfunktion. ( )

17. Bei der linearen Optimierung
    a) genügt es, wenn die Zielfunktion eine Funktion erster Ordnung ist; ( )
    b) genügt es, wen die Nebenbedingungen Gleichungen erster Ordnung sind; ( )
    c) müssen Zielfunktion und Nebenbedingungen Gleichungen erster Ordnung sind. ( )

18. Bei einem Betrieb, der eine stufenweise Fixkostendeckungsrechnung durchführt,
    a) wird stets auch eine Deckungsbeitragsrechnung erstellt; ( )
    b) wird eine langfristige Planung bezüglich der Fixkosten vorgenommen; ( )
    c) werden die Erzeugnisgruppenfixkosten den Erzeugnisgruppen zugerechnet. ( )

19. Bei einem Betrieb, der eine stufenweise Fixkostendeckungsrechnung durchführt,
    a) entfällt die Notwendigkeit, eine Deckungsbeitragsrechnung zu erstellen; ( )
    b) werden die Bereichsfixkosten den Produktgruppen zugerechnet; ( )
    c) werden die Unternehmungsfixkosten auf die Produkte verteilt. ( )

20. Bei der Wahl des optimalen Produktionsverfahrens (Verfahrenswahl)
    a) sind immer nur variable Kosten entscheidungsrelevant; ( )
    b) sind immer nur fixe Kosten entscheidungsrelevant; ( )
    c) sind variable Kosten und (in manchen Entscheidungssituationen) zusätzlich fixe Kosten entscheidungsrelevant. ( )

21. Bei Entscheidungen über Eigenfertigung oder Fremdbezug
    a) ist bei kurzfristiger Betrachtung das kostenrechnerische Instrumentarium anzusetzen; ( )
    b) ist bei langfristiger Betrachtung das investitionsrechnerische Instrumentarium einzusetzen; ( )

c) kommt man mit Hilfe der spezifischen Mehrkosten bei Produktionsverlagerung zum optimalen Ergebnis, wenn es sich um eine kurzfristige Planung mit einem einzigen Kapazitätsengpaß handelt. ( )

22. Umsatzmaximierung bedeutet
a) stets gleichzeitig Gewinnmaximierung; ( )
b) Gewinnmaximierung, wenn ausschließlich fixe Kosten auftreten; ( )
c) Gewinnmaximierung, wenn ausschließlich variable Kosten auftreten. ( )

23. Die langfristige Preisuntergrenze
a) ist der Preis, der nach dem Vollkostenprinzip gebildet wird; ( )
b) ist der Preis, der nach dem Teilkostenprinzip gebildet wird; ( )
c) darf im praktischen Fall niemals unterschritten werden, da sonst Verluste drohen. ( )

24. Die stufenweise Fixkostendeckungsrechnung
a) ist nur im Industrieunternehmen anwendbar; ( )
b) ist nur im Handelsunternehmen anwendbar; ( )
c) ist branchenunabhängig anwendbar. ( )

25. Teilkosten sind
a) nach Kostenarten gegliederte Kosten; ( )
b) nach Kostenstellen gegliederte Kosten; ( )
c) von den Gesamtkosten nach bestimmten Kriterien abgetrennte Kostenteile. ( )

26. Die Teilkostenrechnung
a) kennt keine Kostenartenrechnung; ( )
b) kennt keine Kostenstellenrechnung; ( )
c) verrechnet bestimmte Kostenteile nicht auf die Kostenträger. ( )

27. Die Deckungsbeitragsrechnung
a) spaltet alle Kosten in fixe und beschäftigungsvariable auf; ( )
b) ermöglicht eine im Vergleich zur Vollkostenrechnung bessere Einsicht in die Gewinnsituation der Produkte mit Produktgruppen; ( )
c) ermöglicht die Ermittlung von kurzfristigen Preisuntergrenzen. ( )

Lösung auf Seite 285.

Kurzantworten und Kurzlösungen

(Die linke Ziffer gibt jeweils die Kapitelnummer wieder)

Kapitel 1

1.1 Fixkosten sind zu einem hohen Prozentsatz gleichzeitig Gemeinkosten. Gemeinkosten sind definiert als Kosten, die man einem Erzeugnis nicht direkt zurechnen kann. Die Verrechnung von Fixkosten auf die einzelnen Erzeugnisse kann also nur willkürlich und damit fehlerhaft sein. Außerdem hätte die Verrechnung von Fixkosten auf die Produkte die kuriose Folge, daß ein Unternehmer bei hoher Nachfrage (= geringe anteilige Fixkosten) eher niedrigere Preise und bei geringer Nachfrage (= hohe anteilige Fixkosten) eher höhere Preise verlangen müßte.

1.2 Fixkosten sind zwar im Regelfall gleichzeitig Gemeinkosten. Jedoch gibt es auch fixe Einzelkosten, etwa kalkulatorische Abschreibungen und kalkulatorische Zinsen für eine Spezialmaschine, die nur der Fertigung einer bestimmten Produktart dient.

1.3 Kostenträgergemeinkosten können nicht verursachungsgerecht auf die einzelnen Produkte verteilt werden, da das Definitionsmerkmal der Kostenträgergemeinkosten darin besteht, daß diese den einzelnen Erzeugnissen nur mittels Schlüsselung zurechenbar sind.

1.4 Der Anteil der Gemeinkosten an den Gesamtkosten steigt laufend. Damit steigt auch die Höhe der Gemeinkostenzuschläge, so daß im Laufe der Zeit astronomische Zuschlagssätze erreicht werden können.

1.5 a) Der absolute Stückdeckungsbeitrag einer Produkteinheit ist definiert als Differenz zwischen dem Verkaufspreis der Produkteinheit und den auf sie entfallenden variablen Stückkosten.

b) Gegeben sei eine beliebige lineare Kostenfunktion mit Fixkosten von 100 DM/Monat und variablen Stückkosten von 60 DM/LE. Es gilt also:

$$K = 100 + 60\,x$$

Dann erhält man folgende Verläufe der Gesamtkosten K, der variablen Kosten K_v, der variablen Stückkosten k_v und der Grenzkosten K':

x (LE/Mon)	K (DM/Mon)	K_v (DM/Mon)	k_v (DM/LE)	K' (DM/LE)
1	160	60	60	60
2	220	120	60	60
3	280	180	60	60
4	340	240	60	60
5	400	300	60	60

Die Grenzkosten K' ergeben sich als erste Ableitung der Kostenfunktion (K' = dK/dx) und stellen deren Steigung dar. Sie sind bei linearem Verlauf definitionsgemäß konstant.

Die variablen Stückkosten erhält man, indem man die gesamten variablen Kosten durch die Menge dividiert ($k_v = K_v/x$). Sie sind bei proportionalem Verlauf der variablen Kosten ebenfalls konstant.

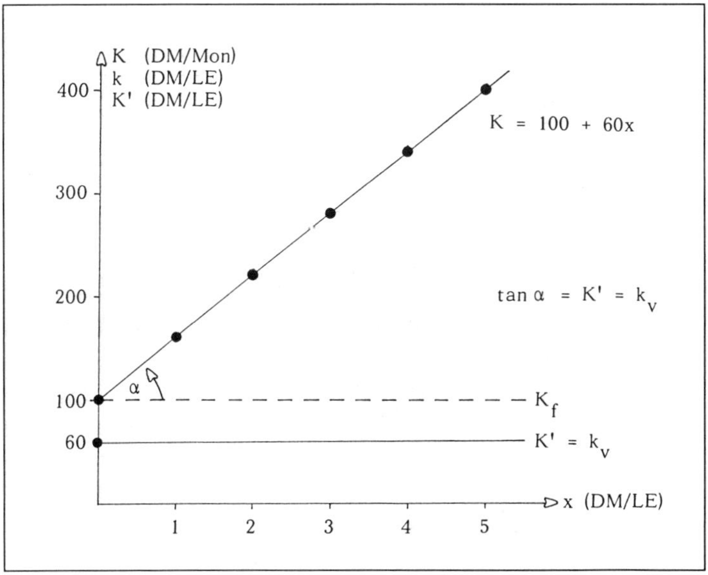

1.6 Der Wert des absoluten Stückdeckungsbeitrages gibt an, wieviele Geldeinheiten jede Produkteinheit zur Deckung des Fixkostenblockes erbringt. Ist der Fixkostenblock bereits gedeckt, dann gibt der Deckungsbeitrag an, wieviele Geldeinheiten jede Produkteinheit zur Gewinnerzielung beiträgt.
Bei positivem absoluten Stückdeckungsbeitrag ist eine Produktionsausdehnung lohnend. Die Mehrproduktion wird jedoch begrenzt durch die absatz- und sortimentspolitisch begründeten Höchstmengen, die nicht überschritten werden dürfen, weil sonst ein Preisverfall droht.
Bei negativem absoluten Stückdeckungsbeitrag ist eine Produktionseinschränkung (im Idealfall eine Nullproduktion) vorteilhaft. Die Produktionseinschränkung wird jedoch begrenzt durch die absatz- und sortimentspolitisch begründeten Mindestmengen, die nicht unterschritten werden dürfen.

1.7 Den Gesamtdeckungsbeitrag einer Produktart erhält man, indem man den Stückdeckungsbeitrag mit der Stückzahl multipliziert. Es gilt also:

$$D = d \cdot x$$

1.8 Der relative Deckungsbeitrag eines Erzeugnisses (einer Produktart) ergibt sich, indem man den Stückdeckungsbeitrag (den Gesamtdeckungsbeitrag) auf den Stückpreis (den Umsatz der Produktart) bezieht. Es gilt also:

$$d_r = \frac{d}{p} \qquad \text{und} \qquad D_r = \frac{D}{U}$$

Die Kenntnis dieser Werte kann im Falle einer wertmäßig begrenzten Nachfrage von Nutzen sein.

1.9 Aus der Summe von variablen Stückkosten und Plandeckungsbeitrag ergibt sich der Planpreis, den der Verkäufer kennen muß, wenn er ein Erzeugnis absetzen will. Als Widerstandslinie gegen zu hohe und für den Betrieb schädliche Preiszugeständnisse von seiten der Außendienstmitarbeiter ist ein Mindestdeckungsbeitrag vorzugeben, der nicht ohne Grund unterschritten werden darf und dessen Nichterreichung bestimmte Konsequenzen nach sich zieht. Eine der Konsequenzen kann finanzieller Natur sein, falls die Entlohnung der Verkäufer eine leistungsabhängige ist. Es bietet sich dann an, eine Deckungsbeitragsprovision zu bezahlen, deren praktische Bedeutung darin liegt, daß die Interessenlage des Außendienstlers und des Betriebes zur Übereinstimmung gebracht wird: Beide streben Maximierung des Gesamtdeckungsbeitrages an.

1.10

a) Die Bestimmungsgleichung zur Ermittlung des Preises lautet:

$$p = k + 0{,}05\,k.$$

b) Boom (x = 250) →

$$K = 100 + 2 \cdot 250 = 600 \text{ DM / Periode}$$

$$k = \frac{K}{x} = \frac{600}{250} = 2{,}40 \text{ DM / Stück}$$

$$p = 2{,}40 + 0{,}12 = 2{,}52 \text{ DM / Stück}$$

Rezession (x = 100) →

$$K = 100 + 200 = 300 \text{ DM / Periode}$$

$$k = \frac{K}{x} = \frac{300}{100} = 3{,}00 \text{ DM / Stück}$$

$$p = 3{,}00 + 0{,}15 = 3{,}15 \text{ DM / Stück}$$

Das Rechenergebnis (hohe Verkaufspreise in der Rezession und niedrige im Boom) widerspricht dem üblichen unternehmerischen Verhalten. Dieses besteht darin, im Boom eher höhere und in der Rezession eher niedrige Preise zu setzen. Außerdem bilden sich Preise in der Marktwirtschaft nicht dadurch, daß man Kosten kalkuliert, sondern als Ergebnis von Angebot und Nachfrage.

1.11

a)

Staub-sauger	p (DM/St)	k_v (DM/St)	x (St/Per)	d (DM/St)	d_r %	D (DM/Produktart)
A	790	690	3.000	100	12,66	300.000
B	510	460	11.000	50	9,80	550.000
C	230	200	90.000	30	13,04	2.700.000

b)

Rang	Favoritenliste nach		
	Stückdeckungsbeitrag (absolut)	Stückdeckungsbeitrag (relativ)	Gesamtdeckungsbeitrag (absolut)
1.	A	C	C
2.	B	A	B
3.	C	B	A

Im gegebenen Fall sind also mehrere Rangfolgen denkbar, je nachdem, welche Entscheidungsregel man zugrunde legt. Die Frage, an welcher Favoritenliste der Betrieb seine Entscheidung ausrichten soll, kann nicht generell im Sinne eines Patentrezeptes beantwortet werden. Um zu einer Entscheidung zu gelangen, sind vielmehr alle Favoritenlisten heranzuziehen, wobei in jedem Einzelfall geprüft werden muß, ob die betriebliche Gewinnsituation eher durch eine Förderung der Produkte nach den Stückdeckungsbeiträgen (absolut oder relativ) oder nach den Gesamtdeckungsbeiträgen verbessert werden kann.

1.12 Der Verwaltungsleiter hat unrecht: Mit steigendem Gemeinkostenanteil wächst der Umlagefehler bei Durchführung einer Vollkostenrechnung und damit die Notwendigkeit zur Einführung einer Teilkostenrechnung.

Kapitel 2

2.1 Ohne die Vorgabe von Höchstmengen bestünde die Gefahr, daß Produkte mit hohen Deckungsbeiträgen in solchen Mengen produziert und verkauft werden, daß Preiseinbrüche erfolgen, die aus dem ursprünglichen Gewinnbringer einen Verlustartikel machen.

2.2 Ein negativer Stückdeckungsbeitrag kann zeitweilig etwa bei Neueinführung eines Produktes in Kauf genommen werden. Daneben besteht auch die Möglichkeit, daß man einen negativen Stückdeckungsbeitrag bewußt auf Dauer in Kauf nimmt, falls das betreffende Produkt produktions- oder verkaufsmäßig mit einem oder mehreren anderen Produkten im Zusammenhang gesehen werden muß (verbundene Produktion verbundene Nachfrage) und die betrachtete Produktgruppe als Ganzes einen positiven Deckungsbeitrag erbringt.

2.3

Betriebliche Beschäftigungssituation	Vorgehensweise bei der Programmoptimierung
freie Kapazitäten in allen betrieblichen Teilbereichen	Favoritenliste nach absoluten Stückdeckungsbeiträgen aufstellen
ein einziger betrieblicher Engpaß	Favoritenliste nach spezifischen Deckungsbeiträgen aufstellen
mehrere betriebliche Engpässe	lineare Optimierungsrechnung (linear programming)

2.4 Der Satz ist falsch! Die Fixkosten können auch bei einer Teilkostenrechnung berücksichtigt, d. h. von der Summe der Deckungsbeiträge der Produkte abgezogen werden. Der Unterschied zwischen Voll- und Teilkostenrechnung liegt vielmehr in der Auswahl der Entscheidungsregel zur Förderung der Produkte: Bei der Vollkostenrechnung stützt man sich auf die Nettostückgewinne (die anteilige Fixkosten enthalten und von daher gewillkürt sind); bei der Teilkostenrechnung stützt man sich auf die Bruttostückgewinne (Stückdeckungsbeiträge).

2.5

a) $K_f = (k_a - k_{va}) \cdot x_a + (k_b - k_{vb}) \cdot x_b + (k_c - k_{vc}) \cdot x_c + (k_d - k_{vd}) \cdot x_d$

$K_f = 11 \cdot 20.000 + 25 \cdot 20.000 + 5 \cdot 20.000 + 2 \cdot 20.000$

$K_f = 860.000$ (DM/Monat)

In der Ausgangssituation, d. h. beim alten Produktionsprogramm, erhält man den Gewinn G_1:

$G_1 = 20.000 \cdot 15 + 20.000 \cdot 20 + 20.000 \cdot 10 + 20.000 \cdot 12 - 860.000$

$G_1 = 280.000$ (DM/Monat)

b)

Wecker	p (DM/St)	k (DM/St)	g = p -k (DM/St)	Favoritenliste (Rang) gemäß Vollkostenprinzip	Programm-entscheidung
D	20	10	10	1.	$x_d = 25.000$
C	30	25	5	2.	$x_c = 25.000$
A	50	46	4	3.	$x_a = 25.000$
B	40	45	- 5	4.	$x_b = 15.000$

Optimiert man das Programm nach Maßgabe des Vollkostenprinzips, so ergibt sich der Gewinn G_2:

Wecker	x_{neu} (St/Mon)	d (DM/St)	$D = d \cdot x$ (DM/Mon)
A	25.000	15	375.000
B	15.000	20	300.000
C	25.000	10	250.000
D	25.000	12	300.000
Bruttogewinn			1.225.000
- Fixkosten			860.000
Nettogewinn (DM/Mon)			365.000

c)

Wecker	p (DM/St)	k_v (DM/St)	$d = p - k_v$ (DM/St)	Favoritenliste (Rang) gemäß Deckungs-beitragsrechnung	Programm-entscheidung
B	40	20	20	1.	$x_b = 25.000$
A	50	35	15	2.	$x_a = 25.000$
D	20	8	12	3.	$x_d = 25.000$
C	30	20	10	4.	$x_c = 25.000$

Optimiert man das Programm nach Maßgabe des Teilkostenprinzips, so ergibt sich der Gewinn G_3:

Wecker	x_{neu} (St/Mon)	d (DM/St)	$D = d \cdot x$ (DM/Mon)
A	25.000	15	375.000
B	25.000	20	500.000
C	25.000	10	250.000
D	25.000	12	300.000
Bruttogewinn			1.425.000
- Fixkosten			860.000
Nettogewinn (DM/Mon)			565.000

2.6 Die Nettostückgewinne kann man nur zur Gewinnermittlung in der Ausgangssituation verwenden, da die anteiligen Fixkosten pro Stück für die Mengen der einzelnen Produktarten in der Ausgangssituation angegeben sind. Verändert man im Zuge der Programmoptimierung die Mengen der einzelnen Produktarten, so ergeben sich bei Konstanz der Fixkosten je Produktart andere Fixkosten je Einheit: Bei Erhöhung der Produktionsmenge sinken die fixen Stückkosten, bei Mengenreduzierung steigen sie. Deshalb ist als Bestimmungsgleichung für die Gewinnermittlung jene zu wählen, bei der der Fixkostenblock als Ganzes zum Schluß abgezogen wird.

2.7

Produktlebenszyklus	Absoluter Stückdeckungsbeitrag d (DM/Stück)	
Einführung	$d < 0$	
Wachstum	$d > 0$	
Reife	$d > 0$	
Sättigung	$d > 0$	
Rückgang (Degeneration)	$d > 0$	später $d < 0$

Kapitel 3

3.1 Falls im Betrieb an einer beliebigen Stelle (Maschinen, Lager, Personal, Rohstoffe) ein Engpaß vorliegt, ist darauf zu achten, daß der Engpaßsektor so gut wie möglich genutzt wird. Die wirtschaftlich optimale Engpaßnutzung setzt die Kenntnis des spezifischen Deckungsbeitrags voraus. Mit Hilfe des spezifischen Deckungsbeitrags (= Deckungsbeitrag je knapper Engpaßkapazitätseinheit) meistert man in der Praxis die Situation, die durch das Vorliegen eines einzigen innerbetrieblichen Engpasses, häufig Flaschenhals genannt, gekennzeichnet ist. Sollten Sie gleichzeitig mehrere Engpässe zu bewältigen haben, liefert Ihnen das Rechnen mit spezifischen Deckungsbeiträgen keine Lösung, Sie müßten dann die in Kapitel 4 dargestellte lineare Optimierung einsetzen.

3.2 Der spezifische Deckungsbeitrag wird als Quotient des absoluten Stückdeckungsbeitrages einer Produkteinheit und der Engpaßbelastung pro Einheit der betreffenden Produktart ermittelt:

$$d_s = \frac{d}{e} = \frac{p - k_v}{e}$$

d = absoluter Stückdeckungsbeitrag (DM/Stück)
e = Engpaßbelastung durch eine Produkteinheit
d_s = spezifischer Deckungsbeitrag

Der spezifische Deckungsbeitrag eines Produktes gibt an, wie hoch der Deckungsbeitrag pro Kapazitätseinheit (Stunde, m^2, m^3, kg usw.) des Engpaßsektors ist, falls das betreffende Produkt den Engpaß beansprucht.

3.3 Der spezifische Deckungsbeitrag kann auf jeden beliebigen Engpaß bezogen werden. Wichtig ist allein, daß nur ein einziger Kapazitätsengpaß vorliegt. Steht beispielsweise ein bestimmter Rohstoff nur begrenzt zur Verfügung, so ist das Programm unter Verwendung der spezifischen Deckungsbeiträge der einzelnen Produkte pro Rohstoffeinheit gewinnoptimal zusammenzustellen. Sind Arbeitskräfte knapp, so ist das Programm unter Berücksichtigung der knappen Arbeitskräfte bestmöglich zu gestalten, wozu man den spezifischen Deckungsbeitrag der einzelnen Produkte pro Arbeitsstunde benötigt. Wird die Lagerfläche zum Engpaß, so ist der spezifische Deckungsbeitrag je Quadratmeter Lagerfläche zu ermitteln.

3.4

a)

Schüssel	x (Stück/Monat)	e Ölverbrauch (l/Stück)	$E = e \cdot x$ Ölverbrauch (l/Produktart)
A	1.000	1,5	1.500
B	2.000	1,0	2.000
C	4.000	0,3	1.200
gesamter Ölverbrauch Ausgangssituation (l/Monat):			4.700

Schüssel	d (DM/Stück)	x (Stück/Monat)	$D = d \cdot x$ (DM/Produktart)
A	0,90	1.000	900
B	0,50	2.000	1.000
C	0,30	4.000	1.200
Bruttogewinn des Betriebes			3.100
- Fixkosten			1.000
Nettogewinn des Betriebes (DM/Monat)			2.100

b) 1. Schritt: Ölverbrauch für Mindestmenge

Schüssel	x_{min} (Stück/Monat)	e Ölverbrauch (l/Stück)	$E = e \cdot x_{min}$ Ölverbrauch (l/Produktart)
A	200	1,5	300
B	400	1,0	400
C	800	0,3	240
Ölverbrauch für Mindestmenge (l/Monat):			940

2. Schritt: Ermittlung der frei verfügbaren Ölmenge
   Frei verfügbare Ölmenge: 6.000 - 940 = 5.060 (l/Monat)

3. Schritt: Einsatz der freien Ölmenge gemäß d_s

Schüssel	d_s spezifischer Deckungsbeitrag (DM/l)	Rangfolge
A	0,60	2.
B	0,50	3.
C	1,00	1.

Die frei verfügbare Ölmenge wird nach Maßgabe der durch die spezifischen Deckungsbeiträge bestimmten Rangfolge verbraucht, zunächst also zugunsten des Produktes C.

Schüssel	zusätzliche Produktion (Stück/Monat)	Ölverbrauch Zusatzproduktion (l/Monat)	freie Restmenge (l/Monat)
C	8.200	2.460	2.600
A	1.733	2.600	0
B	0	0	0

Neues Produktionsprogramm	Deckungsbeiträge je Produktart
x_a = 1.933 (Stück/Monat)	$0{,}9 \cdot 1.933 =$ 1.739,70
x_b = 400 (Stück/Monat)	$0{,}5 \cdot 400 =$ 200,00
x_c = 9.000 (Stück/Monat)	$0{,}3 \cdot 9.000 =$ 2.700,00
Bruttogewinn des Betriebes	4.639,70
- Fixkosten	1.000,00
Nettogewinn des Betriebes (DM/Monat)	3.639,70

Es erweist sich also, daß der Nettogewinn des Betriebes sogar steigt, weil man sich erst in der Engpaßsituation die Mühe macht, optimal über die gegebenen Mittel zu disponieren. Ein Fall, der in der Praxis häufiger, als einem lieb ist, vorkommen kann.

3.5

Produkt	d (DM/Stück)	e Zinkverbrauch (kg/Stück)	$d_s = d/e$ (DM/kg)	Rang
Ganzzinkgefäße	0,40	2,0	0,20	3.
feuerverzinkte Gefäße	0,30	0,4	0,75	2.
galvanisch verzinkte Gefäße	0,20	0,2	1,00	1.

Das Unternehmen sollte zur Maximierung der Deckungsbeitragssumme zunächst galvanisch verzinkte Gefäße produzieren. Davon lassen sich 10.000 Stück verkaufen. Zinkverbrauch: 0,2 · 10.000 = 2.000 kg; Rest: 800 kg.
Diesen Rest nutzen Sie am besten durch die Erstellung feuerverzinkter Gefäße, mit denen der zweitgrößte spezifische Deckungsbeitrag je Kilogramm Zink erzielt wird. Sie können davon 800 : 0,4 = 2.000 Stück produzieren; bleiben also unter der Höchstgrenze von 2.500 Stück.

Nettogewinn = 0,2 · 10.000 + 0,3 · 2.000 - 1.000 = 1.600 DM/Monat.

Kapitel 4

4.1

Begriff	Definition	Beispiel
unabhängige Produktion	Produkte werden nebeneinander erstellt, ohne daß ein dauerhafter Produktionsfaktor gemeinsam benutzt wird.	Bier- und Backpulverproduktion bei Oetker, Wasser-, Gas- und Stromlieferungen durch Stadtwerke.
gemeinsame Produktion	Bei Fertigung mehrerer Produkte wird mindestens ein dauerhafter Produktionsfaktor gemeinsam benutzt.	Fertigung von Stahlblechen verschiedener Dicke im Walzwerk, Bedrucken von Stoffen mit unterschiedlichen Mustern in Textilfabrik.
Kuppelproduktion	Mit technischer Notwendigkeit fallen gleichzeitig mehrere Produkte an.	Wolle und Schaffleisch, Benzin und Öle.

4.2 Als Isogewinlinie (Isodeckungsbeitragslinie) bezeichnet man jene Gerade, die die Mengenkombinationen x_a/x_b enthält, welche denselben Gewinn (dieselbe Deckungsbeitragssumme) abwerfen. Die wesentlichen Eigenschaften der Isogewinnlinien eines Betriebes sind:

a) Je weiter entfernt vom Ursprung eine Isogewinnlinie verläuft, desto höher ist der Gewinn.

b) Bei einer Abstandsverdopplung ergibt sich ein doppelt so hoher Gewinn.

c) Isogewinnlinien verlaufen parallel und haben die Steigung - d_a/d_b.

4.3

Maschine	t_a (Std/Stück)	t_b (Std/Stück)	T (Std/Monat)	Kapazitätslinie
1	3	4	240	$3 x_a + 4 x_b = 240$
2	6	3	300	$6 x_a + 3 x_b = 300$
3	-	5	250	$5 x_b = 250$

b) Aus den tabellarisch zusammengestellten Daten des Betriebes folgt, daß die Maschine 1 zur Produktion von A und B eingesetzt wird. Gleiches gilt für die Maschine 2. Die dritte Maschine dagegen findet nur für die Endfertigung von B Verwendung. Somit läßt sich der Produktionsablauf schematisch folgendermaßen darstellen:

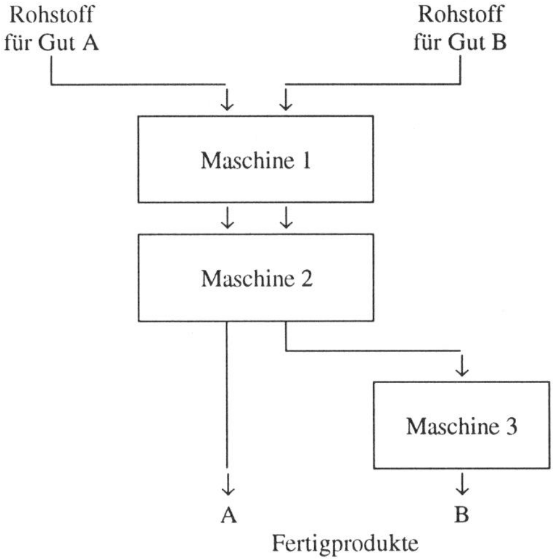

c) Die Kapazitätslinie des Betriebes ist der folgenden Abbildung zu entnehmen (Linienzug $E_1E_2E_3E_4$).

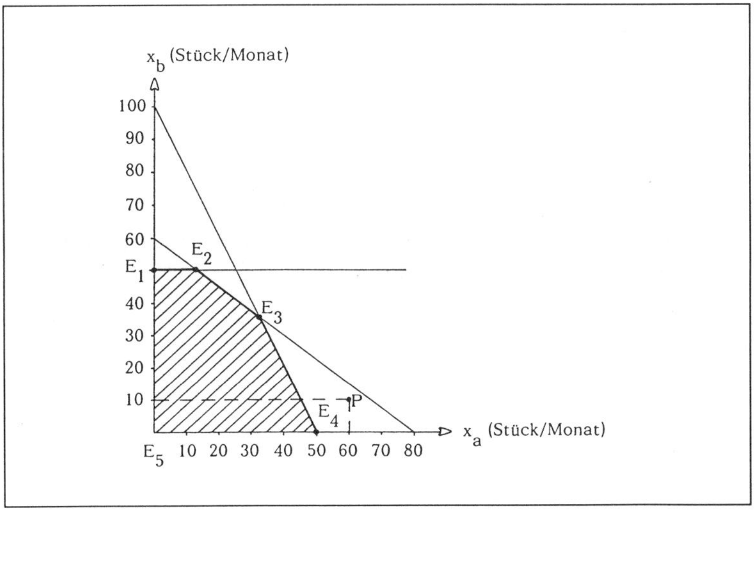

d) Die Kombination $x_a = 60$ und $x_b = 10$ liegt außerhalb des Möglichkeitsgebietes und ist nicht realisierbar, weil Maschine 2 eine derartige Kombination nicht zuläßt, da P oberhalb der Kapazitätslinie dieser Maschine liegt.

4.4

a) Die Isogewinnlinien für die verschiedenen Gewinne sind in der folgenden Abbildung dargestellt.

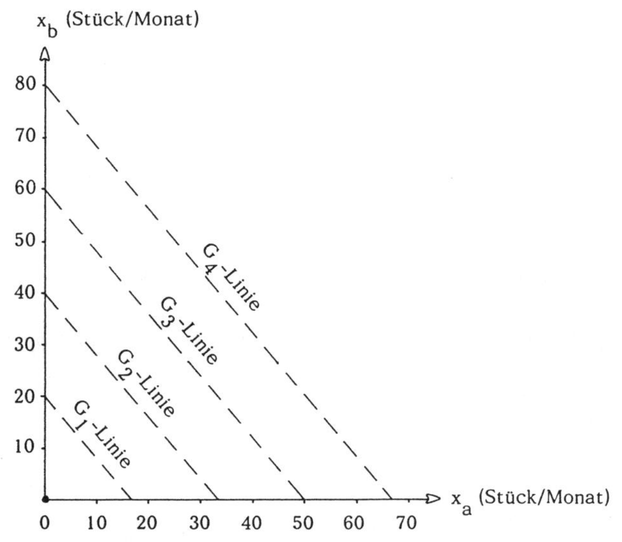

b) Bei einer Verdopplung des Bruttogewinnes verdoppelt sich auch der Abstand der Isogewinnlinien vom Ursprung. Eine Bruttogewinnverdopplung sieht man bei G_1 und G_2 sowie bei G_2 und G_4.

4.5

a) Die Graphik zeigt das Möglichkeitsgebiet und die Isogewinnlinien.

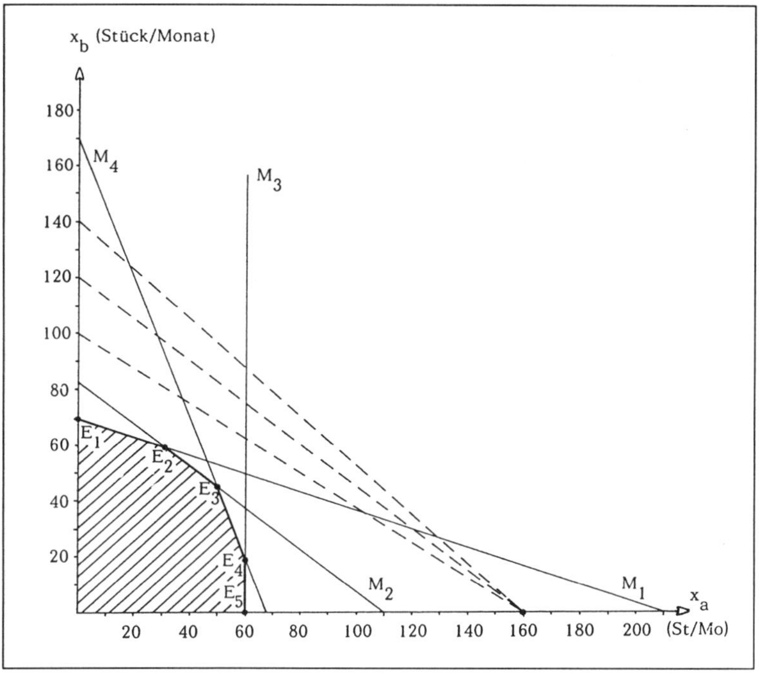

Man erkennt, daß in der Ausgangssituation (d_a = 12 und d_b = 16) die mittlere Isogewinnlinie Gültigkeit hat. Sie verläuft parallel zur Kapazitätslinie der Maschine 2, was man auch rechnerisch nachweisen kann, indem man die Steigung der Kapazitätslinie von Maschine 2 ($- t_a/t_b = - 3/4$) mit der der Isogewinnlinie ($- d_a/d_b = - 12/16 = - 3/4$) vergleicht.

Somit sind alle x_a/x_b-Kombinationen auf der Strecke E_2E_3 gewinnoptimal. Greifen wir etwa E_3 heraus, so ergibt sich nach Kopplung der Gleichungen M_2 und M_4:

Programm: $x_a = 50; \; x_b = 45$

Gewinn: $G_{br} = 12 \cdot 50 + 16 \cdot 45 = 1.320$ DM/Monat

b) Steigt der Deckungsbeitrag von A auf 14 DM/Stück, so verläuft die neue Isogewinnlinie steiler. Sie hat dann die Steigung - 14/16. Optimal ist dann die Ecke E_3 mit $x_a = 50$ und $x_b = 45$. Als Bruttogewinn erhält man:

$$G_{br} = 14 \cdot 50 + 16 \cdot 45 = 1.420 \text{ DM/Monat.}$$

Sinkt der Deckungsbeitrag von A auf 10 DM/Stück, so verläuft die neue Isogewinnlinie flacher. Sie hat dann die Steigung - 10/16. Optimal ist die Ecke E_2 mit $x_a = 30$ und $x_b = 60$ (folgt aus M_1 und M_2). Der Bruttogewinn beträgt:

$$G_{br} = 10 \cdot 30 + 16 \cdot 60 = 1.260 \text{ DM/Monat.}$$

4.6

a) Sinkt der Deckungsbeitrag von A auf 50 DM/Stück, ist in die Abbildung eine neue Isogewinnlinie mit der Steigung von - 50/120 einzuzeichnen. Die Rechnung ergibt, daß in der neuen Situation die Ecke E_2 mit $x_a = 40$ und $x_b = 50$ optimal ist. Der Bruttogewinn beträgt:

$$G_{br} = 50 \cdot 40 + 120 \cdot 50 = 8.000 \text{ DM/Monat.}$$

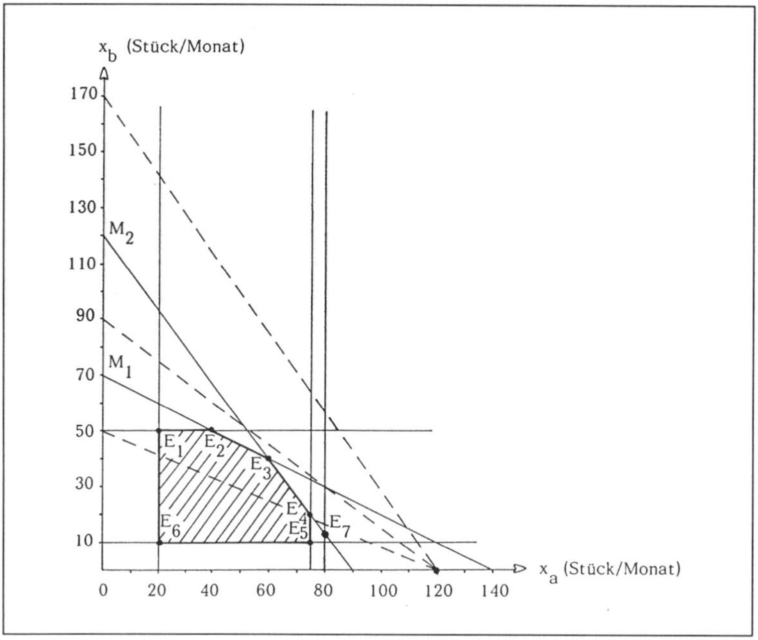

b) Stehen die Spezialventile zur Produktion von Alu-Tanks in beliebiger Menge zur Verfügung, entfällt die Restriktion $x_a \leq 75$ (Rohstoffengpaß). Sie wird durch $x_a \leq 80$ ersetzt. Ein Blick in die Zeichnung läßt vermuten, daß die Isogewinnlinie mit $d_a = 170$ und $d_b = 120$ parallel zur Kapazitätslinie M_2 verläuft. Dann wären alle Mengenkombinationen auf der Strecke E_3E_7 optimal. Überprüft man diese Parallelitätsvermutung mit Hilfe des Steigungsvergleichs zeigt sich aber, daß die Isogewinnlinie steiler verläuft als M_2:

$$\text{Steigung Isogewinnlinie} = -d_a / d_b = -\frac{170}{120} = -1{,}41\overline{6}$$

$$\text{Steigung Kapazitätslinie} = -t_a / t_b = -\frac{120}{90} = -1{,}3\overline{3}$$

Optimal ist ausschließlich E_7. Die Rechnung ergibt für E_7: $x_a = 80$ und $x_b = 13{,}3\overline{3}$. Der Bruttogewinn beträgt:

$$G_{br} = 170 \cdot 80 + 120 \cdot 13{,}3\overline{3} = 15.200 \text{ DM / Monat.}$$

4.7

Betriebliche Engpaßsituation	Kein Engpaß	Ein Engpaß	Mehrere Engpässe
Programm-optimierung erfolgt mit	absoluten Stückdeckungs-beiträgen	spezifischen Deckungsbeiträgen	linearer Optimierung
Abkürzung des Begriffs	d	d_s	LO/LP

4.8

a) $x_a \geq 5$ Stück/Woche; $x_b \geq 10$ Stück/Woche

$120 = 4\,x_a + 2\,x_b$

$t_a =$ 10 Stunden/Stück

$T =$ 200 Stunden/Woche

$d_b \geq$ 20 DM/Stück

$d_a \geq$ 80 DM/Stück

$d_a <$ 0 DM/Stück und $d_b <$ 0 DM/Stück

$d_b =$ 25 DM/Stück

$d_b =$ 0 DM/Stück

b) Sie haben die zu bestimmten Werten der Stückdeckungsbeiträge gehörenden Isogewinnlinien ins Diagramm eingetragen und vermuten, daß die Isogewinnlinien und die Kapazitätslinie der Maschine 1 parallel verlaufen.

Steigungsvergleich

← Steigung Isogewinnlinie = Steigung Kapazitätslinie →

Isogewinnlinie	Kapazitätslinie
$G_{br} = d_a x_a + d_b x_b$	$T = t_a x_a + t_b x_b$
$d_b x_b = G_{br} - d_a x_a$	$t_b x_b = T - t_a x_a$
$x_b = \frac{G_{br}}{d_b} - \frac{d_a}{d_b} x_a$	$x_b = \frac{T}{d_b} - \frac{t_a}{t_b} x_a$
↓	↓

$$\rightarrow \quad -\frac{d_a}{d_b} \quad \begin{matrix} \geq \\ < \end{matrix} \quad -\frac{t_a}{t_b} \quad \leftarrow$$

$$-\frac{66}{33} = -\frac{4}{2}$$

$$\mathbf{-2 = -2}$$

Gewinnvergleich

← Gewinn bei E_2 = Gewinn bei E_3 →

Gewinn bei E_2	Gewinn bei E_3
$x_b = 40$	$x_a = 20$
$120 = 4\,x_a + 80$	$120 = 80 + 2\,x_b$
$x_a = 10$	$x_b = 20$
↓	↓
→ $G_{br} = 660 + 1.320$ $G_{br} = 1.980$ DM / Woche	$G_{br} = 1.320 + 660$ $G_{br} = 1.980$ DM / Woche ←

Kapitel 5

5.1 Bei mehr als zwei Gütern kommt man mit der zweidimensionalen Darstellung in der Zeichenebene nicht aus, weil man für jedes Gut eine Achse benötigt. Der allgemeingültige Lösungsweg für beliebig viele Güter muß also unabhängig von der Zeichnung rein arithmetisch durchgeführt werden.

5.2 Lineare Programmierung ist die Minimierung oder Maximierung einer Zielfunktion bei gleichzeitiger Beachtung diverser Restriktionen (Nebenbedingungen), wobei Zielfunktion und Nebenbedingungen Gleichungen erster Ordnung sein müssen.

5.3 Die Simplex-Methode bietet gegenüber der kombinatorischen Lösung den Vorteil, daß man sich von vornherein auf zulässige Lösungen beschränkt, so daß die Anzahl der zu untersuchenden Möglichkeiten deutlich kleiner bleibt als bei der kombinatorischen Lösung. Deshalb lassen sich Probleme mit bis zu 10 Variablen mit Hilfe der Simplex-Methode noch manuell lösen. Bei größeren Problemen wird ein Standardprogramm im Rahmen der EDV genutzt.

5.4

a) Mathematisch stellt die Schlupfvariable den Betrag dar, um den die kleinere Seite einer Ungleichung zu erhöhen ist, damit aus der Ungleichung eine Gleichung wird.

b) Ökonomisch ist die Schlupfvariable stets als "freier Rest" zu interpretieren. Sie gibt bei maschinellen Restriktionen die noch freie Kapazität an. Bei Absatzrestriktionen zeigt der Wert der Schlupfvariablen, wie weit der tatsächliche Absatz vom maximal zulässigen Absatz entfernt ist.

5.5 Die Basisvariablen sind die nicht gleich Null gesetzten Variablen, deren Werte sich aus den Gleichungen berechnen lassen. Sie bilden, wie der Name sagt, die Basis einer Lösung.
Entsprechend versteht man unter den Nichtbasisvariablen jene Variablen, die gleich Null gesetzt werden.

5.6 Die Simplex-Methode geht beim Zwei-Güter-Fall grundsätzlich nach folgenden drei Schritten vor:

(1) Man erhält durch die Bedingung "zwei Variablen gleich Null und restliche Variablen positiv" die zulässigen Ecken.

(2) Ausgehend von einer beliebigen zulässigen Ecke wird ein Nachbareckpunkt mit höherem Gewinn gesucht.

(3) Diese Suche wird solange fortgesetzt, bis kein Nachbareckpunkt mit höherem Gewinn mehr existiert. Dann ist das Optimum erreicht.

5.7 Die Pivotspalte ist die Spalte eines Simplex-Tableaus, in der die neue Basisvariable steht. Man wählt als neue Basisvariable die mit dem höchsten positiven Koeffizienten (Deckungsbeitrag) in der Zielfunktion.
Die Pivotzeile repräsentiert jene Restriktion, die als erste wirksam wird, wenn (nach Wahl der Pivotspalte) eine bestimmte Variable sukzessive erhöht wird. Man ermittelt die Pivotzeile in der Weise, daß man den niedrigsten Quotienten aus der rechten Tableauseite und den positiven Koeffizienten der Pivotspalte sucht.

5.8 Ist die Zielfunktion aufgestellt und sind die Restriktionsgleichungen formuliert, so wird die weitere Arbeit in der Praxis meist mit Hilfe der EDV unter Anwendung eines Standardprogrammes erledigt. Jedoch darf nicht vergessen werden, daß die Ergebnisinterpretation sowie die Einleitung der notwendigen Konsequenzen wieder den Einsatz qualifizierter Fachleute erforderlich machen.

5.9

Anzahl der Nebenbedingungen (ohne Zielfunktion) - (max. 50): 4

Anzahl der Variablen (max. 30): 3

1. Nebenbedingung:
$x_1 * 2$
$x_2 * 6$
$x_3 * 4$
$\leq$ 480

2. Nebenbedingung:
$x_1 * 3$
$x_2 * 4$
$x_3 * 6$
$\leq$ 420

3. Nebenbedingung:
$x_1 * 3$
$x_2 * 0$
$x_3 * 2$
$\leq$ 360

4. Nebenbedingung:
$x_1 * 5$
$x_2 * 2$
$x_3 * 4$
$\leq$ 400

Zielfunktion:
$x_1 * 12$
$x_2 * 16$
$x_3 * 20$
K_f = 500

Maximierung!

Simplex-Tableau 1

1	2,0	6,0	4,0	1,0	0,0	0,0	0,0	=	480,00
2	3,0	4,0	6,0	0,0	1,0	0,0	0,0	=	420,00
3	3,0	0,0	2,0	0,0	0,0	1,0	0,0	=	360,00
4	5,0	2,0	4,0	0,0	0,0	0,0	1,0	=	400,00
ZF	12,0	16,0	20,0	0,0	0,0	0,0	0,0	=	G_{ne} + 500,00

Simplex-Tableau 2

1	0,0	3,3	0,0	1,0	- 0,7	0,0	0,0	=	200,00
2	0,5	0,7	1,0	0,0	0,2	0,0	0,0	=	70,00
3	2,0	- 1,3	0,0	0,0	- 0,3	1,0	0,0	=	220,00
4	3,0	- 0,7	0,0	0,0	- 0,7	0,0	1,0	=	120,00
ZF	2,0	2,7	0,0	0,0	- 3,3	0,0	0,0	=	G_{ne} - 900,00

Simplex-Tableau 3

1	0,0	1,0	0,0	0,3	- 0,2	0,0	0,0	=	60,00
2	0,5	0,0	1,0	- 0,2	0,3	0,0	0,0	=	30,00
3	2,0	0,0	0,0	0,4	- 0,6	1,0	0,0	=	300,00
4	3,0	0,0	0,0	0,2	- 0,8	0,0	1,0	=	160,00
ZF	2,0	0,0	0,0	-0,8	- 2,8	0,0	0,0	=	G_{ne} - 1.060,00

Simplex-Tableau 4

1	0,0	1,0	0,0	0,3	- 0,2	0,0	0,0	=	60,00
2	0,0	0,0	1,0	- 0,2	0,4	0,0	- 0,2	=	3,33
3	0,0	0,0	0,0	0,3	- 0,1	1,0	- 0,7	=	193,33
4	1,0	0,0	0,0	0,1	- 0,3	0,0	0,3	=	53,33
ZF	0,0	0,0	0,0	- 0,9	- 2,3	0,0	- 0,7	=	G_{ne} - 1.166,67

Ergebnis

Bei Herstellung von:	Produkt 1 mit:	53 Stück
	Produkt 2 mit;	60 Stück
	Produkt 3 mit:	3 Stück
ergibt sich ein Optimum von:		1.166,67 DM
Freie Kapazitäten bei Nebenbedingung 3:		193 Kapazitätseinheiten
Dualvariable/Schattenpreise	bei Nebenbedingung 1:	0,93 DM
	bei Nebenbedingung 2:	2,27 DM
	bei Nebenbedingung 4:	0,67 DM

Kapitel 6

6.1 Die Fixkosten eines Betriebes lassen sich stufenweise nach ihrer Zurechenbarkeit aufspalten, indem man fragt, welche Fixkostenanteile künftig wegfallen, falls man:

1. auf die Erstellung eines bestimmten Produktes verzichtet,
2. die Produktion einer bestimmten Erzeugnisgruppe einstellt,
3. einen betrieblichen Teilbereich stillegt.

Entsprechend unterscheidet man:

1. Erzeugnisartenfixkosten (Beispiele: Kalkulatorische Abschreibungen und kalkulatorische Zinsen für Spezialwerkzeuge, Spezialmaschinen und Spezialfahrzeuge, die ausschließlich der Erstellung, Bearbeitung und Verteilung einer bestimmten Produktart dienen).
2. Erzeugnisgruppenfixkosten (Beispiele: Meistergehalt, Beleuchtungs- und Reinigungskosten in Kostenstellen, die der Fertigung mehrerer Erzeugnisse dienen).

3. Bereichsfixkosten (Beispiele: Gehalt des Bereichsleiters, Verwaltungskosten des Bereichs, bereichsbezogene Forschungs- und Entwicklungskosten).
4. Unternehmungsfixkosten (Beispiele: Vorstandsgehälter, kalkulatorische Abschreibungen und kalkulatorische Zinsen auf das Verwaltungsgebäude).

6.2 Bereichsfixkosten sind Einzelkosten in bezug auf die Bereiche, da sie künftig wegfallen, falls man den betreffenden Bereich stillegt. Sie können also nur einem Bereich als Ganzes zugerechnet werden und nicht etwa den Produktgruppen oder gar Einzelprodukten, die den betreffenden Bereich ausmachen. Da die Bereichsfixkosten durch die Herausnahme einzelner Produkte oder Produktgruppen nicht beeinflußt werden können, sind sie in bezug auf die Produkte oder Produktgruppen Gemeinkosten, d. h. nicht direkt zurechenbar.

6.3 Die Abbaufähigkeit der Fixkosten wird stets durch die Beantwortung der Frage bestimmt, welche Fixkosten künftig wegfallen, wenn man auf ein bestimmtes Rechnungsobjekt (Produkt, Produktgruppe, Bereich) verzichtet. Nur die Fixkostenanteile, die tatsächlich nach Herausnahme eines bestimmten Rechnungsobjektes wegfallen, sind diesem verursachungsgerecht zurechenbar.

6.4 Die Fixkosten sind nur langfristig veränderbar. Deshalb ist eine stufenweise Fixkostendeckungsrechnung nur für langfristige Programmentscheidungen geeignet und notwendig. Sie kann die übliche Deckungsbeitragsrechnung, die zur kurzfristigen Programmoptimierung eingesetzt wird, nicht ersetzen, sondern bildet eine Ergänzung der kurzfristigen Rechnung.

6.5 Wenn man ausschließlich auf das Kriterium einer aussagefähigen stufenweisen Fixkostendeckungsrechnung abstellt, ist eine divisionale Betriebsorganisation günstiger als eine funktionale, da bei divisionaler Organisation vergleichsweise hohe Fixkostenanteile auf Bereichsebene zugerechnet werden können.

6.6 Die stufenweise Fixkostendeckungsrechnung (SFD) kann beispielsweise angewendet werden zur Ermittlung des Deckungsbeitrags oder Restdeckungsbeitrags von

- Erzeugnisgruppen, -hauptgruppen und Bereichen,
- Kunden, Kundengruppen,
- Verkaufsbezirken, Ländern, Kontinenten,
- betrieblichen Abteilungen, Zweigbetrieben, Filialen,
- unterschiedlichen Absatzwegen (Groß- und Einzelhandel, Direktvertrieb).

6.7

a) Begriffsbestimmung und Beispiele

Begriff	Definition
Erzeugnisarten-fixkosten (EFK)	fallen beim Verzicht auf eine Erzeugnisart künftig weg (Patentkosten für ein bestimmtes Erzeugnis, Werbungskosten für einen Artikel, kalkulatorische Abschreibungen für Spezialmaschine).
Erzeugnis-gruppenfixkosten (EFGK)	fallen beim Verzicht auf eine Erzeugnisgruppe künftig weg (kalkulatorische Abschreibungen und Zinsen für Gefrieranlage, Transportfahrzeuge, Tiefkühltruhe bei Produktion von Tiefkühlkost).
Bereichsfixkosten (BFK)	fallen bei Schließung eines betrieblichen Teilbereiches künftig weg (Gehalt des Bereichsdirektors, Fixkosten Bereichsverwaltung).
Unternehmungs-fixkosten (UFK)	fallen erst dann weg, wenn die ganze Unternehmung verkauft oder stillgelegt wird (Fixkosten im Bereich Lohnbuchhaltung, Fixkosten der zentralen EDV, Vorstandsgehälter, Beleuchtung, Betriebssicherheit).

b) Charakterisierung der stufenweisen Fixkostendeckungsrechnung (SFD)

Im Rahmen der stufenweisen Fixkostendeckungsrechnung (SFD) erfolgt eine **langfristige** Optimierung des Produktionsprogrammes. Dabei ist es **unzweckmäßig**, die Unternehmensfixkosten mittels Schlüsselung auf die Produktgruppen zu verteilen. Für die Zurechenbarkeit der Fixkosten ist es günstig, wenn der Betrieb **divisional** gegliedert ist. Die Durchführung einer stufenweisen Fixkostendeckungsrechnung **ergänzt** die kurzfristige Programmoptimierung mit Hilfe der Deckungsbeitragsrechnung.

c) Durchführung der stufenweisen Fixkostendeckungsrechnung für die Playtime KG

(1) Formular für SFD

Produkte	1	2	3	4	5	6	7	8	9	10
U	31	25	50	13	42	20	53	17	19	39
- K_v	21	15	25	10	30	12	31	11	12	26
DB	+ 10	+ 10	+ 25	+ 3	+ 12	+ 8	+ 22	+ 6	+ 7	+ 13
- EFK	19	-	-	5	-	-	2	3	-	4
RDB I	- 9	+ 10	+ 25	- 2	+ 12	+ 8	+ 20	+ 3	+ 7	+ 9
Produktgruppen	I			II		III		IV		
RDB I je Gruppe	+ 26			+ 10		+ 28		+ 19		
- EGFK	9			7		8		28		
RDB II	+ 17			+ 3		+ 20		- 9		
Bereiche	A					B				
RDB II je Bereich	+ 20					+ 11				
- BFK	25					5				
RDB III	- 5					+ 6				
RDB III der Untern.	+ 1									
- UFK	20									
Nettogewinn	- 19									

U = Umsatz je Produktart (TDM/Jahr)
K_v = variable Kosten je Produktart (TDM/Jahr)
D = Deckungsbeitrag je Produktart (TDM/Jahr)
RDB = Restdeckungsbeitrag (TDM/Jahr)
EFK = Erzeugnisfixkosten (TDM/Jahr)
EGFK = Erzeugnisgruppenfixkosten (TDM/Jahr)
BFK = Bereichsfixkosten (TDM/Jahr)
UFK = Unternehmungsfixkosten (TDM/Jahr)

(2) Nettogewinn in Ausgangssituation

Der Nettogewinn in der Ausgangssituation beläuft sich auf - 19.000 DM/Monat. Langfristig kann die Unternehmung mit einem derartigen Monatsverlust nicht existieren. Es ist also zu überlegen, ob und wie das Produktionsprogramm geändert werden könnte.

(3) Programmentscheidungen und neuer Nettogewinn

- Die Herausnahme des Produktes 1 erbringt eine Gewinnverbesserung von 9.000 DM/Monat.
- Der Verzicht auf Produkt 4 erbringt eine Gewinnverbesserung von 2.000 DM/Monat.
- Der Verzicht auf die Produktgruppe IV verbessert das Betriebsergebnis monatlich um 9.000 DM.

Führt man diese drei Maßnahmen durch, so verbessert sich der Nettogewinn um insgesamt 20.000 DM, so daß man einen neuen Nettogewinn von 1.000 DM/Monat erzielt. Da dieser positiv ist, kann die Playtime KG damit langfristig überleben.

(4) SFD als langfristige Programmoptimierung

Die Entscheidung, sich von vier Produkten zu trennen, gilt nur langfristig. Kurzfristig, d. h. solange die zu verkaufenden oder zu verschrottenden Spezialmaschinen, -werkzeuge und -abteilungen noch betriebsbereit dastehen, sind alle Produkte mit positivem Deckungsbeitrag im Sortiment zu behalten.

(5) SFD als rechnerische Entscheidungshilfe

Die stufenweise Fixkostendeckungsrechnung ist eine Entscheidungshilfe, die zwar gewisse Entscheidungen nahelegt, aber nicht erzwingt. Langfristige Produktionsverzichte sind schwerwiegende Einschnitte, die genau überlegt sein wollen. Allerdings muß Produktionsverzicht nicht automatisch Angebotsverzicht bedeuten, solange die Möglichkeit des Fremdbezugs besteht. Mit Rücksicht auf das Betriebsklima und den sozialen Frieden im Unternehmen verzichtet man vielleicht ganz oder teilweise auf die von der SFD nahegelegten Produktionseinschnitte. Dann zeigt die stufenweise Fixkostendeckungsrechnung aber, was es kostet, die entsprechenden Produkte, Gruppen und/oder Bereiche weiter mit durchzuschleppen.

Kapitel 7

7.1 Da über die Maschinenbelegung in der Praxis häufig von Technikern entschieden wird, besteht bei kurzfristigen Entscheidungen und freien Kapazitäten die Gefahr, daß nach dem Motto "große Serie große Maschine, kleine Serie kleine Maschine" verfahren wird. In Wirklichkeit sollte bei Unterbeschäftigung jede Serie (und sei sie noch so klein) auf der großen (d. h. modernen) Anlage gefahren werden, weil man so die allein entscheidungsrelevanten variablen Kosten minimieren kann. Die Fixkosten aller im Betrieb stehenden Anlagen fallen ohnehin an und bleiben in der kurzen Periode konstant.

7.2 Folgende Situationen sind denkbar:

- Kurzfristige Verfahrenswahl ohne Engpässe: Hier ist zu entscheiden, welche Anlagen produzieren und welche stillstehen sollen.
- Kurzfristige Verfahrenswahl mit einem Engpaß: Hier ist zu entscheiden, mit welchen Anlagen der Engpaß am wirtschaftlichsten entlastet werden kann.
- Kurzfristige Verfahrenswahl mit mehreren Engpässen: Hier ist die Fertigung unter gleichzeitiger Beachtung aller Engpaßsektoren optimal auf die verschiedenen Anlagen zu verteilen.
- Langfristige Verfahrenswahl mit Investition: Hier ist zu untersuchen, welche von mehreren in Frage kommenden Investitionsmöglichkeiten am vorteilhaftesten ist.
- Langfristige Verfahrenswahl mit Desinvestition: Hier ist zu untersuchen, welche Anlage im Betrieb bleiben und welche abgebaut werden soll.

7.3

Zeitbezug	Situation	Entscheidungsregel im Telegrammstil
kurzfristige Verfahrenswahl	kein Engpaß	variable Stückkosten minimieren
	ein Engpaß	spezifische Mehrkosten bei Produktionsverlagerung minimieren
	mehrere Engpässe	Kostenminimierung mit Hilfe der linearen Optimierung (Simplex-Methode)
langfristige Verfahrenswahl	Investitionsfall	dynamische Investitionsrechnung (Annuitätenmethode): DJA minimieren
	Desinvestitionsfall	dynamische Investitionsrechnung (Annuitätenmethode): korrigierte DJA minimieren

7.4

x (ME/Monat)	1.000	800	600	400	200	100
k (DM/ME)	3	3,25	3,66	4,5	7	12
k_v (DM/ME)	2	2	2	2	2	2

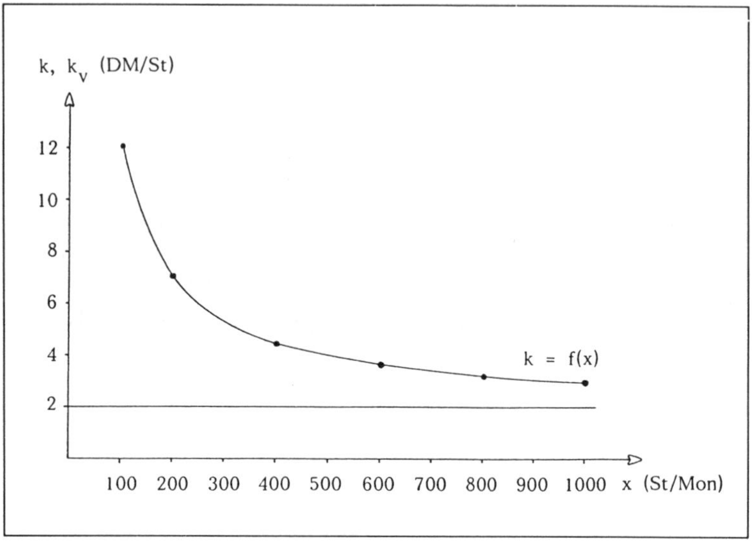

Bei geringer Fertigungsmenge steigen die vollen Stückkosten stark an, während die variablen Stückkosten konstant bleiben. Hat der Abteilungsleiter nach den vollen Stückkosten der zur Produktion herangezogenen Anlage abzurechnen, während die Fixkosten der stillstehenden Anlagen direkt ins Betriebsergebnis übernommen werden, so besteht die Gefahr, daß moderne und leistungsstarke Maschinen bei Unterbeschäftigung gemieden werden, obwohl mit ihrer Hilfe die Produktion zu geringeren variablen Kosten möglich wäre.

7.5 Die spezifischen Mehrkosten bei Produktionsverlagerung repräsentieren die Mehrkosten je freigesetzter Engpaßkapazitätseinheit, falls eine Produkteinheit auf einer anderen im Vergleich zum Engpaßsektor weniger kostengünstigen Anlage gefertigt wird. Man dividiert die Mehrkosten je Stück (k_v - k_{vE}) durch die bei Produktionsverlagerung eines Stückes freiwerdende Engpaßkapazität je Stück e_E:

$$\text{spezifische Mehrkosten bei Produktionsverlagerung} = \frac{\text{Mehrkosten je Stück}}{\text{Engpaßentlastung je Stück}} = \frac{k_v - k_{vE}}{e_E}$$

Beim Vergleich des spezifischen Deckungsbeitrages und der spezifischen Mehrkosten lassen sich unter anderem folgende Gemeinsamkeiten feststellen:

- gleiche Beschäftigungssituation (in beiden Fällen liegt ein einziger Engpaß vor),
- gleicher Zeitbezug (jeweils kurzfristige Planung, d. h. die Fixkosten bleiben unverändert),
- gleiche Dimension (aus dem Aufbau folgt für beide Größen die Dimension DM/Engpaßkapazitätseinheit),
- gleicher Aufbau (bei beiden Größen wird eine Geldbetragsdifferenz zu Kapazitätseinheiten in Relation gesetzt).

Mögliche Unterschiede:

- Entscheidungsproblem: Beim spezifischen Deckungsbeitrag fragt man nach Art und Zahl der zu erzeugenden Produkte. Bei den spezifischen Mehrkosten fragt man: Auf welchen Anlagen sollen die Produkte erstellt werden?
- Zähler: Beim spezifischen Deckungsbeitrag erhält man die Geldbetragsdifferenz im Zähler, indem man vom Stückpreis die variablen Kosten pro Stück abzieht. Bei den spezifischen Mehrkosten ergibt sich der Zähler als Stückkostendifferenz.

7.6

a) Kein Engpaß - Fertigung auf Maschine mit minimalen variablen Stückkosten

Maschine	Grenzkosten (DM/Min)		Stückzeiten (Min/St.)		variable Stückkosten (DM/Stück)	
	A	B	A	B	A	B
1	2,00	1,50	1,5	2,0	3,00	3,00
2	2,50	3,00	4,0	3,0	10,00	9,00
3	4,00	3,50	6,0	5,0	24,00	17,50

Werkstück	Stückzahl	Maschine	Stückzeit (Min/Stück)	Kapazität (Min/Mon)
A B	2.400 3.000	1 1	1,5 2,0	3.600 6.000
benötigte Kapazität				9.600
variable Kosten: 2 · 1,5 · 2.400 + 1,5 · 2 · 3.000 =				16.200 DM/Monat

b) Es besteht ein Engpaß, die Maschinenbelegung erfolgt nach den spezifischen Mehrkosten.

spezifische Mehrkosten (DM/Minute)		
Werkstück → / Maschine ↓	A	B
von 1 auf 2	$\frac{7{,}00}{1{,}5} = 4{,}67$	$\frac{6{,}00}{2} = 3{,}00$ (eingekreist)
von 1 auf 3	$\frac{21{,}00}{1{,}5} = 14{,}00$	$\frac{14{,}50}{2} = 7{,}25$

Werkstück	Stückzahl	Maschine	Stückzeit (Min/Stück)	Kapazität (Min/Mon)
A B	3.000 2.550	1 1	1,5 2,0	4.500 5.100
B	450	2	3,0	1.350
benötigte Kapazität				10.950
variable Kosten: 2 · 1,5 · 3.000 + 1,5 · 2 · 2.550 + 3 · 3 · 450 =				20.700 DM/Monat

c) Es besteht ein Engpaß, die Maschinenbelegung erfolgt wie unter b) nach den spezifischen Mehrkosten.

Werkstück	Stückzahl	Maschine	Stückzeit (Min/Stück)	Kapazität (Min/Mon)
A	6.400	1	1,5	9.600
B A	2.400 600	2 2	3,0 4,0	7.200 2.400
benötigte Kapazität				19.200
variable Kosten: $2 \cdot 1{,}5 \cdot 6.400 + 2{,}5 \cdot 4 \cdot 600 + 3 \cdot 3 \cdot 2.400 =$				46.800 DM/Monat

d) In der Oberzeile des Tableaus sind die verschiedenen Produktionsmöglichkeiten aufgelistet. Die Produktionsmöglichkeiten tragen die Symbole x_1, x_2, ..., x_6. Die Symbole haben folgende Bedeutung:

$x_1 = A/M_1$: Menge des Werkstückes A, die auf Maschine 1 produziert wird,
$x_2 = A/M_2$: Menge des Werkstückes A, die auf Maschine 2 produziert wird,
$x_3 = A/M_3$: Menge des Werkstückes A, die auf Maschine 3 produziert wird,
$x_4 = B/M_1$: Menge des Werkstückes B, die auf Maschine 1 produziert wird,
$x_5 = B/M_2$: Menge des Werkstückes B, die auf Maschine 2 produziert wird,
$x_6 = B/M_3$: Menge des Werkstückes B, die auf Maschine 3 produziert wird.

lfd. Nr.	x_1 A/M_1	x_2 A/M_2	x_3 A/M_3	x_4 B/M_1	x_5 B/M_2	x_6 B/M_3		
M_1	1,5	0	0	2	0	0,0	≤	9.600
M_2	0,0	4	0	0	3	0,0	≤	9.600
M_3	0,0	0	6	0	0	5,0	≤	9.600
4	1,0	1	1	0	0	0,0	=	a 2.400 b 3.000 c 7.000 d 8.000
5	0,0	0	0	1	1	1,0	=	a 3.000 b 3.000 c 2.400 d 3.000
ZF	3,0	10	24	3	9	17,5		Min !

Die in der rechten Spalte unter a) bis d) festgehaltenen Werte repräsentieren die unterschiedlichen Fertigungsmengen der benötigten Werkstücke A und B bei den Teilaufgaben. Der nachfolgend wiedergegebene Computerausdruck beschränkt sich auf die Lösung d); man hätte sich die manuell erarbeiteten Lösungen a) bis c) aber auch mit Hilfe des Computers erstellen lassen können.

Anzahl der Nebenbedingungen (ohne Zielfunktion) - (max. 50): 5

Anzahl der Variablen (max. 30): 6

<u>1. Nebenbedingung:</u>

$x_1 * 1{,}5$
$x_2 * 0{,}0$
$x_3 * 0{,}0$
$x_4 * 2{,}0$
$x_5 * 0{,}0$
$x_6 * 0{,}0$
$\leq$ 9.600

<u>2. Nebenbedingung:</u>

$x_1 * 0$
$x_2 * 4$
$x_3 * 0$
$x_4 * 0$
$x_5 * 3$
$x_6 * 0$
$\leq$ 9.600

<u>3. Nebenbedingung:</u>

$x_1 * 0$
$x_2 * 0$
$x_3 * 6$
$x_4 * 0$
$x_5 * 0$
$x_6 * 5$
$\leq$ 9.600

<u>4. Nebenbedingung:</u>

$x_1 * 1$
$x_2 * 1$
$x_3 * 1$
$x_4 * 0$
$x_5 * 0$
$x_6 * 0$
$\leq$ 8.000

<u>5. Nebenbedingung:</u>

$x_1 * 0$
$x_2 * 0$
$x_3 * 0$
$x_4 * 1$
$x_5 * 1$
$x_6 * 1$
$\leq$ 3.000

<u>Zielfunktion:</u>

$x_1 * 3{,}0$
$x_2 * 10{,}0$
$x_3 * 24{,}0$
$x_4 * 3{,}0$
$x_5 * 9{,}0$
$x_6 * 17{,}5$
$K_f = 0$

Minimierung!

	<u>Ergebnis</u>	
	x_1:	6.400,00 Einheiten
	x_2:	1.500,00 Einheiten
	x_3:	100,00 Einheiten
	x_4:	0,00 Einheiten
	x_5:	1.200,00 Einheiten
	x_6:	1.800,00 Einheiten
Optimum:		78.900,00 DM
Freie Kapazitäten:		keine !
Dualvariable	bei Nebenbedingung 1:	30,00 DM
	bei Nebenbedingung 2:	9,50 DM
	bei Nebenbedingung 4:	4,00 DM

Ergebnis

Die Produktionsmenge von 8.000 Einheiten A ist wie folgt auf die Maschinen zu verteilen:

Maschine 1:	6.400	8.000
Maschine 2:	1.500	
Maschine 3:	100	

Die Produktionsmenge von 3.000 Einheiten B ist wie folgt auf die Maschinen zu verteilen:

Maschine 2:	1.200	3.000
Maschine 3:	1.800	

Die variablen Kosten belaufen sich auf 78.900 DM/Monat.

e) Die Fixkosten sind im vorliegenden Fall nicht entscheidungsrelevant, da eine Kurzfristplanung durchzuführen ist, bei der Produktionsapparat und zugehörige Fixkosten unverändert bleiben.

7.7

a) Für 15.500 Einheiten/Jahr

Kostenvergleichsrechnung $K = \frac{A}{n} + \frac{A}{2} \cdot i + k_v \cdot x$	Annuitätenmethode $DJA = A \cdot KWF + a_v \cdot x$
$K_1 = 50.000 + 25.000 + 155.000$ $K_1 = 230.000$ DM / Jahr	$DJA_1 = 500.000 \cdot 0{,}162745 + 155.000$ $DJA_1 = \boxed{236.373}$ DM / Jahr
$K_2 = 70.000 + 35.000 + 124.000$ $K_2 = \boxed{229.000}$ DM / Jahr	$DJA_2 = 700.000 \cdot 0{,}162745 + 124.000$ $DJA_2 = 237.922$ DM / Jahr
$K_3 = 100.000 + 50.000 + 93.000$ $K_3 = 243.000$ DM / Jahr	$DJA_3 = 1.000.000 \cdot 0{,}162745 + 93.000$ $DJA_3 = 255.745$ DM / Jahr

A =	Anschaffungspreis (DM)	i =	Kalkulationszinssatz (%)
n =	Laufzeit (Jahre)	KWF =	Kapitalwiedergewinnungsfaktor
k_v =	variable Stückkosten (DM/St)	a_v =	variable Stückauszahlungen (DM/St)

Für 23.500 Einheiten/Jahr

Kostenvergleichsrechnung	Annuitätenmethode
K_1 = 50.000 + 25.000 + 235.000 K_1 = 310.000 DM / Jahr	DJA_1 = 500.000 · 0,162745 + 235.000 DJA_1 = 316.373 DM / Jahr
K_2 = 70.000 + 35.000 + 188.000 K_2 = 293.000 DM / Jahr	DJA_2 = 700.000 · 0,162745 + 188.000 DJA_2 = **301.922** DM / Jahr
K_3 = 100.000 + 50.000 + 141.000 K_3 = **291.000** DM / Jahr	DJA_3 = 1.000.000 · 0,162745 + 141.000 DJA_3 = 303.745 DM / Jahr

Die Kostenvergleichsrechnung kann wegen der ungenauen Zinsberücksichtigung zu Fehlentscheidungen führen. In der Praxis ist stets der Annuitätenmethode der Vorzug zu geben.

b)

	Kostenvergleichsrechnung
von Verfahren 1 zu Verfahren 2	$50.000 + 25.000 + 10\,x_{kr} = 70.000 + 35.000 + 8\,x_{kr}$ $2\,x_{kr} = 30.000$ $x_{kr} = 15.000$ ME / Jahr
von Verfahren 2 zu Verfahren 3	$70.000 + 35.000 + 8\,x'_{kr} = 100.000 + 50.000 + 6\,x_{kr}$ $2\,x'_{kr} = 45.000$ $x'_{kr} = 22.500$ ME / Jahr

	Annuitätenmethode
von Verfahren 1 zu Verfahren 2	$500.000 \cdot 0{,}162745 + 10\, x_{kr} = 700.000 \cdot 0{,}162745 + 8\, x_{kr}$ $2\, x_{kr} = 200.000 \cdot 0{,}162745$ $x_{kr} = 16.275$ ME / Jahr
von Verfahren 2 zu Verfahren 3	$700.000 \cdot 0{,}162745 + 8\, x'_{kr} = 1.000.000 \cdot 0{,}162745 + 6\, x_{kr}$ $2\, x'_{kr} = 300.000 \cdot 0{,}162745$ $x'_{kr} = 24.412$ ME / Jahr

7.8

a) Kurzfristig sollte man sich für Anlage 3 entscheiden, weil deren variable Kosten am geringsten sind.

b)

variable Auszahlungen bei Maschine 1 ↓ (zu: 20.000 x)

abbaufähige Fixauszahlungen bei Verzicht auf Maschine 2 u. 3 ↓ (zu: - 1.000.000)

$$DJA_1^{korr} = 20.000\,x + 3.300.000 - 1.000.000 - 600.000 \cdot 0{,}250456$$

↑ Maschine 1 gewählt (zu: DJA_1^{korr})

↑ gesamte Fixauszahlungen (alle Maschinen) (zu: + 3.300.000)

↑ periodisierte Restwerteinzahlungen bei Verkauf von Maschine 2 u. 3 (zu: - 600.000 · 0,250456)

$DJA_1^{korr} = 20.000\,x + 2.149.726$

$DJA_1^{korr} = 2.949.726$ DM/Jahr

variable Auszahlungen bei Maschine 2 ↓ | abbaufähige Fixauszahlungen bei Verzicht auf Maschine 1 u. 3 ↓

$$DJA_2^{korr} = 2.500\,x + 3.300.000 - 650.000 - 420.000 \cdot 0{,}250456$$

↑ Maschine 2 gewählt | ↑ gesamte Fixauszahlungen (alle Maschinen) | ↑ periodisierte Restwerteinzahlungen bei Verkauf von Maschine 1 u. 3

$$DJA_2^{korr} = 2.500\,x + 2.544.808$$

$$DJA_2^{korr} = 2.644.808 \text{ DM/Jahr}$$

variable Auszahlungen bei Maschine 3 ↓ | abbaufähige Fixauszahlungen bei Verzicht auf Maschine 1 u. 2 ↓

$$DJA_3^{korr} = 1.000\,x + 3.300.000 - 450.000 - 220.000 \cdot 0{,}250456$$

↑ Maschine 3 gewählt | ↑ gesamte Fixauszahlungen (alle Maschinen) | ↑ periodisierte Restwerteinzahlungen bei Verkauf von Maschine 1 u. 2

$$DJA_3^{korr} = 1.000\,x + 2.794.900$$

$$DJA_3^{korr} = 2.834.900 \text{ DM/Jahr}$$

Die korrigierten durchschnittlichen jährlichen Auszahlungen sind mit 2.644.808 DM jährlich am geringsten, wenn man Anlage 2 langfristig behält und sich von Anlage 1 und 3 trennt.

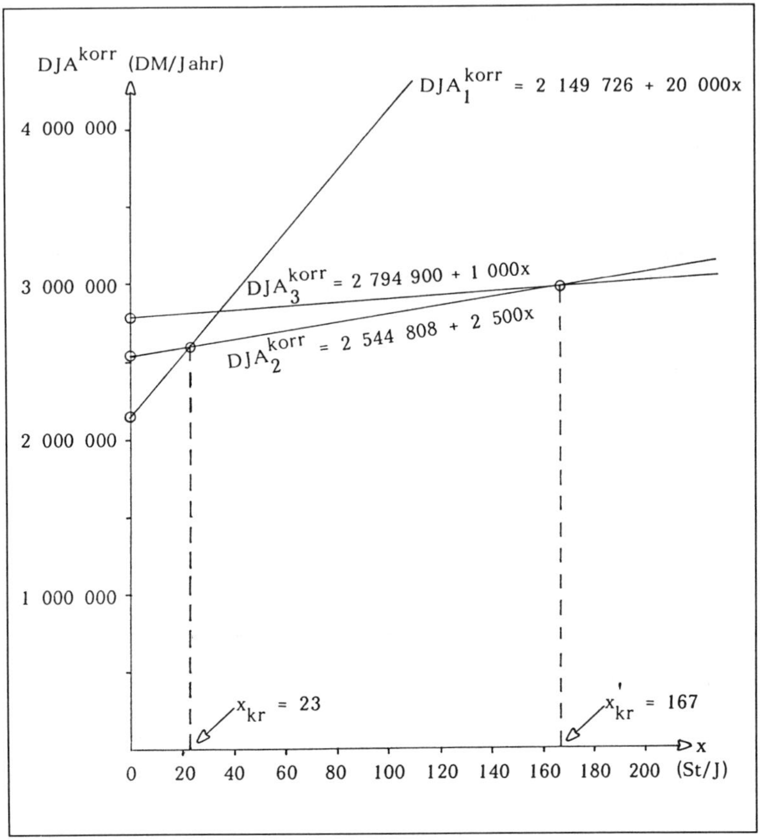

$x_{kr} \quad \rightarrow$

$$
\begin{aligned}
DJA_1^{korr} &= DJA_2^{korr} \\
20.000\,x_{kr} + 2.149.726 &= 2.500\,x_{kr} + 2.544.808 \\
17.500\,x_{kr} &= 395.082 \\
x_{kr} &= 22{,}58 \text{ Stück/Jahr}
\end{aligned}
$$

$x'_{kr} \quad \rightarrow$

$$
\begin{aligned}
DJA_2^{korr} &= DJA_3^{korr} \\
2.500\,x'_{kr} + 2.544.808 &= 1.000\,x'_{kr} + 2.794.900 \\
1.500\,x'_{kr} &= 250.092 \\
x'_{kr} &= 166{,}73 \text{ Stück/Jahr}
\end{aligned}
$$

Kapitel 8

8.1 EF-Entscheidungen sind in der betrieblichen Praxis in sämtlichen Teilbereichen, also auch außerhalb des Funktionsbereiches Fertigung, zu fällen. So kann im Vertrieb eine eigene oder eine fremde Absatzorganisation gewählt werden; die Transporte können durch eigene Lkw oder als Fremdtransporte durchgeführt werden. Im Finanzbereich ist anstelle eines eigenen Mahn- und Inkassowesens die Inanspruchnahme einer Factoringgesellschaft denkbar; die Investitionsplanung könnte selbsterstellt oder durch externe Berater durchgeführt werden. Im Verwaltungsbereich spielt die Wahl zwischen eigener und externer Datenverarbeitung eine Rolle. Es könnte ein eigener Reinigungsdienst oder die Fremdreinigung eingesetzt werden.

8.2 Im praktischen Fall ist es denkbar, daß ein an sich günstiger Fremdbezug unterbleibt, weil man beispielsweise um die Produktqualität fürchtet, die Geheimhaltung nicht gewährt sieht, die potentielle Konkurrenz mächtiger werdender Zulieferer vermeiden will.
Jedoch ist auch in solchen Fällen eine genaue EF-Rechnung erforderlich, damit man stets sieht und weiß, was die Erfüllung bestimmter qualitativer Aspekte kostet.

8.3

Zeitbezug	Situation	Entscheidungsregel im Telegrammstil
kurzfristige EF-Entscheidungen	kein Engpaß	$p_F > k_v \rightarrow$ Eigenfertigung $p_F < k_v \rightarrow$ Fremdbezug
	ein Engpaß	spezifische Mehrkosten bei Fremdfertigung minimieren
	mehrere Engpässe	Kostenminimierung mit Hilfe der linearen Optimierung

langfristige EF-Entscheidungen	Investitionsfall	DJA minimieren
	Desinvestitionsfall	korrigierte DJA minimieren

8.4

Sägekette	p_F	k_v (DM/Kette)	k	Entscheidung	Begründung
A	33	24	38	eigenfertigen	$p_F > k_v$
B	8	4	7	eigenfertigen	$p_F > k_v$
C	15	16	25	fremdbeziehen	$p_F < k_v$
D	44	30	42	eigenfertigen	$p_F > k_v$
E	28	31	36	eigenfertigen	Know-how

8.5

a) Für alle Beschläge gilt $p_F > k_v$, somit ist Eigenfertigung vorteilhaft. Sie wird auch generell durchgeführt, da die verfügbare Kapazität (42.000 Min/Mon) die für die Eigenfertigung erforderliche Kapazität (40.000 Min/Mon) übersteigt.

b) Für alle Beschläge ist wegen $p_F > k_v$ grundsätzlich Eigenfertigung vorteilhaft. Allerdings reicht die verfügbare Kapazität (27.000 Min/Mon) nicht für die Eigenfertigung aller Beschläge aus. Die Beschläge konkurrieren um den Engpaß, wobei die Rangfolge nach den spezifischen Mehrkosten bei Fremdfertigung von Bedeutung ist:

Typ	$p_F - k_v$ (DM/St)	t (Min/St)	$\frac{p_F - k_v}{t}$ (DM/Min)	Rang
A	2	0,5	4,00	2
B	8	2,5	3,20	3
C	6	2,0	3,00	4
D	5	1,0	5,00	1

Die Engpaßzeit wird nach Maßgabe der zu minimierenden spezifischen Mehrkosten bei Fremdfertigung wie folgt auf die Beschlägetypen verteilt:

Rang	Typ	zur Verfügung stehende Kapazität (Min/Mon)	x_E Eigenfertigungsmenge (St/Mon)	t (Min/St)	$x_E \cdot t$ (Min/St)
1	D	27.000	3.000	1,0	3.000
2	A	24.000	1.000	0,5	500
3	B	23.500	5.000	2,5	12.500
4	C	11.000	5.500	2,0	11.000
für Eigenfertigung benötigte Kapazität:					27.000

Von C sind 5.500 Einheiten je Monat eigenzufertigen; der restliche Bedarf von 6.500 Einheiten ist fremdzubeziehen. Alle anderen Typen sind vollständig eigenzufertigen.

8.6 Ein Betrieb, der langfristig vom Fremdbezug zur Eigenfertigung übergeht, hat zunächst die zur Eigenfertigung notwendigen Grundstücke, Gebäude und Anlagen bereitzustellen: Er hat Investitionen durchzuführen. Wird umgekehrt der Übergang von der Eigenfertigung zum Fremdbezug geplant, so entfallen Ersatz und Erneuerung der bislang zur Eigenfertigung verwendeten Anlagen, so daß fixe Kosten künftig reduziert werden. Man hat bei EF-Entscheidungen langfristiger Art also zu fragen, ob die Durchführung oder die Unterlassung von Investitionen günstiger ist. Vorteilhafte Investitionen werden durchgeführt, unvorteilhafte unterlassen. Die Einordnung in vorteilhaft und unvorteilhaft erfolgt mit Hilfe der Investitions- und Wirtschaftlichkeitsrechnung unter Verwendung einer der dynamischen Investitionsrechnungsmethoden (Kapitalwertmethode, interne Zinsfuß-Methode, Annuitätenmethode) wobei letztere dem kostenrechnerischen Denken am weitesten entgegenkommt.

8.7

a) x_e = Eigenverbrauch (kWh/Jahr)

Bei der kritischen Eigenverbrauchsmenge x_e^{kr} sind die eigenstrombedingten durchschnittlichen jährlichen Mehrauszahlungen (= Nachteil der Eigenstromerzeugung) genauso groß wie die durch die Eigenstromerzeugung veranlaßten durchschnittlichen jährlichen Minderauszahlungen (= Vorteil der Eigenstromerzeugung). Es gilt also:

durchschnittliche jährliche Mehrauszahlungen wegen Eigenstromerzeugung	=	durchschnittliche jährliche Minderauszahlungen wegen Eigenstromerzeugung

$$1.500.000 \cdot KWF_{40} + 50.000 + 0{,}04 \cdot 1.600.000 = 0{,}20\, x_e^{kr} + (1.600.000 - x_e^{kr}) \cdot 0{,}09$$

$$1.500.000 \cdot 0{,}121304 + 50.000 + 64.000 = 0{,}20\, x_e^{kr} + 144.000 - 0{,}09\, x_e^{kr}$$

$$295.955 = 0{,}11\, x_e^{kr} + 144.000$$

$$x_e^{kr} = 1.381.409 \text{ kWh/Jahr}$$

Beträgt der Eigenstromverbrauch 1.381.409 kWh/Jahr oder mehr, so lohnt sich die Errichtung eines Blockheizkraftwerkes (BHK).

b) F = Förderung der Anschaffungsmehrauszahlung für BHK durch Staat (DM)

$$(1.500.000 - F) \cdot KWF_{40} + 50.000 + 64.000 = 0{,}11 \cdot 400.000 + 144.000$$

$$(1.500.000 - F) \cdot KWF_{40} + 114.000 = 188.000$$

$$1.500.000 - F = \frac{74.000}{KWF}$$

$$F = 1.500.000 - 610.038$$

$$F = 889.962 \text{ DM}$$

Bei einem Staatszuschuß von mindestens 889.962 DM (= 59 % der Anschaffungsmehrauszahlungen des BHK) lohnt sich die Installation des BHK auch bei dem geringen Eigenverbrauch von x_e = 400.000 kWh/Jahr.

c) p = Preis je kWh eingespeisten Stroms (DM/kWh)

$$1.500.000 \cdot 0{,}121304 + 50.000 + 64.000 = 0{,}20 \cdot 400.000 + (1.600.000 - 400.000) \cdot p$$

$$295.955 = 80.000 + 1.200.000\ p$$

$$p = 0{,}18 \text{ DM/kWh}$$

Bei einem Einspeisungspreis von mindestens 0,18 DM/kWh lohnt sich die Installation des BHK auch bei dem geringen Eigenverbrauch von $x_e = 400.000$ kWh/Jahr.

Herrn K.-D. Däumler Lärchenweg 12 24242 Felde-Jägerslust
Ich habe in der Kostenrechnung 2, Deckungsbeitragsrechnung, 5. Auflage, die folgenden Schreib- und Rechenfehler gefunden:

Seite o = oberes Drittel m = mittlers Drittel u = unteres Drittel	Art des Fehlers (Kurzbeschreibung)

Die folgenden Passagen des Buches sollte man bei einer Neuauflage ***p*** praxisnaher, ***v*** verständlicher, ***k*** kürzer, ***a*** ausführlicher formulieren:

Seite o = oberes Drittel m = mittleres Drittel u = unteres Drittel	Vorschlag für Neuformulierung

Außerdem möchte ich noch bemerken:

Lösung Testklausur Deckungsbeitragsrechnung

Aufgabe	a)	b)	c)	Punktzahl
1.	(-)	(-)	(+)	3
2.	(+)	(+)	(+)	3
3.	(+)	(-)	(-)	3
4.	(-)	(+)	(-)	3
5.	(-)	(+)	(+)	3
6.	(+)	(-)	(+)	3
7.	(-)	(+)	(+)	3
8.	(-)	(+)	(-)	3
9.	(-)	(+)	(+)	3
10.	(+)	(-)	(+)	3
11.	(-)	(-)	(+)	3
12.	(-)	(+)	(+)	3
13.	(-)	(-)	(+)	3
14.	(-)	(+)	(+)	3
15.	(-)	(-)	(+)	3
16.	(-)	(-)	(+)	3
17.	(-)	(-)	(+)	3
18.	(+)	(+)	(+)	3
19.	(-)	(-)	(-)	3
20.	(-)	(-)	(+)	3
21.	(+)	(+)	(+)	3
22.	(-)	(+)	(-)	3
23.	(+)	(-)	(-)	3
24.	(-)	(-)	(+)	3
25.	(-)	(-)	(+)	3
26.	(-)	(-)	(+)	3
27.	(+)	(+)	(+)	3
Gesamt				81

Punktvergabe

Kennzeichen richtig	= 1 Punkt,
Kennzeichen weiß nicht oder falsch	= 0 Punkte.

Beispiel

	a)	b)	c)	Punktzahl
Musterlösung zu Satz 1.	(-)	(-)	(+)	3
andere Lösungen	(-)	(-)	(-)	2
	( )	(-)	( )	1
	(+)	(+)	(-)	0

Bewertung

Note	Punkte
4	40 bis 49
3	50 bis 61
2	62 bis 72
1	73 bis 81

Finanzmathematischer Tabellenanhang

Die finanzmathematischen Faktoren sind wichtige Hilfsmittel für die Beurteilung und Berechnung vieler Probleme. Mögliche Anwendungsgebiete:

- Zinseszinsrechnung,
- Investitions- und Wirtschaftlichkeitsrechnung,
- Kostenrechnung,
- Rentenrechnung,
- Tilgungsrechnung,
- Effektivzinsberechnung,
- Versicherungsmathematik,
- Finanzierungsrechnung.

Die investitionsrechnerischen Beispiele in diesem Buch können Sie alle mit Hilfe des finanzmathematischen Tabellenanhangs lösen. Er enthält die Werte der finanzmathematischen Faktoren für Zinssätze von 3 %, 4 %, ..., 20 %. Sollten Sie praktische Probleme zu lösen haben, so kann es notwendig sein, auf ein ausführlicheres Tabellenwerk zurückzugreifen[1]. Für unterjährige Probleme, die im Bereich der Finanzierungsrechnung besonders häufig auftreten, ist daneben ein spezielles Tabellenwerk erforderlich[2].

Die folgende Übersicht gibt eine stark komprimierte Darstellung der sechs finanzmathematischen Faktoren und ihrer Wirkungsweise.

In der ersten Spalte sind die sechs Faktoren in der Schreibweise wiedergegeben, die in der Betriebswirtschaftslehre üblich ist. In allgemein-mathematischen Darstellungen finden Sie gelegentlich eine andere mögliche Schreibweise bei der $(1 + i) = q$ gesetzt wird. Diese Schreibweise ist in der zweiten Spalte ergänzend aufgenommen worden. Die dritte Spalte enthält die verschiedenen Bezeichnungen für die Faktoren sowie die von uns gewählten Abkürzungen. So wird der Diskontierungssummenfaktor DSF im Bereich der Rentenrechnung häufig auch (Renten-)Barwertfaktor genannt; im Bereich der Unternehmensbewertung nennt man ihn auch Kapitali-

---

[1] Vgl. hierzu: K.-D. Däumler, Finanzmathematisches Tabellenwerk, a. a. O. Hier wird ein Bereich von 1 % bis 30 % in halbprozentigen Schritten erschlossen.

[2] Vgl. hierzu: Derselbe, Unterjährige Zinsperioden - Finanzmathematische Tabellenwerk, Herne/Berlin 1984. Hier wird ein Bereich von 0,05 a bis 7 % in zwanzigstelprozentigen Schritten erschlossen.

sierungsfaktor. Der Kapitalwiedergewinnungsfaktor KWF heißt Verrentungsfaktor, wenn es um die Ermittlung einer Rente geht; bei Banken spricht man vom Annuitätenfaktor, wenn die zu einem bestimmten Darlehen gehörende Annuität ermittelt werden soll. Die vierte Spalte beschreibt die Faktoren im Hinblick auf ihre finanzmathematische Funktion verbal. Die fünfte Spalte ergänzt die verbale Beschreibung durch eine Zeitstrahl-Darstellung, um die Funktion der finanzmathematischen Faktoren graphisch zu verdeutlichen.

Symbole

i = Zinssatz (dezimal)

n = Laufzeit (Jahre)

g = Geldbetrag pro Jahr (DM/Jahr)

K_o = Einmalzahlung zum Zeitpunkt 0 (DM)

K_n = Einmalzahlung zum Zeitpunkt n (DM)

3,00 %						
n	AuF $(1+i)^n$	AbF $(1+i)^{-n}$	DSF $\frac{(1+i)^n - 1}{i(1+i)^n}$	KWF $\frac{i(1+i)^n}{(1+i)^n - 1}$	EWF $\frac{(1+i)^n - 1}{i}$	RVF $\frac{i}{(1+i)^n - 1}$
1	1.030000	0.970874	0.970874	1.030000	1.000000	1.000000
2	1.060900	0.942596	1.913470	0.522611	2.030000	0.492611
3	1.092727	0.915142	2.828611	0.353530	3.090900	0.323530
4	1.125509	0.888487	3.717098	0.269027	4.183627	0.239027
5	1.159274	0.862609	4.579707	0.218355	5.309136	0.188355
6	1.194052	0.837484	5.417191	0.184598	6.468410	0.154598
7	1.229874	0.813092	6.230283	0.160506	7.662462	0.130506
8	1.266770	0.789409	7.019692	0.142456	8.892336	0.112456
9	1.304773	0.766417	7.786109	0.128434	10.159106	0.098434
10	1.343916	0.744094	8.530203	0.117231	11.463879	0.087231
11	1.384234	0.722421	9.252624	0.108077	12.807796	0.078077
12	1.425761	0.701380	9.954004	0.100462	14.192030	0.070462
13	1.468534	0.680951	10.634955	0.094030	15.617790	0.064030
14	1.512590	0.661118	11.296073	0.088526	17.086324	0.058526
15	1.557967	0.641862	11.937935	0.083767	18.598914	0.053767
16	1.604706	0.623167	12.561102	0.079611	20.156881	0.049611
17	1.652848	0.605016	13.166118	0.075953	21.761588	0.045953
18	1.702433	0.587395	13.753513	0.072709	23.414435	0.042709
19	1.753506	0.570286	14.323799	0.069814	25.116868	0.039814
20	1.806111	0.553676	14.877475	0.067216	26.870374	0.037216
21	1.860295	0.537549	15.415024	0.064872	28.676486	0.034872
22	1.916103	0.521893	15.936917	0.062747	30.536780	0.032747
23	1.973587	0.506692	16.443608	0.060814	32.452884	0.030814
24	2.032794	0.491934	16.935542	0.059047	34.426470	0.029047
25	2.093778	0.477606	17.413148	0.057428	36.459264	0.027428
26	2.156591	0.463695	17.876842	0.055938	38.553042	0.025938
27	2.221289	0.450189	18.327031	0.054564	40.709634	0.024564
28	2.287928	0.437077	18.764108	0.053293	42.930923	0.023293
29	2.356566	0.424346	19.188455	0.052115	45.218850	0.022115
30	2.427262	0.411987	19.600441	0.051019	47.575416	0.021019
35	2.813862	0.355383	21.487220	0.046539	60.462082	0.016539
40	3.262038	0.306557	23.114772	0.043262	75.401260	0.013262
45	3.781596	0.264439	24.518713	0.040785	92.719861	0.010785
50	4.383906	0.228107	25.729764	0.038865	112.796867	0.008865

4,00 %

n	AuF $(1+i)^n$	AbF $(1+i)^{-n}$	DSF $\frac{(1+i)^n - 1}{i(1+i)^n}$	KWF $\frac{i(1+i)^n}{(1+i)^n - 1}$	EWF $\frac{(1+i)^n - 1}{i}$	RVF $\frac{i}{(1+i)^n - 1}$
1	1.040000	0.961538	0.961538	1.040000	1.000000	1.000000
2	1.081600	0.924556	1.886095	0.530196	2.040000	0.490196
3	1.124864	0.888996	2.775091	0.360349	3.121600	0.320349
4	1.169859	0.854804	3.629895	0.275490	4.246464	0.235490
5	1.216653	0.821927	4.451822	0.224627	5.416323	0.184627
6	1.265319	0.790315	5.242137	0.190762	6.632975	0.150762
7	1.315932	0.759918	6.002055	0.166610	7.898294	0.126610
8	1.368569	0.730690	6.732745	0.148528	9.214226	0.108528
9	1.423312	0.702587	7.435332	0.134493	10.582795	0.094493
10	1.480244	0.675564	8.110896	0.123291	12.006107	0.083291
11	1.539454	0.649581	8.760477	0.114149	13.486351	0.074149
12	1.601032	0.624597	9.385074	0.106552	15.025805	0.066552
13	1.665074	0.600574	9.985648	0.100144	16.626838	0.060144
14	1.731676	0.577475	10.563123	0.094669	18.291911	0.054669
15	1.800944	0.555265	11.118387	0.089941	20.023588	0.049941
16	1.872981	0.533908	11.652296	0.085820	21.824531	0.045820
17	1.947900	0.513373	12.165669	0.082199	23.697512	0.042199
18	2.025817	0.493628	12.659297	0.078993	25.645413	0.038993
19	2.106849	0.474642	13.133939	0.076139	27.671229	0.036139
20	2.191123	0.456387	13.590326	0.073582	29.778079	0.033582
21	2.278768	0.438834	14.029160	0.071280	31.969202	0.031280
22	2.369919	0.421955	14.451115	0.069199	34.247970	0.029199
23	2.464716	0.405726	14.856842	0.067309	36.617889	0.027309
24	2.563304	0.390121	15.246963	0.065587	39.082604	0.025587
25	2.665836	0.375117	15.622080	0.064012	41.645908	0.024012
26	2.772470	0.360689	15.982769	0.062567	44.311745	0.022567
27	2.883369	0.346817	16.329586	0.061239	47.084214	0.021239
28	2.998703	0.333477	16.663063	0.060013	49.967583	0.020013
29	3.118651	0.320651	16.983715	0.058880	52.966286	0.018880
30	3.243398	0.308319	17.292033	0.057830	56.084938	0.017830
35	3.946089	0.253415	18.664613	0.053577	73.652225	0.013577
40	4.801021	0.208289	19.792774	0.050523	95.025516	0.010523
45	5.841176	0.171198	20.720040	0.048262	121.029392	0.008262
50	7.106683	0.140713	21.482185	0.046550	152.667084	0.006550

5,00 %						
n	AuF $(1+i)^n$	AbF $(1+i)^{-n}$	DSF $\frac{(1+i)^n - 1}{i(1+i)^n}$	KWF $\frac{i(1+i)^n}{(1+i)^n - 1}$	EWF $\frac{(1+i)^n - 1}{i}$	RVF $\frac{i}{(1+i)^n - 1}$
1	1.050000	0.952381	0.952381	1.050000	1.000000	1.000000
2	1.102500	0.907029	1.859410	0.537805	2.050000	0.487805
3	1.157625	0.863838	2.723248	0.367209	3.152500	0.317209
4	1.215506	0.822702	3.545951	0.282012	4.310125	0.232012
5	1.276282	0.783526	4.329477	0.230975	5.525631	0.180975
6	1.340096	0.746215	5.075692	0.197017	6.801913	0.147017
7	1.407100	0.710681	5.786373	0.172820	8.142008	0.122820
8	1.477455	0.676839	6.463213	0.154722	9.549109	0.104722
9	1.551328	0.644609	7.107822	0.140690	11.026564	0.090690
10	1.628895	0.613913	7.721735	0.129505	12.577893	0.079505
11	1.710339	0.584679	8.306414	0.120389	14.206787	0.070389
12	1.795856	0.556837	8.863252	0.112825	15.917127	0.062825
13	1.885649	0.530321	9.393573	0.106456	17.712983	0.056456
14	1.979932	0.505068	9.898641	0.101024	19.598632	0.051024
15	2.078928	0.481017	10.379658	0.096342	21.578564	0.046342
16	2.182875	0.458112	10.837770	0.092270	23.657492	0.042270
17	2.292018	0.436297	11.274066	0.088699	25.840366	0.038699
18	2.406619	0.415521	11.689587	0.085546	28.132385	0.035546
19	2.526950	0.395734	12.085321	0.082745	30.539004	0.032745
20	2.653298	0.376889	12.462210	0.080243	33.065954	0.030243
21	2.785963	0.358942	12.821153	0.077996	35.719252	0.027996
22	2.925261	0.341850	13.163003	0.075971	38.505214	0.025971
23	3.071524	0.325571	13.488574	0.074137	41.430475	0.024137
24	3.225100	0.310068	13.798642	0.072471	44.501999	0.022471
25	3.386355	0.295303	14.093945	0.070952	47.727099	0.020952
26	3.555673	0.281241	14.375185	0.069564	51.113454	0.019564
27	3.733456	0.267848	14.643034	0.068292	54.669126	0.018292
28	3.920129	0.255094	14.898127	0.067123	58.402583	0.017123
29	4.116136	0.242946	15.141074	0.066046	62.322712	0.016046
30	4.321942	0.231377	15.372451	0.065051	66.438848	0.015051
35	5.516015	0.181290	16.374194	0.061072	90.320307	0.011072
40	7.039989	0.142046	17.159086	0.058278	120.799774	0.008278
45	8.985008	0.111297	17.774070	0.056262	159.700156	0.006262
50	11.467400	0.087204	18.255925	0.054777	209.347996	0.004777

5,50 %						
n	AuF $(1+i)^n$	AbF $(1+i)^{-n}$	DSF $\frac{(1+i)^n - 1}{i(1+i)^n}$	KWF $\frac{i(1+i)^n}{(1+i)^n - 1}$	EWF $\frac{(1+i)^n - 1}{i}$	RVF $\frac{i}{(1+i)^n - 1}$
1	1.055000	0.947867	0.947867	1.055000	1.000000	1.000000
2	1.113025	0.898452	1.846320	0.541618	2.055000	0.486618
3	1.174241	0.851614	2.697933	0.370654	3.168025	0.315654
4	1.238825	0.807217	3.505150	0.285294	4.342266	0.230294
5	1.306960	0.765134	4.270284	0.234176	5.581091	0.179176
6	1.378843	0.725246	4.995530	0.200179	6.888051	0.145179
7	1.454679	0.687437	5.682967	0.175964	8.266894	0.120964
8	1.534687	0.651599	6.334566	0.157864	9.721573	0.102864
9	1.619094	0.617629	6.952195	0.143839	11.256260	0.088839
10	1.708144	0.585431	7.537626	0.132668	12.875354	0.077668
11	1.802092	0.554911	8.092536	0.123571	14.583498	0.068571
12	1.901207	0.525982	8.618518	0.116029	16.385591	0.061029
13	2.005774	0.498561	9.117079	0.109684	18.286798	0.054684
14	2.116091	0.472569	9.589648	0.104279	20.292572	0.049279
15	2.232476	0.447933	10.037581	0.099626	22.408663	0.044626
16	2.355263	0.424581	10.462162	0.095583	24.641140	0.040583
17	2.484802	0.402447	10.864609	0.092042	26.996403	0.037042
18	2.621466	0.381466	11.246074	0.088920	29.481205	0.033920
19	2.765647	0.361579	11.607654	0.086150	32.102671	0.031150
20	2.917757	0.342729	11.950382	0.083679	34.868318	0.028679
21	3.078234	0.324862	12.275244	0.081465	37.786076	0.026465
22	3.247537	0.307926	12.583170	0.079471	40.864310	0.024471
23	3.426152	0.291873	12.875042	0.077670	44.111847	0.022670
24	3.614590	0.276657	13.151699	0.076036	47.537998	0.021036
25	3.813392	0.262234	13.413933	0.074549	51.152588	0.019549
26	4.023129	0.248563	13.662495	0.073193	54.965981	0.018193
27	4.244401	0.235605	13.898100	0.071952	58.989109	0.016952
28	4.477843	0.223322	14.121422	0.070814	63.233510	0.015814
29	4.724124	0.211679	14.333101	0.069769	67.711354	0.014769
30	4.983951	0.200644	14.533745	0.068805	72.435478	0.013805
35	6.513825	0.153520	15.390552	0.064975	100.251364	0.009975
40	8.513309	0.117463	16.046125	0.062320	136.605614	0.007320
45	11.126554	0.089875	16.547726	0.060431	184.119165	0.005431
50	14.541961	0.068767	16.931518	0.059061	246.217476	0.004061

6,00 %						
n	AuF $(1+i)^n$	AbF $(1+i)^{-n}$	DSF $\frac{(1+i)^n - 1}{i(1+i)^n}$	KWF $\frac{i(1+i)^n}{(1+i)^n - 1}$	EWF $\frac{(1+i)^n - 1}{i}$	RVF $\frac{i}{(1+i)^n - 1}$
1	1.060000	0.943396	0.943396	1.060000	1.000000	1.000000
2	1.123600	0.889996	1.833393	0.545437	2.060000	0.485437
3	1.191016	0.839619	2.673012	0.374110	3.183600	0.314110
4	1.262477	0.792094	3.465106	0.288591	4.374616	0.228591
5	1.338226	0.747258	4.212364	0.237396	5.637093	0.177396
6	1.418519	0.704961	4.917324	0.203363	6.975319	0.143363
7	1.503630	0.665057	5.582381	0.179135	8.393838	0.119135
8	1.593848	0.627412	6.209794	0.161036	9.897468	0.101036
9	1.689479	0.591898	6.801692	0.147022	11.491316	0.087022
10	1.790848	0.558395	7.360087	0.135868	13.180795	0.075868
11	1.898299	0.526788	7.886875	0.126793	14.971643	0.066793
12	2.012196	0.496969	8.383844	0.119277	16.869941	0.059277
13	2.132928	0.468839	8.852683	0.112960	18.882138	0.052960
14	2.260904	0.442301	9.294984	0.107585	21.015066	0.047585
15	2.396558	0.417265	9.712249	0.102963	23.275970	0.042963
16	2.540352	0.393646	10.105895	0.098952	25.672528	0.038952
17	2.692773	0.371364	10.477260	0.095445	28.212880	0.035445
18	2.854339	0.350344	10.827603	0.092357	30.905653	0.032357
19	3.025600	0.330513	11.158116	0.089621	33.759992	0.029621
20	3.207135	0.311805	11.469921	0.087185	36.785591	0.027185
21	3.399564	0.294155	11.764077	0.085005	39.992727	0.025005
22	3.603537	0.277505	12.041582	0.083046	43.392290	0.023046
23	3.819750	0.261797	12.303379	0.081278	46.995828	0.021278
24	4.048935	0.246979	12.550358	0.079679	50.815577	0.019679
25	4.291871	0.232999	12.783356	0.078227	54.864512	0.018227
26	4.549383	0.219810	13.003166	0.076904	59.156383	0.016904
27	4.822346	0.207368	13.210534	0.075697	63.705766	0.015697
28	5.111687	0.195630	13.406164	0.074593	68.528112	0.014593
29	5.418388	0.184557	13.590721	0.073580	73.639798	0.013580
30	5.743491	0.174110	13.764831	0.072649	79.058186	0.012649
35	7.686087	0.130105	14.498246	0.068974	111.434780	0.008974
40	10.285718	0.097222	15.046297	0.066462	154.761966	0.006462
45	13.764611	0.072650	15.455832	0.064700	212.743514	0.004700
50	18.420154	0.054288	15.761861	0.063444	290.335905	0.003444

6,50 %						
n	AuF $(1+i)^n$	AbF $(1+i)^{-n}$	DSF $\frac{(1+i)^n - 1}{i(1+i)^n}$	KWF $\frac{i(1+i)^n}{(1+i)^n - 1}$	EWF $\frac{(1+i)^n - 1}{i}$	RVF $\frac{i}{(1+i)^n - 1}$
1	1.065000	0.938967	0.938967	1.065000	1.000000	1.000000
2	1.134225	0.881659	1.820626	0.549262	2.065000	0.484262
3	1.207950	0.827849	2.648476	0.377576	3.199225	0.312576
4	1.286466	0.777323	3.425799	0.291903	4.407175	0.226903
5	1.370087	0.729881	4.155679	0.240635	5.693641	0.175635
6	1.459142	0.685334	4.841014	0.206568	7.063728	0.141568
7	1.553987	0.643506	5.484520	0.182331	8.522870	0.117331
8	1.654996	0.604231	6.088751	0.164237	10.076856	0.099237
9	1.762570	0.567353	6.656104	0.150238	11.731852	0.085238
10	1.877137	0.532726	7.188830	0.139105	13.494423	0.074105
11	1.999151	0.500212	7.689042	0.130055	15.371560	0.065055
12	2.129096	0.469683	8.158725	0.122568	17.370711	0.057568
13	2.267487	0.441017	8.599742	0.116283	19.499808	0.051283
14	2.414874	0.414100	9.013842	0.110940	21.767295	0.045940
15	2.571841	0.388827	9.402669	0.106353	24.182169	0.041353
16	2.739011	0.365095	9.767764	0.102378	26.754010	0.037378
17	2.917046	0.342813	10.110577	0.098906	29.493021	0.033906
18	3.106654	0.321890	10.432466	0.095855	32.410067	0.030855
19	3.308587	0.302244	10.734710	0.093156	35.516722	0.028156
20	3.523645	0.283797	11.018507	0.090756	38.825309	0.025756
21	3.752682	0.266476	11.284983	0.088613	42.348954	0.023613
22	3.996606	0.250212	11.535196	0.086691	46.101636	0.021691
23	4.256386	0.234941	11.770137	0.084961	50.098242	0.019961
24	4.533051	0.220602	11.990739	0.083398	54.354628	0.018398
25	4.827699	0.207138	12.197877	0.081981	58.887679	0.016981
26	5.141500	0.194496	12.392373	0.080695	63.715378	0.015695
27	5.475697	0.182625	12.574998	0.079523	68.856877	0.014523
28	5.831617	0.171479	12.746477	0.078453	74.332574	0.013453
29	6.210672	0.161013	12.907490	0.077474	80.164192	0.012474
30	6.614366	0.151186	13.058676	0.076577	86.374864	0.011577
35	9.062255	0.110348	13.686957	0.073062	124.034690	0.008062
40	12.416075	0.080541	14.145527	0.070694	175.631916	0.005694
45	17.011098	0.058785	14.480228	0.069060	246.324587	0.004060
50	23.306679	0.042906	14.724521	0.067914	343.179672	0.002914

7,00 %						
n	AuF $(1+i)^n$	AbF $(1+i)^{-n}$	DSF $\frac{(1+i)^n - 1}{i(1+i)^n}$	KWF $\frac{i(1+i)^n}{(1+i)^n - 1}$	EWF $\frac{(1+i)^n - 1}{i}$	RVF $\frac{i}{(1+i)^n - 1}$
1	1.070000	0.934579	0.934579	1.070000	1.000000	1.000000
2	1.144900	0.873439	1.808018	0.553092	2.070000	0.483092
3	1.225043	0.816298	2.624316	0.381052	3.214900	0.311052
4	1.310796	0.762895	3.387211	0.295228	4.439943	0.225228
5	1.402552	0.712986	4.100197	0.243891	5.750739	0.173891
6	1.500730	0.666342	4.766540	0.209796	7.153291	0.139796
7	1.605781	0.622750	5.389289	0.185553	8.654021	0.115553
8	1.718186	0.582009	5.971299	0.167468	10.259803	0.097468
9	1.838459	0.543934	6.515232	0.153486	11.977989	0.083486
10	1.967151	0.508349	7.023582	0.142378	13.816448	0.072378
11	2.104852	0.475093	7.498674	0.133357	15.783599	0.063357
12	2.252192	0.444012	7.942686	0.125902	17.888451	0.055902
13	2.409845	0.414964	8.357651	0.119651	20.140643	0.049651
14	2.578534	0.387817	8.745468	0.114345	22.550488	0.044345
15	2.759032	0.362446	9.107914	0.109795	25.129022	0.039795
16	2.952164	0.338735	9.446649	0.105858	27.888054	0.035858
17	3.158815	0.316574	9.763223	0.102425	30.840217	0.032425
18	3.379932	0.295864	10.059087	0.099413	33.999033	0.029413
19	3.616528	0.276508	10.335595	0.096753	37.378965	0.026753
20	3.869684	0.258419	10.594014	0.094393	40.995492	0.024393
21	4.140562	0.241513	10.835527	0.092289	44.865177	0.022289
22	4.430402	0.225713	11.061240	0.090406	49.005739	0.020406
23	4.740530	0.210947	11.272187	0.088714	53.436141	0.018714
24	5.072367	0.197147	11.469334	0.087189	58.176671	0.017189
25	5.427433	0.184249	11.653583	0.085811	63.249038	0.015811
26	5.807353	0.172195	11.825779	0.084561	68.676470	0.014561
27	6.213868	0.160930	11.986709	0.083426	74.483823	0.013426
28	6.648838	0.150402	12.137111	0.082392	80.697691	0.012392
29	7.114257	0.140563	12.277674	0.081449	87.346529	0.011449
30	7.612255	0.131367	12.409041	0.080586	94.460786	0.010586
35	10.676581	0.093663	12.947672	0.077234	138.236878	0.007234
40	14.974458	0.066780	13.331709	0.075009	199.635112	0.005009
45	21.002452	0.047613	13.605522	0.073500	285.749311	0.003500
50	29.457025	0.033948	13.800746	0.072460	406.528929	0.002460

7,50 %						
n	AuF $(1+i)^n$	AbF $(1+i)^{-n}$	DSF $\frac{(1+i)^n - 1}{i(1+i)^n}$	KWF $\frac{i(1+i)^n}{(1+i)^n - 1}$	EWF $\frac{(1+i)^n - 1}{i}$	RVF $\frac{i}{(1+i)^n - 1}$
1	1.075000	0.930233	0.930233	1.075000	1.000000	1.000000
2	1.155625	0.865333	1.795565	0.556928	2.075000	0.481928
3	1.242297	0.804961	2.600526	0.384538	3.230625	0.309538
4	1.335469	0.748801	3.349326	0.298568	4.472922	0.223568
5	1.435629	0.696559	4.045885	0.247165	5.808391	0.172165
6	1.543302	0.647962	4.693846	0.213045	7.244020	0.138045
7	1.659049	0.602755	5.296601	0.188800	8.787322	0.113800
8	1.783478	0.560702	5.857304	0.170727	10.446371	0.095727
9	1.917239	0.521583	6.378887	0.156767	12.229849	0.081767
10	2.061032	0.485194	6.864081	0.145686	14.147087	0.070686
11	2.215609	0.451343	7.315424	0.136697	16.208119	0.061697
12	2.381780	0.419854	7.735278	0.129278	18.423728	0.054278
13	2.560413	0.390562	8.125840	0.123064	20.805508	0.048064
14	2.752444	0.363313	8.489154	0.117797	23.365921	0.042797
15	2.958877	0.337966	8.827120	0.113287	26.118365	0.038287
16	3.180793	0.314387	9.141507	0.109391	29.077242	0.034391
17	3.419353	0.292453	9.433960	0.106000	32.258035	0.031000
18	3.675804	0.272049	9.706009	0.103029	35.677388	0.028029
19	3.951489	0.253069	9.959078	0.100411	39.353192	0.025411
20	4.247851	0.235413	10.194491	0.098092	43.304681	0.023092
21	4.566440	0.218989	10.413480	0.096029	47.552532	0.021029
22	4.908923	0.203711	10.617191	0.094187	52.118972	0.019187
23	5.277092	0.189498	10.806689	0.092535	57.027895	0.017535
24	5.672874	0.176277	10.982967	0.091050	62.304987	0.016050
25	6.098340	0.163979	11.146946	0.089711	67.977862	0.014711
26	6.555715	0.152539	11.299485	0.088500	74.076201	0.013500
27	7.047394	0.141896	11.441381	0.087402	80.631916	0.012402
28	7.575948	0.131997	11.573378	0.086405	87.679310	0.011405
29	8.144144	0.122788	11.696165	0.085498	95.255258	0.010498
30	8.754955	0.114221	11.810386	0.084671	103.399403	0.009671
35	12.568870	0.079562	12.272511	0.081483	154.251606	0.006483
40	18.044239	0.055419	12.594409	0.079400	227.256520	0.004400
45	25.904839	0.038603	12.818629	0.078011	332.064515	0.003011
50	37.189746	0.026889	12.974812	0.077072	482.529947	0.002072

8,00 %						
n	AuF $(1+i)^n$	AbF $(1+i)^{-n}$	DSF $\frac{(1+i)^n - 1}{i(1+i)^n}$	KWF $\frac{i(1+i)^n}{(1+i)^n - 1}$	EWF $\frac{(1+i)^n - 1}{i}$	RVF $\frac{i}{(1+i)^n - 1}$
1	1.080000	0.925926	0.925926	1.080000	1.000000	1.000000
2	1.166400	0.857339	1.783265	0.560769	2.080000	0.480769
3	1.259712	0.793832	2.577097	0.388034	3.246400	0.308034
4	1.360489	0.735030	3.312127	0.301921	4.506112	0.221921
5	1.469328	0.680583	3.992710	0.250456	5.866601	0.170456
6	1.586874	0.630170	4.622880	0.216315	7.335929	0.136315
7	1.713824	0.583490	5.206370	0.192072	8.922803	0.112072
8	1.850930	0.540269	5.746639	0.174015	10.636628	0.094015
9	1.999005	0.500249	6.246888	0.160080	12.487558	0.080080
10	2.158925	0.463193	6.710081	0.149029	14.486562	0.069029
11	2.331639	0.428883	7.138964	0.140076	16.645487	0.060076
12	2.518170	0.397114	7.536078	0.132695	18.977126	0.052695
13	2.719624	0.367698	7.903776	0.126522	21.495297	0.046522
14	2.937194	0.340461	8.244237	0.121297	24.214920	0.041297
15	3.172169	0.315242	8.559479	0.116830	27.152114	0.036830
16	3.425943	0.291890	8.851369	0.112977	30.324283	0.032977
17	3.700018	0.270269	9.121638	0.109629	33.750226	0.029629
18	3.996019	0.250249	9.371887	0.106702	37.450244	0.026702
19	4.315701	0.231712	9.603599	0.104128	41.446263	0.024128
20	4.660957	0.214548	9.818147	0.101852	45.761964	0.021852
21	5.033834	0.198656	10.016803	0.099832	50.422921	0.019832
22	5.436540	0.183941	10.200744	0.098032	55.456755	0.018032
23	5.871464	0.170315	10.371059	0.096422	60.893296	0.016422
24	6.341181	0.157699	10.528758	0.094978	66.764759	0.014978
25	6.848475	0.146018	10.674776	0.093679	73.105940	0.013679
26	7.396353	0.135202	10.809978	0.092507	79.954415	0.012507
27	7.988061	0.125187	10.935165	0.091448	87.350768	0.011448
28	8.627106	0.115914	11.051078	0.090489	95.338830	0.010489
29	9.317275	0.107328	11.158406	0.089619	103.965936	0.009619
30	10.062657	0.099377	11.257783	0.088827	113.283211	0.008827
35	14.785344	0.067635	11.654568	0.085803	172.316804	0.005803
40	21.724521	0.046031	11.924613	0.083860	259.056519	0.003860
45	31.920449	0.031328	12.108402	0.082587	386.505617	0.002587
50	46.901613	0.021321	12.233485	0.081743	573.770156	0.001743

8,50 %						
n	AuF $(1+i)^n$	AbF $(1+i)^{-n}$	DSF $\frac{(1+i)^n - 1}{i(1+i)^n}$	KWF $\frac{i(1+i)^n}{(1+i)^n - 1}$	EWF $\frac{(1+i)^n - 1}{i}$	RVF $\frac{i}{(1+i)^n - 1}$
1	1.085000	0.921659	0.921659	1.085000	1.000000	1.000000
2	1.177225	0.849455	1.771114	0.564616	2.085000	0.479616
3	1.277289	0.782908	2.554022	0.391539	3.262225	0.306539
4	1.385859	0.721574	3.275597	0.305288	4.539514	0.220288
5	1.503657	0.665045	3.940642	0.253766	5.925373	0.168766
6	1.631468	0.612945	4.553587	0.219607	7.429030	0.134607
7	1.770142	0.564926	5.118514	0.195369	9.060497	0.110369
8	1.920604	0.520669	5.639183	0.177331	10.830639	0.092331
9	2.083856	0.479880	6.119063	0.163424	12.751244	0.078424
10	2.260983	0.442285	6.561348	0.152408	14.835099	0.067408
11	2.453167	0.407636	6.968984	0.143493	17.096083	0.058493
12	2.661686	0.375702	7.344686	0.136153	19.549250	0.051153
13	2.887930	0.346269	7.690955	0.130023	22.210936	0.045023
14	3.133404	0.319142	8.010097	0.124842	25.098866	0.039842
15	3.399743	0.294140	8.304237	0.120420	28.232269	0.035420
16	3.688721	0.271097	8.575333	0.116614	31.632012	0.031614
17	4.002262	0.249859	8.825192	0.113312	35.320733	0.028312
18	4.342455	0.230285	9.055476	0.110430	39.322995	0.025430
19	4.711563	0.212244	9.267720	0.107901	43.665450	0.022901
20	5.112046	0.195616	9.463337	0.105671	48.377013	0.020671
21	5.546570	0.180292	9.643628	0.103695	53.489059	0.018695
22	6.018028	0.166167	9.809796	0.101939	59.035629	0.016939
23	6.529561	0.153150	9.962945	0.100372	65.053658	0.015372
24	7.084574	0.141152	10.104097	0.098970	71.583219	0.013970
25	7.686762	0.130094	10.234191	0.097712	78.667792	0.012712
26	8.340137	0.119902	10.354093	0.096580	86.354555	0.011580
27	9.049049	0.110509	10.464602	0.095560	94.694692	0.010560
28	9.818218	0.101851	10.566453	0.094639	103.743741	0.009639
29	10.652766	0.093872	10.660326	0.093806	113.561959	0.008806
30	11.558252	0.086518	10.746844	0.093051	124.214725	0.008051
35	17.379642	0.057539	11.087781	0.090189	192.701675	0.005189
40	26.133016	0.038266	11.314520	0.088382	295.682536	0.003382
45	39.295084	0.025448	11.465312	0.087220	450.530397	0.002220
50	59.086316	0.016924	11.565595	0.086463	683.368418	0.001463

9,00 %						
n	AuF $(1+i)^n$	AbF $(1+i)^{-n}$	DSF $\frac{(1+i)^n - 1}{i(1+i)^n}$	KWF $\frac{i(1+i)^n}{(1+i)^n - 1}$	EWF $\frac{(1+i)^n - 1}{i}$	RVF $\frac{i}{(1+i)^n - 1}$
1	1.090000	0.917431	0.917431	1.090000	1.000000	1.000000
2	1.188100	0.841680	1.759111	0.568469	2.090000	0.478469
3	1.295029	0.772183	2.531295	0.395055	3.278100	0.305055
4	1.411582	0.708425	3.239720	0.308669	4.573129	0.218669
5	1.538624	0.649931	3.889651	0.257092	5.984711	0.167092
6	1.677100	0.596267	4.485919	0.222920	7.523335	0.132920
7	1.828039	0.547034	5.032953	0.198691	9.200435	0.108691
8	1.992563	0.501866	5.534819	0.180674	11.028474	0.090674
9	2.171893	0.460428	5.995247	0.166799	13.021036	0.076799
10	2.367364	0.422411	6.417658	0.155820	15.192930	0.065820
11	2.580426	0.387533	6.805191	0.146947	17.560293	0.056947
12	2.812665	0.355535	7.160725	0.139651	20.140720	0.049651
13	3.065805	0.326179	7.486904	0.133567	22.953385	0.043567
14	3.341727	0.299246	7.786150	0.128433	26.019189	0.038433
15	3.642482	0.274538	8.060688	0.124059	29.360916	0.034059
16	3.970306	0.251870	8.312558	0.120300	33.003399	0.030300
17	4.327633	0.231073	8.543631	0.117046	36.973705	0.027046
18	4.717120	0.211994	8.755625	0.114212	41.301338	0.024212
19	5.141661	0.194490	8.950115	0.111730	46.018458	0.021730
20	5.604411	0.178431	9.128546	0.109546	51.160120	0.019546
21	6.108808	0.163698	9.292244	0.107617	56.764530	0.017617
22	6.658600	0.150182	9.442425	0.105905	62.873338	0.015905
23	7.257874	0.137781	9.580207	0.104382	69.531939	0.014382
24	7.911083	0.126405	9.706612	0.103023	76.789813	0.013023
25	8.623081	0.115968	9.822580	0.101806	84.700896	0.011806
26	9.399158	0.106393	9.928972	0.100715	93.323977	0.010715
27	10.245082	0.097608	10.026580	0.099735	102.723135	0.009735
28	11.167140	0.089548	10.116128	0.098852	112.968217	0.008852
29	12.172182	0.082155	10.198283	0.098056	124.135356	0.008056
30	13.267678	0.075371	10.273654	0.097336	136.307539	0.007336
35	20.413968	0.048986	10.566821	0.094636	215.710755	0.004636
40	31.409420	0.031838	10.757360	0.092960	337.882445	0.002960
45	48.327286	0.020692	10.881197	0.091902	525.858734	0.001902
50	74.357520	0.013449	10.961683	0.091227	815.083556	0.001227

9,50 %						
n	AuF	AbF	DSF	KWF	EWF	RVF
	$(1+i)^n$	$(1+i)^{-n}$	$\frac{(1+i)^n - 1}{i(1+i)^n}$	$\frac{i(1+i)^n}{(1+i)^n - 1}$	$\frac{(1+i)^n - 1}{i}$	$\frac{i}{(1+i)^n - 1}$
1	1.095000	0.913242	0.913242	1.095000	1.000000	1.000000
2	1.199025	0.834011	1.747253	0.572327	2.095000	0.477327
3	1.312932	0.761654	2.508907	0.398580	3.294025	0.303580
4	1.437661	0.695574	3.204481	0.312063	4.606957	0.217063
5	1.574239	0.635228	3.839709	0.260436	6.044618	0.165436
6	1.723791	0.580117	4.419825	0.226253	7.618857	0.131253
7	1.887552	0.529787	4.949612	0.202036	9.342648	0.107036
8	2.066869	0.483824	5.433436	0.184046	11.230200	0.089046
9	2.263222	0.441848	5.875284	0.170205	13.297069	0.075205
10	2.478228	0.403514	6.278798	0.159266	15.560291	0.064266
11	2.713659	0.368506	6.647304	0.150437	18.038518	0.055437
12	2.971457	0.336535	6.983839	0.143188	20.752178	0.048188
13	3.253745	0.307338	7.291178	0.137152	23.723634	0.042152
14	3.562851	0.280674	7.571852	0.132068	26.977380	0.037068
15	3.901322	0.256323	7.828175	0.127744	30.540231	0.032744
16	4.271948	0.234085	8.062260	0.124035	34.441553	0.029035
17	4.677783	0.213777	8.276037	0.120831	38.713500	0.025831
18	5.122172	0.195230	8.471266	0.118046	43.391283	0.023046
19	5.608778	0.178292	8.649558	0.115613	48.513454	0.020613
20	6.141612	0.162824	8.812382	0.113477	54.122233	0.018477
21	6.725065	0.148697	8.961080	0.111594	60.263845	0.016594
22	7.363946	0.135797	9.096876	0.109928	66.988910	0.014928
23	8.063521	0.124015	9.220892	0.108449	74.352856	0.013449
24	8.829556	0.113256	9.334148	0.107134	82.416378	0.012134
25	9.668364	0.103430	9.437578	0.105959	91.245934	0.010959
26	10.586858	0.094457	9.532034	0.104909	100.914297	0.009909
27	11.592610	0.086262	9.618296	0.103969	111.501156	0.008969
28	12.693908	0.078778	9.697074	0.103124	123.093766	0.008124
29	13.899829	0.071943	9.769018	0.102364	135.787673	0.007364
30	15.220313	0.065702	9.834719	0.101681	149.687502	0.006681
35	23.960406	0.041736	10.086995	0.099138	241.688483	0.004138
40	37.719399	0.026512	10.247247	0.097587	386.519992	0.002587
45	59.379340	0.016841	10.349043	0.096627	614.519364	0.001627
50	93.477257	0.010698	10.413707	0.096027	973.444808	0.001027

10,00 %						
n	AuF $(1+i)^n$	AbF $(1+i)^{-n}$	DSF $\frac{(1+i)^n - 1}{i(1+i)^n}$	KWF $\frac{i(1+i)^n}{(1+i)^n - 1}$	EWF $\frac{(1+i)^n - 1}{i}$	RVF $\frac{i}{(1+i)^n - 1}$
1	1.100000	0.909091	0.909091	1.100000	1.000000	1.000000
2	1.210000	0.826446	1.735537	0.576190	2.100000	0.476190
3	1.331000	0.751315	2.486852	0.402115	3.310000	0.302115
4	1.464100	0.683013	3.169865	0.315471	4.641000	0.215471
5	1.610510	0.620921	3.790787	0.263797	6.105100	0.163797
6	1.771561	0.564474	4.355261	0.229607	7.715610	0.129607
7	1.948717	0.513158	4.868419	0.205405	9.487171	0.105405
8	2.143589	0.466507	5.334926	0.187444	11.435888	0.087444
9	2.357948	0.424098	5.759024	0.173641	13.579477	0.073641
10	2.593742	0.385543	6.144567	0.162745	15.937425	0.062745
11	2.853117	0.350494	6.495061	0.153963	18.531167	0.053963
12	3.138428	0.318631	6.813692	0.146763	21.384284	0.046763
13	3.452271	0.289664	7.103356	0.140779	24.522712	0.040779
14	3.797498	0.263331	7.366687	0.135746	27.974983	0.035746
15	4.177248	0.239392	7.606080	0.131474	31.772482	0.031474
16	4.594973	0.217629	7.823709	0.127817	35.949730	0.027817
17	5.054470	0.197845	8.021553	0.124664	40.544703	0.024664
18	5.559917	0.179859	8.201412	0.121930	45.599173	0.021930
19	6.115909	0.163508	8.364920	0.119547	51.159090	0.019547
20	6.727500	0.148644	8.513564	0.117460	57.274999	0.017460
21	7.400250	0.135131	8.648694	0.115624	64.002499	0.015624
22	8.140275	0.122846	8.771540	0.114005	71.402749	0.014005
23	8.954302	0.111678	8.883218	0.112572	79.543024	0.012572
24	9.849733	0.101526	8.984744	0.111300	88.497327	0.011300
25	10.834706	0.092296	9.077040	0.110168	98.347059	0.010168
26	11.918177	0.083905	9.160945	0.109159	109.181765	0.009159
27	13.109994	0.076278	9.237223	0.108258	121.099942	0.008258
28	14.420994	0.069343	9.306567	0.107451	134.209936	0.007451
29	15.863093	0.063039	9.369606	0.106728	148.630930	0.006728
30	17.449402	0.057309	9.426914	0.106079	164.494023	0.006079
35	28.102437	0.035584	9.644159	0.103690	271.024368	0.003690
40	45.259256	0.022095	9.779051	0.102259	442.592556	0.002259
45	72.890484	0.013719	9.862808	0.101391	718.904837	0.001391
50	117.390853	0.008519	9.914814	0.100859	1163.908529	0.000859

10,50 %						
n	AuF $(1+i)^n$	AbF $(1+i)^{-n}$	DSF $\frac{(1+i)^n - 1}{i(1+i)^n}$	KWF $\frac{i(1+i)^n}{(1+i)^n - 1}$	EWF $\frac{(1+i)^n - 1}{i}$	RVF $\frac{i}{(1+i)^n - 1}$
1	1.105000	0.904977	0.904977	1.105000	1.000000	1.000000
2	1.221025	0.818984	1.723961	0.580059	2.105000	0.475059
3	1.349233	0.741162	2.465123	0.405659	3.326025	0.300659
4	1.490902	0.670735	3.135858	0.318892	4.675258	0.213892
5	1.647447	0.607000	3.742858	0.267175	6.166160	0.162175
6	1.820429	0.549321	4.292179	0.232982	7.813606	0.127982
7	2.011574	0.497123	4.789303	0.208799	9.634035	0.103799
8	2.222789	0.449885	5.239188	0.190869	11.645609	0.085869
9	2.456182	0.407136	5.646324	0.177106	13.868398	0.072106
10	2.714081	0.368449	6.014773	0.166257	16.324579	0.061257
11	2.999059	0.333438	6.348211	0.157525	19.038660	0.052525
12	3.313961	0.301754	6.649964	0.150377	22.037720	0.045377
13	3.661926	0.273080	6.923045	0.144445	25.351680	0.039445
14	4.046429	0.247132	7.170176	0.139467	29.013607	0.034467
15	4.471304	0.223648	7.393825	0.135248	33.060035	0.030248
16	4.940791	0.202397	7.596221	0.131644	37.531339	0.026644
17	5.459574	0.183164	7.779386	0.128545	42.472130	0.023545
18	6.032829	0.165760	7.945146	0.125863	47.931703	0.020863
19	6.666276	0.150009	8.095154	0.123531	53.964532	0.018531
20	7.366235	0.135755	8.230909	0.121493	60.630808	0.016493
21	8.139690	0.122855	8.353764	0.119707	67.997043	0.014707
22	8.994357	0.111181	8.464945	0.118134	76.136732	0.013134
23	9.938764	0.100616	8.565561	0.116747	85.131089	0.011747
24	10.982335	0.091055	8.656616	0.115519	95.069854	0.010519
25	12.135480	0.082403	8.739019	0.114429	106.052188	0.009429
26	13.409705	0.074573	8.813592	0.113461	118.187668	0.008461
27	14.817724	0.067487	8.881079	0.112599	131.597373	0.007599
28	16.373585	0.061074	8.942153	0.111830	146.415097	0.006830
29	18.092812	0.055271	8.997423	0.111143	162.788683	0.006143
30	19.992557	0.050019	9.047442	0.110528	180.881494	0.005528
35	32.936673	0.030361	9.234654	0.108288	304.158792	0.003288
40	54.261416	0.018429	9.348292	0.106971	507.251579	0.001971
45	89.392794	0.011187	9.417271	0.106188	841.836132	0.001188
50	147.269869	0.006790	9.459140	0.105718	1393.046373	0.000718

11,00 %						
n	AuF $(1+i)^n$	AbF $(1+i)^{-n}$	DSF $\frac{(1+i)^n - 1}{i(1+i)^n}$	KWF $\frac{i(1+i)^n}{(1+i)^n - 1}$	EWF $\frac{(1+i)^n - 1}{i}$	RVF $\frac{i}{(1+i)^n - 1}$
1	1.110000	0.900901	0.900901	1.110000	1.000000	1.000000
2	1.232100	0.811622	1.712523	0.583934	2.110000	0.473934
3	1.367631	0.731191	2.443715	0.409213	3.342100	0.299213
4	1.518070	0.658731	3.102446	0.322326	4.709731	0.212326
5	1.685058	0.593451	3.695897	0.270570	6.227801	0.160570
6	1.870415	0.534641	4.230538	0.236377	7.912860	0.126377
7	2.076160	0.481658	4.712196	0.212215	9.783274	0.102215
8	2.304538	0.433926	5.146123	0.194321	11.859434	0.084321
9	2.558037	0.390925	5.537048	0.180602	14.163972	0.070602
10	2.839421	0.352184	5.889232	0.169801	16.722009	0.059801
11	3.151757	0.317283	6.206515	0.161121	19.561430	0.051121
12	3.498451	0.285841	6.492356	0.154027	22.713187	0.044027
13	3.883280	0.257514	6.749870	0.148151	26.211638	0.038151
14	4.310441	0.231995	6.981865	0.143228	30.094918	0.033228
15	4.784589	0.209004	7.190870	0.139065	34.405359	0.029065
16	5.310894	0.188292	7.379162	0.135517	39.189948	0.025517
17	5.895093	0.169633	7.548794	0.132471	44.500843	0.022471
18	6.543553	0.152822	7.701617	0.129843	50.395936	0.019843
19	7.263344	0.137678	7.839294	0.127563	56.939488	0.017563
20	8.062312	0.124034	7.963328	0.125576	64.202832	0.015576
21	8.949166	0.111742	8.075070	0.123838	72.265144	0.013838
22	9.933574	0.100669	8.175739	0.122313	81.214309	0.012313
23	11.026267	0.090693	8.266432	0.120971	91.147884	0.010971
24	12.239157	0.081705	8.348137	0.119787	102.174151	0.009787
25	13.585464	0.073608	8.421745	0.118740	114.413307	0.008740
26	15.079865	0.066314	8.488058	0.117813	127.998771	0.007813
27	16.738650	0.059742	8.547800	0.116989	143.078636	0.006989
28	18.579901	0.053822	8.601622	0.116257	159.817286	0.006257
29	20.623691	0.048488	8.650110	0.115605	178.397187	0.005605
30	22.892297	0.043683	8.693793	0.115025	199.020878	0.005025
35	38.574851	0.025924	8.855240	0.112927	341.589555	0.002927
40	65.000867	0.015384	8.951051	0.111719	581.826066	0.001719
45	109.530242	0.009130	9.007910	0.111014	986.638559	0.001014
50	184.564827	0.005418	9.041653	0.110599	1668.771152	0.000599

11,50 %						
n	AuF $(1+i)^n$	AbF $(1+i)^{-n}$	DSF $\frac{(1+i)^n - 1}{i(1+i)^n}$	KWF $\frac{i(1+i)^n}{(1+i)^n - 1}$	EWF $\frac{(1+i)^n - 1}{i}$	RVF $\frac{i}{(1+i)^n - 1}$
1	1.115000	0.896861	0.896861	1.115000	1.000000	1.000000
2	1.243225	0.804360	1.701221	0.587813	2.115000	0.472813
3	1.386196	0.721399	2.422619	0.412776	3.358225	0.297776
4	1.545608	0.646994	3.069614	0.325774	4.744421	0.210774
5	1.723353	0.580264	3.649878	0.273982	6.290029	0.158982
6	1.921539	0.520416	4.170294	0.239791	8.013383	0.124791
7	2.142516	0.466741	4.637035	0.215655	9.934922	0.100655
8	2.388905	0.418602	5.055637	0.197799	12.077438	0.082799
9	2.663629	0.375428	5.431064	0.184126	14.466343	0.069126
10	2.969947	0.336706	5.767771	0.173377	17.129972	0.058377
11	3.311491	0.301979	6.069750	0.164751	20.099919	0.049751
12	3.692312	0.270833	6.340583	0.157714	23.411410	0.042714
13	4.116928	0.242900	6.583482	0.151895	27.103722	0.036895
14	4.590375	0.217847	6.801329	0.147030	31.220650	0.032030
15	5.118268	0.195379	6.996708	0.142924	35.811025	0.027924
16	5.706869	0.175227	7.171935	0.139432	40.929293	0.024432
17	6.363159	0.157155	7.329090	0.136443	46.636161	0.021443
18	7.094922	0.140946	7.470036	0.133868	52.999320	0.018868
19	7.910838	0.126409	7.596445	0.131641	60.094242	0.016641
20	8.820584	0.113371	7.709816	0.129705	68.005080	0.014705
21	9.834951	0.101678	7.811494	0.128016	76.825664	0.013016
22	10.965971	0.091191	7.902685	0.126539	86.660615	0.011539
23	12.227057	0.081786	7.984471	0.125243	97.626586	0.010243
24	13.633169	0.073351	8.057822	0.124103	109.853643	0.009103
25	15.200983	0.065785	8.123607	0.123098	123.486812	0.008098
26	16.949096	0.059000	8.182607	0.122210	138.687796	0.007210
27	18.898243	0.052915	8.235522	0.121425	155.636892	0.006425
28	21.071540	0.047457	8.282979	0.120730	174.535135	0.005730
29	23.494768	0.042563	8.325542	0.120112	195.606675	0.005112
30	26.196666	0.038173	8.363715	0.119564	219.101443	0.004564
35	45.146112	0.022150	8.503041	0.117605	383.879238	0.002605
40	77.802705	0.012853	8.583887	0.116497	667.849607	0.001497
45	134.081553	0.007458	8.630799	0.115864	1157.230898	0.000864
50	231.069896	0.004328	8.658020	0.115500	2000.607793	0.000500

12,00 %						
n	AuF $(1+i)^n$	AbF $(1+i)^{-n}$	DSF $\frac{(1+i)^n - 1}{i(1+i)^n}$	KWF $\frac{i(1+i)^n}{(1+i)^n - 1}$	EWF $\frac{(1+i)^n - 1}{i}$	RVF $\frac{i}{(1+i)^n - 1}$
1	1.120000	0.892857	0.892857	1.120000	1.000000	1.000000
2	1.254400	0.797194	1.690051	0.591698	2.120000	0.471698
3	1.404928	0.711780	2.401831	0.416349	3.374400	0.296349
4	1.573519	0.635518	3.037349	0.329234	4.779328	0.209234
5	1.762342	0.567427	3.604776	0.277410	6.352847	0.157410
6	1.973823	0.506631	4.111407	0.243226	8.115189	0.123226
7	2.210681	0.452349	4.563757	0.219118	10.089012	0.099118
8	2.475963	0.403883	4.967640	0.201303	12.299693	0.081303
9	2.773079	0.360610	5.328250	0.187679	14.775656	0.067679
10	3.105848	0.321973	5.650223	0.176984	17.548735	0.056984
11	3.478550	0.287476	5.937699	0.168415	20.654583	0.048415
12	3.895976	0.256675	6.194374	0.161437	24.133133	0.041437
13	4.363493	0.229174	6.423548	0.155677	28.029109	0.035677
14	4.887112	0.204620	6.628168	0.150871	32.392602	0.030871
15	5.473566	0.182696	6.810864	0.146824	37.279715	0.026824
16	6.130394	0.163122	6.973986	0.143390	42.753280	0.023390
17	6.866041	0.145644	7.119630	0.140457	48.883674	0.020457
18	7.689966	0.130040	7.249670	0.137937	55.749715	0.017937
19	8.612762	0.116107	7.365777	0.135763	63.439681	0.015763
20	9.646293	0.103667	7.469444	0.133879	72.052442	0.013879
21	10.803848	0.092560	7.562003	0.132240	81.698736	0.012240
22	12.100310	0.082643	7.644646	0.130811	92.502584	0.010811
23	13.552347	0.073788	7.718434	0.129560	104.602894	0.009560
24	15.178629	0.065882	7.784316	0.128463	118.155241	0.008463
25	17.000064	0.058823	7.843139	0.127500	133.333870	0.007500
26	19.040072	0.052521	7.895660	0.126652	150.333934	0.006652
27	21.324881	0.046894	7.942554	0.125904	169.374007	0.005904
28	23.883866	0.041869	7.984423	0.125244	190.698887	0.005244
29	26.749930	0.037383	8.021806	0.124660	214.582754	0.004660
30	29.959922	0.033378	8.055184	0.124144	241.332684	0.004144
35	52.799620	0.018940	8.175504	0.122317	431.663496	0.002317
40	93.050970	0.010747	8.243777	0.121304	767.091420	0.001304
45	163.987604	0.006098	8.282516	0.120736	1358.230032	0.000736
50	289.002190	0.003460	8.304498	0.120417	2400.018249	0.000417

14,00 %						
n	AuF $(1+i)^n$	AbF $(1+i)^{-n}$	DSF $\frac{(1+i)^n - 1}{i(1+i)^n}$	KWF $\frac{i(1+i)^n}{(1+i)^n - 1}$	EWF $\frac{(1+i)^n - 1}{i}$	RVF $\frac{i}{(1+i)^n - 1}$
1	1.140000	0.877193	0.877193	1.140000	1.000000	1.000000
2	1.299600	0.769468	1.646661	0.607290	2.140000	0.467290
3	1.481544	0.674972	2.321632	0.430731	3.439600	0.290731
4	1.688960	0.592080	2.913712	0.343205	4.921144	0.203205
5	1.925415	0.519369	3.433081	0.291284	6.610104	0.151284
6	2.194973	0.455587	3.888668	0.257157	8.535519	0.117157
7	2.502269	0.399637	4.288305	0.233192	10.730491	0.093192
8	2.852586	0.350559	4.638864	0.215570	13.232760	0.075570
9	3.251949	0.307508	4.946372	0.202168	16.085347	0.062168
10	3.707221	0.269744	5.216116	0.191714	19.337295	0.051714
11	4.226232	0.236617	5.452733	0.183394	23.044516	0.043394
12	4.817905	0.207559	5.660292	0.176669	27.270749	0.036669
13	5.492411	0.182069	5.842362	0.171164	32.088654	0.031164
14	6.261349	0.159710	6.002072	0.166609	37.581065	0.026609
15	7.137938	0.140096	6.142168	0.162809	43.842414	0.022809
16	8.137249	0.122892	6.265060	0.159615	50.980352	0.019615
17	9.276464	0.107800	6.372859	0.156915	59.117601	0.016915
18	10.575169	0.094561	6.467420	0.154621	68.394066	0.014621
19	12.055693	0.082948	6.550369	0.152663	78.969235	0.012663
20	13.743490	0.072762	6.623131	0.150986	91.024928	0.010986
21	15.667578	0.063826	6.686957	0.149545	104.768418	0.009545
22	17.861039	0.055988	6.742944	0.148303	120.435996	0.008303
23	20.361585	0.049112	6.792056	0.147231	138.297035	0.007231
24	23.212207	0.043081	6.835137	0.146303	158.658620	0.006303
25	26.461916	0.037790	6.872927	0.145498	181.870827	0.005498
26	30.166584	0.033149	6.906077	0.144800	208.332743	0.004800
27	34.389906	0.029078	6.935155	0.144193	238.499327	0.004193
28	39.204493	0.025507	6.960662	0.143664	272.889233	0.003664
29	44.693122	0.022375	6.983037	0.143204	312.093725	0.003204
30	50.950159	0.019627	7.002664	0.142803	356.786847	0.002803
35	98.100178	0.010194	7.070045	0.141442	693.572702	0.001442
40	188.883514	0.005294	7.105041	0.140745	1342.025099	0.000745
45	363.679072	0.002750	7.123217	0.140386	2590.564800	0.000386
50	700.232988	0.001428	7.132656	0.140200	4994.521346	0.000200

16,00 %						
n	AuF $(1+i)^n$	AbF $(1+i)^{-n}$	DSF $\frac{(1+i)^n - 1}{i(1+i)^n}$	KWF $\frac{i(1+i)^n}{(1+i)^n - 1}$	EWF $\frac{(1+i)^n - 1}{i}$	RVF $\frac{i}{(1+i)^n - 1}$
1	1.160000	0.862069	0.862069	1.160000	1.000000	1.000000
2	1.345600	0.743163	1.605232	0.622963	2.160000	0.462963
3	1.560896	0.640658	2.245890	0.445258	3.505600	0.285258
4	1.810639	0.552291	2.798181	0.357375	5.066496	0.197375
5	2.100342	0.476113	3.274294	0.305409	6.877135	0.145409
6	2.436396	0.410442	3.684736	0.271390	8.977477	0.111390
7	2.826220	0.353830	4.038565	0.247613	11.413873	0.087613
8	3.278415	0.305025	4.343591	0.230224	14.240093	0.070224
9	3.802961	0.262953	4.606544	0.217082	17.518508	0.057082
10	4.411435	0.226684	4.833227	0.206901	21.321469	0.046901
11	5.117265	0.195417	5.028644	0.198861	25.732904	0.038861
12	5.936027	0.168463	5.197107	0.192415	30.850169	0.032415
13	6.885791	0.145227	5.342334	0.187184	36.786196	0.027184
14	7.987518	0.125195	5.467529	0.182898	43.671987	0.022898
15	9.265521	0.107927	5.575456	0.179358	51.659505	0.019358
16	10.748004	0.093041	5.668497	0.176414	60.925026	0.016414
17	12.467685	0.080207	5.748704	0.173952	71.673030	0.013952
18	14.462514	0.069144	5.817848	0.171885	84.140715	0.011885
19	16.776517	0.059607	5.877455	0.170142	98.603230	0.010142
20	19.460759	0.051385	5.928841	0.168667	115.379747	0.008667
21	22.574481	0.044298	5.973139	0.167416	134.840506	0.007416
22	26.186398	0.038188	6.011326	0.166353	157.414987	0.006353
23	30.376222	0.032920	6.044247	0.165447	183.601385	0.005447
24	35.236417	0.028380	6.072627	0.164673	213.977607	0.004673
25	40.874244	0.024465	6.097092	0.164013	249.214024	0.004013
26	47.414123	0.021091	6.118183	0.163447	290.088267	0.003447
27	55.000382	0.018182	6.136364	0.162963	337.502390	0.002963
28	63.800444	0.015674	6.152038	0.162548	392.502773	0.002548
29	74.008515	0.013512	6.165550	0.162192	456.303216	0.002192
30	85.849877	0.011648	6.177198	0.161886	530.311731	0.001886
35	180.314073	0.005546	6.215338	0.160892	1120.712955	0.000892
40	378.721158	0.002640	6.233497	0.160424	2360.757241	0.000424
45	795.443826	0.001257	6.242143	0.160201	4965.273911	0.000201
50	1670.703804	0.000599	6.246259	0.160096	10435.648773	0.000096

18,00 %						
n	AuF $(1+i)^n$	AbF $(1+i)^{-n}$	DSF $\frac{(1+i)^n - 1}{i(1+i)^n}$	KWF $\frac{i(1+i)^n}{(1+i)^n - 1}$	EWF $\frac{(1+i)^n - 1}{i}$	RVF $\frac{i}{(1+i)^n - 1}$
1	1.180000	0.847458	0.847458	1.180000	1.000000	1.000000
2	1.392400	0.718184	1.565642	0.638716	2.180000	0.458716
3	1.643032	0.608631	2.174273	0.459924	3.572400	0.279924
4	1.938778	0.515789	2.690062	0.371739	5.215432	0.191739
5	2.287758	0.437109	3.127171	0.319778	7.154210	0.139778
6	2.699554	0.370432	3.497603	0.285910	9.441968	0.105910
7	3.185474	0.313925	3.811528	0.262362	12.141522	0.082362
8	3.758859	0.266038	4.077566	0.245244	15.326996	0.065244
9	4.435454	0.225456	4.303022	0.232395	19.085855	0.052395
10	5.233836	0.191064	4.494086	0.222515	23.521309	0.042515
11	6.175926	0.161919	4.656005	0.214776	28.755144	0.034776
12	7.287593	0.137220	4.793225	0.208628	34.931070	0.028628
13	8.599359	0.116288	4.909513	0.203686	42.218663	0.023686
14	10.147244	0.098549	5.008062	0.199678	50.818022	0.019678
15	11.973748	0.083516	5.091578	0.196403	60.965266	0.016403
16	14.129023	0.070776	5.162354	0.193710	72.939014	0.013710
17	16.672247	0.059980	5.222334	0.191485	87.068036	0.011485
18	19.673251	0.050830	5.273164	0.189639	103.740283	0.009639
19	23.214436	0.043077	5.316241	0.188103	123.413534	0.008103
20	27.393035	0.036506	5.352746	0.186820	146.627970	0.006820
21	32.323781	0.030937	5.383683	0.185746	174.021005	0.005746
22	38.142061	0.026218	5.409901	0.184846	206.344785	0.004846
23	45.007632	0.022218	5.432120	0.184090	244.486847	0.004090
24	53.109006	0.018829	5.450949	0.183454	289.494479	0.003454
25	62.668627	0.015957	5.466906	0.182919	342.603486	0.002919
26	73.948980	0.013523	5.480429	0.182467	405.272113	0.002467
27	87.259797	0.011460	5.491889	0.182087	479.221093	0.002087
28	102.966560	0.009712	5.501601	0.181765	566.480890	0.001765
29	121.500541	0.008230	5.509831	0.181494	669.447450	0.001494
30	143.370638	0.006975	5.516806	0.181264	790.947991	0.001264
35	327.997290	0.003049	5.538618	0.180550	1816.651612	0.000550
40	750.378345	0.001333	5.548152	0.180240	4163.213027	0.000240
45	1716.683879	0.000583	5.552319	0.180105	9531.577105	0.000105
50	3927.356860	0.000255	5.554141	0.180046	21813.093666	0.000046

20,00 %						
n	AuF $(1+i)^n$	AbF $(1+i)^{-n}$	DSF $\frac{(1+i)^n - 1}{i(1+i)^n}$	KWF $\frac{i(1+i)^n}{(1+i)^n - 1}$	EWF $\frac{(1+i)^n - 1}{i}$	RVF $\frac{i}{(1+i)^n - 1}$
1	1.200000	0.833333	0.833333	1.200000	1.000000	1.000000
2	1.440000	0.694444	1.527778	0.654545	2.200000	0.454545
3	1.728000	0.578704	2.106481	0.474725	3.640000	0.274725
4	2.073600	0.482253	2.588735	0.386289	5.368000	0.186289
5	2.488320	0.401878	2.990612	0.334380	7.441600	0.134380
6	2.985984	0.334898	3.325510	0.300706	9.929920	0.100706
7	3.583181	0.279082	3.604592	0.277424	12.915904	0.077424
8	4.299817	0.232568	3.837160	0.260609	16.499085	0.060609
9	5.159780	0.193807	4.030967	0.248079	20.798902	0.048079
10	6.191736	0.161506	4.192472	0.238523	25.958682	0.038523
11	7.430084	0.134588	4.327060	0.231104	32.150419	0.031104
12	8.916100	0.112157	4.439217	0.225265	39.580502	0.025265
13	10.699321	0.093464	4.532681	0.220620	48.496603	0.020620
14	12.839185	0.077887	4.610567	0.216893	59.195923	0.016893
15	15.407022	0.064905	4.675473	0.213882	72.035108	0.013882
16	18.488426	0.054088	4.729561	0.211436	87.442129	0.011436
17	22.186111	0.045073	4.774634	0.209440	105.930555	0.009440
18	26.623333	0.037561	4.812195	0.207805	128.116666	0.007805
19	31.948000	0.031301	4.843496	0.206462	154.740000	0.006462
20	38.337600	0.026084	4.869580	0.205357	186.688000	0.005357
21	46.005120	0.021737	4.891316	0.204444	225.025600	0.004444
22	55.206144	0.018114	4.909430	0.203690	271.030719	0.003690
23	66.247373	0.015095	4.924525	0.203065	326.236863	0.003065
24	79.496847	0.012579	4.937104	0.202548	392.484236	0.002548
25	95.396217	0.010483	4.947587	0.202119	471.981083	0.002119
26	114.475460	0.008735	4.956323	0.201762	567.377300	0.001762
27	137.370552	0.007280	4.963602	0.201467	681.852760	0.001467
28	164.844662	0.006066	4.969668	0.201221	819.223312	0.001221
29	197.813595	0.005055	4.974724	0.201016	984.067974	0.001016
30	237.376314	0.004213	4.978936	0.200846	1181.881569	0.000846
35	590.668229	0.001693	4.991535	0.200339	2948.341146	0.000339
40	1469.771568	0.000680	4.996598	0.200136	7343.857840	0.000136
45	3657.261988	0.000273	4.998633	0.200055	18281.309940	0.000055
50	9100.438150	0.000110	4.999451	0.200022	45497.190750	0.000022

Literaturverzeichnis

(Quellen und weiterführende Literatur)

K. Agthe, Stufenweise Fixkostendeckungsrechnung im System des Direct Costing, in: Zeitschrift für Betriebswirtschaft, Wiesbaden, Jg. 29 (1959), S. 404 ff.

Derselbe, Kostenplanung und Kostenkontrolle im Industriebetrieb, Baden-Baden 1963.

R. Bobsin, Elektronische Deckungsbeitragsrechnung, 2. Aufl., München 1972.

H. H. Böhm/F. Wille, Deckungsbeitragsrechnung, Grenzpreisrechnung und Optimierung, 6. Aufl., München 1977.

R. Bramsemann, Controlling, 2., verb. Aufl., Wiesbaden 1980.

Derselbe, Handbuch Controlling, München/Wien 1987.

Buchführung, Bilanzierung, Kostenrechnung (BBK), Loseblattsammlung, Herne/Berlin 1994.

Bundesverband der Deutschen Industrie (Hrsg.), Empfehlungen zur Kosten- und Leistungsrechnung, Band 1, Kosten- und Leistungsrechnung als Istrechnung, 3., durchges. Aufl., Köln 1991.

Derselbe (Hrsg.), Empfehlungen zur Kosten- und Leistungsrechnung, Band 2, Kosten- und Leistungsrechnung als Planungsrechnung, 3., bearb. Aufl., Köln 1990.

Derselbe (Hrsg.), Empfehlungen zur Kosten- und Leistungsrechnung, Band 3, Kosten- und Leistungsrechnung als Entscheidungshilfe für die Unternehmensleitung, 3., durchges. Aufl., Köln 1991.

Derselbe (Hrsg.), Industrie-Kontenrahmen, Neufassung 1986 in Anpassung an das Bilanzrichtlinien-Gesetz (BiRiLiG), Köln 1986.

W. Busse von Colbe (Hrsg.), Lexikon des Rechnungswesens, 2. überarb. u. erw. Aufl., München 1991.

G. Cassel, Grundsätze für die Bildung der Personentarife auf den Eisenbahnen. Archiv für Eisenbahnwesen, Berlin 1900.

A. G. Coenenberg, Kostenrechnung und Kostenanalyse, Landsberg/Lech 1992.

K.-D. Däumler, Grundlagen der Investitions- und Wirtschaftlichkeitsrechnung, 7., vollst. überarb. Aufl., Herne/Berlin 1992.

Derselbe, Praxis der Investitions- und Wirtschaftlichkeitsrechnung, 3., vollständig überarb. Aufl., Herne/Berlin 1991.

Derselbe, Betriebliche Finanzwirtschaft, 6., neubearb. u. erw. Aufl., Herne/Berlin 1993.

Derselbe, Finanzmathematisches Tabellenwerk für Praktiker und Studierende, 3., verb. Aufl., Herne/Berlin 1989.

Derselbe, Unterjährige Zinsperioden - Finanzmathematisches Tabellenwerk, Herne/Berlin 1984.

K.-D. Däumler/J. Grabe, Kostenrechnung 1, Grundlagen, 6., vollst. überarb. Aufl., Herne/Berlin 1993.

Dieselben, Kostenrechnung 3, Plankostenrechnung, 4., neubearb. u. erweit. Aufl., Herne/Berlin 1993.

Dieselben, Kostenrechnungslexikon, ABC der Kostenrechnung, Herne/Berlin 1992.

Dieselben, Kalkulationsvorschriften bei öffentlichen Aufträgen, Herne/Berlin 1984.

K.-D. Däumler/G. Lohse, Grenzplankostenrechnung, Darmstadt 1975.

G. B. Dantzig, Lineare Optimierung und Erweiterungen, Berlin/Heidelberg/New York 1966.

A. Deyhle, Controller-Praxis, Band 1, Unternehmensplanung und Controller-Funktion, 8. Aufl., Gauting/München 1991.

Derselbe, Controller-Praxis, Band 2, Soll-Ist-Vergleich und Führungsstil, 8. Aufl., Gauting/München 1991.

G. Ebert, Kosten- und Leistungsrechnung, 6., erw. Aufl., Wiesbaden 1991.

H. Ebisch/J. Gottschalk, Preise und Preisprüfungen bei öffentlichen Aufträgen, 5., neubearb. Aufl., München 1987.

W. Eisele, Technik des betrieblichen Rechnungswesens, 5., überarb. u. erw. Aufl., München 1993.

Fäßler/Rehkugler/Wegenast (Hrsg.), Lexikon Kostenrechnung und Controlling, 5., völlig überarb. u. erw. Aufl., Landsberg a. Lech 1991.

F. J. Fay, Lineare Algebra und Optimierung, Mathematische Grundlagen und Beispiele zur linearen Programmierung, Wiesbaden 1968.

C.-Chr. Freidank, Kostenrechnung, 3., überarb. u. erw. Aufl., München 1991.

S. R. Frey, Richtig entscheiden, 3. Teil, Kostenpolitik, Winterthur 1984.

Gabler Wirtschafts-Lexikon, 13., vollst. überarb. Aufl., Wiesbaden 1992.

A. Glade, Rechnungslegung und Prüfung nach dem Bilanzrichtlinien-Gesetz, Herne/Berlin 1982.

M. K. Götzinger/H. Michael, Kosten- und Leistungsrechnung, 5., unveränd. Aufl., Heidelberg 1990.

E. Gutenberg, Grundlagen der Betriebswirtschaftslehre, Bd. 1, Die Produktion, 24., unveränd. Aufl., Berlin/Heidelberg/New York 1983.

L. Haberstock, Grundzüge der Kosten- und Erfolgsrechnung, 3., verbess. Aufl., München 1982.

Derselbe, Kostenrechnung I, Einführung, 8., durchges. Aufl., Hamburg 1987.

Derselbe, Kostenrechnung II, (Grenz-)Plankostenrechnung, 7., durchges. Aufl., Hamburg 1986.

H. Hahn, Rechnungswesen der Industriebetriebe, 3., durchges. Aufl., Bad Homburg v.d.H., 1982.

Handwörterbuch des Rechnungswesens, hrsg. v. E. Kosiol, K. Chmielwicz, M. Schweitzer, 2., völlig neu gest. Aufl., Stuttgart 1981.

H. Heiland, Selbermachen oder machen lassen? Erfahrungsbericht einer Entscheidung in: Der Controlling-Berater, Heft 4, Gruppe 13, Freiburg 1987, S. 397 ff.

E. Heinen, Produktions- und Kostentheorie, in: Allgemeine Betriebswirtschaftslehre, hrsg. von H. Jacob, 5., überarb. Aufl., Wiesbaden 1988.

S. Hoffmann, Mathematische Grundlagen für Betriebswirte, 3., überarb. u. erg. Aufl., Herne/Berlin 1991.

H. G. Holl, Controlling - das Unternehmen mit Zahlen führen, Loseblattsammlung, Kissing, 1991.

B. Huch, Einführung in die Kostenrechnung, 8. Aufl., Heidelberg 1986.

S. Hummel/W. Männel, Kostenrechnung 1, Grundlagen, Aufbau und Anwendung, 4., völlig neu bearb. u. erw. Aufl., Wiesbaden 1986.

Dieselben, Kostenrechnung 2, Moderne Verfahren und Systeme, 3. Aufl., Wiesbaden 1983.

H. Jacob (Hrsg.), Allgemeine Betriebswirtschaftslehre, 5., überarb. Aufl., Wiesbaden 1988.

H. Jost, Kosten- und Leistungsrechnung, 6., überarb. Aufl., Wiesbaden 1992.

R. Karrenberg/A. W. Scheer, Lineare Programmierung als Hilfsmittel bei Planungsentscheidungen, in: Schriften zur Unternehmensführung, Band 5 bis 8, Wiesbaden 1968.

W. Kilger, Betriebliches Rechnungswesen, in: Allgemeine Betriebswirtschaftslehre, hrsg. von H. Jacob, 5., überarb. Aufl., Wiesbaden 1988.

Derselbe, Einführung in die Kostenrechnung, 3., durchges. Aufl., Wiesbaden 1987.

Derselbe, Flexible Plankostenrechnung und Deckungsbeitragsrechnung, 9., verb. Aufl., Wiesbaden 1988.

W. Kilger/A. W. Scheer (Hrsg.), Plankosten- und Deckungbeitragsrechnung in der Praxis, Würzburg/Wien 1980.

H. Kind, Das interne Rechnungswesen mittelständischer Industrieunternehmen - Ergebnisse einer empirischen Untersuchung, Bd. 14 der Gabal-Schriftenreihe, Speyer 1986.

E. Kleinadam/H. Obenhaus, Kostenrechnung, 2. Aufl., Bielefeld/Köln 1980.

J. Kloock/G. Sieben/Th. Schildbach, Kosten- und Leistungsrechnung, 6., überarb. u. erw. Aufl., Düsseldorf 1991.

P. Klümper, Grundlagen der Kostenrechnung, 2. Aufl., Herne/Berlin 1984.

H. Kobelt, Wirtschaftsstatistik für Studium und Praxis, 4., überarb. Aufl., Bad Homburg 1988.

K. Lorch, Produktlebenszyklus, in: Vahlens Großes Wirtschaftslexikon, Band 2, hrsg. v. E. Dichtl/O. Issing, 2., überarb. u. erw. Aufl., München 1993.

P. Lorson, Straffes Kostenmanagement und neue Technologien. Anforderungen, Instrumente und Konzepte unter besonderer Würdigung der Prozeßkostenrechnung, Herne/Berlin 1993.

W. Lück (Hrsg.), Lexikon der Betriebswirtschaft, 5., überarb. Aufl., Landsberg a. L. 1993.

W. Männel, Eigenfertigung oder Fremdbezug, in: Handwörterbuch der Betriebswirtschaft, hrsg. v. E. Grochla/W. Wittmann, Stuttgart 1974.

Derselbe, Die Wahl zwischen Eigenfertigung und Fremdbezug, 2., überarb. u. erw. Aufl., Stuttgart 1981.

W. Männel (Hrsg.), Handbuch Kostenrechnung, Wiesbaden 1991.

E. Mayer, Kostenrechnung I für Studium und Praxis, 4., durchges. Aufl., Baden-Baden u. Bad Homburg 1988.

K. Mellerowicz, Neuzeitliche Kalkulationsverfahren, 6., neubearb. Aufl., Freiburg 1977.

P. Meyer, Entscheidungsfindung Eigenfertigung oder Fremdbezug für die kurze Periode in: Buchführung, Bilanzierung, Kostenrechnung (BBK), 4/1981, Fach 25, S. 163 ff.

P. Meyer, Entscheidungsfindung Eigenfertigung oder Fremdbezug für die kurze Periode in: Buchführung, Bilanzierung, Kostenrechnung (BBK), 10/1981, Fach 25, S. 177 ff.

R. Michel/H. D. Torspecken, Kostenrechnung, Band 1, Grundlagen der Kostenrechnung, 3., überarb. u. erw. Aufl., München 1989.

Dieselben, Neuere Formen der Kostenrechnung, Band 2, 3., erg. Aufl., München 1990.

D. Moews, Kosten- und Leistungsrechnung, 4. Aufl., München 1991.

H. Müller-Merbach, Operations Research, 3. Aufl., München 1973.

Derselbe, Lineare Planungsrechnung, in: Handbuch der Kostenrechnung, hrsg. v. R. Bobsin, München 1971, S. 365 ff.

M. Munz u. H. Winkel, Lexikon der Kostenrechnung, 3., erw. u. verb. Aufl., Ludwigshafen 1977.

K. Olfert, Kostenrechnung, 8., überarb. u. erweit. Aufl., Ludwigshafen 1991.

C. Oltmanns, Grundlagen der Kostenrechnung in programmierter Form, 2. Aufl., Wiesbaden 1976.

H.-G. Plaut, Grundfragen und Praxis der Grenzplankostenrechnung, in: H.-G. Plaut, H. Müller, W. Medicke, Grenzplankostenrechnung und Datenverarbeitung, 3. Aufl., München 1973.

Derselbe, Unternehmenssteuerung mit Hilfe der Voll- oder Grenzplankostenrechnung, in: Zeitschrift für Betriebswirtschaft, Wiesbaden 1961, S. 474 ff.

Derselbe, Die Grenzplankostenrechnung, in: Zeitschrift für Betriebswirtschaft, Wiesbaden 1953, S. 353 f.

Praxis-Lexikon, Kostenrechnung und Kalkulation von A - Z, Freiburg 1994.

Praxis des Rechnungswesens (PdR), Loseblattsammlung, Freiburg 1994.

M. Radke, Die große betriebswirtschaftliche Formelsammlung, 8., überarb. Aufl., Landsberg a. Lech 1991.

REFA, Verband für Arbeitsstudien und Betriebsorganisation, Methodenlehre der Planung und Steuerung, Teil 1 bis Teil 5, 4. Aufl., München 1985.

H. Reschke, Kostenrechnung, 6., durchges. Aufl., Stuttgart 1991.

P. Riebel, Einzelkosten- und Deckungsbeitragsrechnung, 6., wesentl. erw. Aufl., Wiesbaden 1990.

G. Riedel, Deckungsbeitragsrechnung - wie aufbauen, wie nutzen? 4. Aufl., Stuttgart 1992.

B. Runzheimer, Operations Research I, Lineare Planungsrechnung und Netzplantechnik, 4. Aufl., Wiesbaden 1987.

A.-W. Scheer (Hrsg), Grenzplankostenrechnung, Stand und aktuelle Probleme, H.-G. Plaut zum 70. Geburtstag, 2., durchges. Aufl., Wiesbaden 1991.

G. Scherrer, Kostenrechnung, 2. Aufl., Stuttgart u. New York 1991.

K. Schick, Lineares Optimieren, 3. Aufl., Frankfurt a. M. 1981.

E. Schmalenbach, Kostenrechnung und Preispolitik, 8. Aufl., Köln und Opladen 1963.

J. Schmarbeck, Fremdbezugsentscheidungen mit Hilfe der Deckungsbeitragsrechnung, Diplomarbeit an der FH Kiel, Kiel 1989.

E. Schneider, Einführung in die Wirtschaftstheorie, Teil 2, 13. Aufl., Tübingen 1972.

Derselbe, Industrielles Rechnungswesen, Grundlagen und Grundfragen, 5. Aufl., Tübingen 1969.

H. Schwarz, Kostenrechnung als Instrument der Unternehmungsführung, 3. Aufl., Herne u. Berlin 1986.

J. Schwarze, Mathematik für Wirtschaftswissenschaftler, Band 3, Lineare Algebra, Lineare Optimierung und Graphentheorie, 9. Aufl., Herne/Berlin 1992.

M. Schweitzer/O. Hettich/H.-U. Küpper, Systeme der Kostenrechnung, 5., Aufl., Landsberg a. L. 1991.

G. Seicht, Moderne Kosten- und Leistungsrechnung, 7., durchges. u. erw. Aufl., Wien 1991.

K. Serfling, Fälle und Lösungen zur Kostenrechnung, 4., verb. Aufl., Herne/Berlin 1993.

P. Sorg, Kosten- und Leistungsrechnung, 50 praktische Fälle, Achim b. Bremen 1993.

P. Stahlknecht/R. Ohmann, Lineare Programmierung auf dem PC, München 1987.

Statistisches Bundesamt (Hrsg.), Statistisches Jahrbuch für die Bundesrepublik 1992, Stuttgart u. Mainz 1992.

Vahlens Großes Controllinglexikon, hrsg. v. P. Horváth u. Th. Reichmann, München 1993.

Vahlens Großes Wirtschaftslexikon, hrsg. v. E. Dichtl u. O. Issing, 2., überarb. u. erw. Aufl., München 1993.

H. Vormbaum, Grundlagen des betrieblichen Rechnungswesens, Stuttgart 1977.

H. Vormbaum/H. G. Rautenberg, Kostenrechnung III für Studium und Praxis, Baden-Baden/Bad Homburg 1985.

O. Wahle, Kostenrechnung II für Studium und Praxis, Ist- und Normalkosten-rechnung, 3., überarb. Aufl., Bad Homburg 1989.

H. K. Weber, Betriebswirtschaftliches Rechnungswesen, Band 2, Kosten- und Leistungsrechnung, 3., neubearb. Aufl., München 1991.

J. Weber, Einführung in das Rechnungswesen II, Kostenrechnung, Stuttgart 1990.

H. Wedell, Grundlagen des betriebswirtschaftlichen Rechnungswesens, 5., überarb. Aufl., Herne/Berlin 1988.

H. Chr. Weis, Marketing, 8., überarb. u. erw. Aufl., Ludwigshafen 1993.

E. Wenz, Kosten- und Leistungsrechnung mit einer Einführung in die Kosten-theorie, Herne/Berlin 1992.

H. Wiedling, Lineare Planungstechnik. Eine Einführung in die Nutzung der linearen Optimierung zur Lösung betriebswirtschaftlicher Probleme, Gernsbach 1981.

K. Wilkens, Kosten- und Leistungsrechnung, 7., unwesentl. veränd. Aufl., München/Wien 1990.

F. Witt, Deckungsbeitragsmanagement, München 1991.

G. Wöhe, Einführung in die Allgemeine Betriebswirtschaftlehre, 17., überarb. u. erw. Aufl., München 1990.

G. Wolfstetter, Moderne Verfahren der Kostenrechnung, 2., erweiterte und überarb. Aufl., Herne/Berlin 1984.

A. Woll (Hrsg.), Wirtschaftslexikon, 6., überarb. u. erw. Aufl., München/Wien 1992.

K. Ziegenbein, Controlling, 4., überarb. Aufl., Ludwigshafen 1992.

G. Zimmermann, Grundzüge der Kostenrechnung, 3., verb. Aufl., Stuttgart 1985.

W. Zimmermann/Fries, Betriebliches Rechnungswesen, 4., völlig überarb. Aufl., München/Wien 1990.

Stichwortverzeichnis